现代艺术设计类"十二五"精品规划教材

3ds Max 2010 三维制作实例教程

主　编　卜一平

副主编　林　琳　杨　洋　蔡世新

U0132156

中国水利水电出版社
www.waterpub.com.cn

内 容 提 要

本书从实际应用角度对三维数字制作进行了细致的阐述,通过对 3ds Max 2010 的建模、材质、渲染、动画等几个方面的常用工具的讲解并辅以大量实例制作过程的介绍,以讲练结合的方式对 3ds Max 2010 这个主流三维数字软件进行讲解,同时还附加了一些当下流行的渲染插件的介绍。概括地说,这是一本以介绍 3ds Max 2010 及其相关插件为主并辅以大量实例的三维实例制作教程。

本书通过对 3ds Max 2010 常用工具的细致介绍和由浅入深实例制作过程的详细讲解,使学生对该软件从入门到精通一气呵成。在基础工具的讲解中,根据作者多年的经验,有侧重的对重点常用工具进行细致介绍,而在实例的制作过程中,采用讲练结合的方式,在从简单到复杂的逐步学习过程中,通过有限的实例力求使学生达到融会贯通、举一反三的学习效果。

本教材适用于本科院校及大专院校的室内建筑、环艺设计、平面设计、计算机等专业的三维软件制作课程的教学。

本书配有电子教案,读者可以从中国水利水电出版社网站和万水书苑免费下载,网址为: http://www.waterpub.com.cn/softdown/ 和 http://www.wsbookshow.com。

图书在版编目(CIP)数据

3ds Max 2010三维制作实例教程 / 卜一平主编. --
北京 : 中国水利水电出版社, 2012.11
现代艺术设计类"十二五"精品规划教材
ISBN 978-7-5170-0241-3

Ⅰ. ①3… Ⅱ. ①卜… Ⅲ. ①三维动画软件—高等学
校—教材 Ⅳ. ①TP391.41

中国版本图书馆CIP数据核字(2012)第240367号

策划编辑:石永峰　责任编辑:宋俊娥　加工编辑:宋　杨　封面设计:李　佳

书　　名	现代艺术设计类"十二五"精品规划教材 **3ds Max 2010 三维制作实例教程**
作　　者	主 编　卜一平 副主编　林　琳　杨　洋　蔡世新
出版发行	中国水利水电出版社 (北京市海淀区玉渊潭南路 1 号 D 座　100038) 网址:www.waterpub.com.cn E-mail: mchannel@263.net(万水) 　　　　sales@waterpub.com.cn 电话:(010) 68367658(发行部)、82562819(万水)
经　　售	北京科水图书销售中心(零售) 电话:(010) 88383994、63202643、68545874 全国各地新华书店和相关出版物销售网点
排　　版	北京万水电子信息有限公司
印　　刷	北京蓝空印刷厂
规　　格	210mm×285mm　16 开本　18.75 印张　548 千字
版　　次	2012 年 11 月第 1 版　2012 年 11 月第 1 次印刷
印　　数	0001—3000 册
定　　价	35.00 元

凡购买我社图书,如有缺页、倒页、脱页的,本社发行部负责调换

前　言

　　三维数字制作是近年来随着计算机软硬件技术的发展而产生的一项新兴技术。三维数字制作软件首先在计算机中建立一个虚拟世界，设计师在这个虚拟的三维世界中按照要表现的对象的形状尺寸建立模型以及场景，再根据要求设定模型的运动轨迹、虚拟摄影机的运动和其他参数，最后按要求为模型赋予特定的材质，并打上灯光。当这一切完成后就可以让计算机自动运算，生成最后的画面。

　　三维数字制作技术模拟真实物体的方式使其成为一个有用的工具。由于其精确性、真实性和无限的可操作性，目前被广泛应用于医学、教育、军事、娱乐等诸多领域。在影视广告制作方面，这项新技术能够给人耳目一新的感觉，因此受到众多客户的欢迎。三维动画更是可以用于广告和电影电视剧的特效制作（如爆炸、烟雾、下雨、光效等）、特技（撞车、变形、虚幻场景或角色等）、广告产品展示、片头飞字等。

　　随着计算机在影视领域的延伸和制作软件的增加，三维数字制作技术打破影视拍摄的局限性，在视觉效果上弥补了拍摄的不足，在一定程度上电脑制作的费用远比实拍所产生的费用要低得多，同时也为剧组节省了时间。制作影视特效动画的计算机设备硬件均为 3D 数字工作站。在我国，三维数字媒体技术及产业得到各级领导部门的高度关注和支持，并成为目前市场投资和开发的热点方向。"十五"期间，国家 863 计划率先支持了网络游戏引擎、协同式动画制作、三维运动捕捉、人机交互等关键技术的研发以及动漫网游公共服务平台的建设，并分别在北京、上海、湖南长沙和四川成都建设了四个国家级数字媒体技术产业化基地，对数字媒体产业积聚效应的形成和数字媒体技术的发展起到了重要的示范和引领作用。最新的研究报告预测，未来两年内，游戏、动画行业人才缺口高达 60 万，"人才饥渴症"困惑着游戏、动画业。现在以月薪 8000 元的优厚条件却难找到合适的游戏、动画专才。目前，优秀人才年薪达 10 多万元甚至 50 万元。动画设计师、3D 多媒体艺术设计师、游戏动画设计师作为最令人羡慕的新兴职业，它使得设计者可以将自己的想象艺术造诣和技术结合起来，工作和兴趣结合在一起，成为很多年轻人羡慕的工作。到 2015 年，网络游戏市场规模将比现在增长数倍，亚洲将成为网络游戏最大的市场，其中，中国游戏市场的潜力被普遍看好。

　　本教材正是从当今热门领域着手，通过对软件的讲解，配合具体实例的制作，旨在培养具有良好科学素养及美术修养、既懂技术又懂艺术、能利用计算机新的媒体设计工具进行艺术作品的设计和创作的复合型应用设计人才。使学生能较好地掌握计算机科学与技术的基本理论、知识和技能，能熟练掌握各种三维数字媒体制作软件，使其成为具有较好的美术鉴赏能力和一定的美术设计能力，能应用新的数字媒体创作工具从事平面设计、网络媒体制作、游戏、动画制作、数码视频编辑和数字化园林景观设计等方面工作的专业技术人才。

　　本教材最重要的特点是"用案例带动教学"，旨在突出高职教育所倡导的"工学结合"的教学理念。本书以服务社会为宗旨，以社会和企业的需求为出发点，注重将学生的设计思维训练和实践能力训练紧密结合，将真实的三维数字制作任务作为专业知识和职业技能的载体，让学生在完成设计任务的过程中学到专业知识、提高职业素质、培养设计能力。本书的教学内容具有弹性空间，教师可根据企业的需要或自身的特长、教学经验，以及学生的爱好、能力等，将教学单元的内容进行适度的增减与调整，使之更符合实际应用的需要，达到最佳的教学效果。本书可供高等院校以及高等职业技术院校艺术设计类专业、美术类专业等作为教材或教学参考书，也可作为广大三维数字制作与管理人员的培训教材，对自学者亦有重要的参考价值。

　　全书由卜一平统稿，其中卜一平担任主编，林琳、杨洋、蔡世新担任副主编，何佳怡、任亮、鞠文超、崔恒勇、成义、李虹、孙长军参编。具体分工如下：第一、六、七章由卜一平编写；第二章和第三章由沈阳职业技术学院教师杨洋编写；第四章和第五章由沈阳城市建设职业技术学院教师林琳编写；第八章由卜一平、林琳、蔡世新共同完成。由于作者水平有限，书中内容难免有疏漏之处，恳请各相关院校和读者在使用本教材的过程中予以关注，并及时将好的建议和思路反馈给我们，我们将不胜感激。

作　者
2012 年 8 月

目 录

前言

第一章　3ds Max 2010 建模环境 ················ 1
1.1　3ds Max 2010 概述 ················ 1
　1.1.1　认识 3ds Max 2010 ················ 2
　1.1.2　3ds Max 的应用领域 ················ 3
　1.1.3　3ds Max 2010 的新增功能 ················ 4
1.2　3ds Max 2010 用户界面 ················ 5
　1.2.1　界面元素 ················ 5
　1.2.2　菜单栏 ················ 7
　1.2.3　工具栏 ················ 7
　1.2.4　视图 ················ 7
　1.2.5　命令面板 ················ 7
　1.2.6　底部功能栏 ················ 8
1.3　配置视图 ················ 9
　1.3.1　常用视图设置 ················ 9
　1.3.2　"布局"选项卡 ················ 9
　1.3.3　"安全框"选项卡 ················ 10
　1.3.4　"自适应降级切换"选项卡 ················ 11
　1.3.5　ViewCube 选项卡 ················ 12
　1.3.6　SteeringWheels 选项卡 ················ 13
　1.3.7　使用视图背景 ················ 14
1.4　视图操作 ················ 15
　1.4.1　显示模式 ················ 15
　1.4.2　视图布局及切换 ················ 16
　1.4.3　使用视图导航控制视图 ················ 16
　1.4.4　缩放视图 ················ 16
　1.4.5　移动视图 ················ 18
　1.4.6　旋转视图 ················ 18
　1.4.7　使用 SteeringWheels ················ 19
1.5　对象选择 ················ 20
　1.5.1　点击选择 ················ 21
　1.5.2　区域选择 ················ 22
　1.5.3　根据名称选择 ················ 22
　1.5.4　通过颜色选择 ················ 24
　1.5.5　选择过滤器 ················ 24
　1.5.6　选择集 ················ 25
1.6　物体变换 ················ 25
　1.6.1　移动变换 ················ 26
　1.6.2　旋转变换 ················ 26

　1.6.3　缩放变换 ················ 27
　1.6.4　数值变换 ················ 27
　1.6.5　变换中心 ················ 28
　1.6.6　设定坐标系统 ················ 28
1.7　复制物体 ················ 30
　1.7.1　变换复制 ················ 30
　1.7.2　镜像复制 ················ 30
　1.7.3　"阵列"工具 ················ 31
　1.7.4　"间隔"工具 ················ 32
1.8　本章实例 ················ 33
1.9　本章小结 ················ 35
1.10　上机实战 ················ 35
1.11　思考与练习 ················ 36
第二章　基本几何体的创建 ················ 37
2.1　"创建"面板 ················ 37
2.2　标准几何体 ················ 37
　2.2.1　长方体 ················ 37
　2.2.2　球体 ················ 37
　2.2.3　圆锥体 ················ 38
　2.2.4　几何球体 ················ 39
　2.2.5　圆柱体 ················ 40
　2.2.6　圆环体 ················ 41
　2.2.7　管状体 ················ 42
　2.2.8　四棱锥 ················ 43
　2.2.9　茶壶 ················ 43
　2.2.10　平面 ················ 44
2.3　扩展几何体 ················ 45
　2.3.1　切角长方体 ················ 45
　2.3.2　切角圆柱体 ················ 45
　2.3.3　油罐 ················ 46
　2.3.4　纺锤体 ················ 47
　2.3.5　胶囊 ················ 48
　2.3.6　L 形墙 ················ 49
　2.3.7　C 形墙 ················ 49
　2.3.8　软管 ················ 50
　2.3.9　球棱柱 ················ 52
　2.3.10　棱柱 ················ 52
　2.3.11　环形波 ················ 53

2.3.12　创建建筑模型 ⋯⋯⋯⋯⋯54
2.4　本章实例 ⋯⋯⋯⋯⋯⋯⋯⋯55
　　2.4.1　雪人的制作 ⋯⋯⋯⋯⋯55
　　2.4.2　卡通蜡烛台的制作 ⋯⋯⋯56
2.5　本章小结 ⋯⋯⋯⋯⋯⋯⋯⋯61
2.6　上机实战 ⋯⋯⋯⋯⋯⋯⋯⋯61
2.7　思考与练习 ⋯⋯⋯⋯⋯⋯⋯62

第三章　复合建模 ⋯⋯⋯⋯⋯⋯63
3.1　创建二维图形 ⋯⋯⋯⋯⋯⋯63
　　3.1.1　矩形 ⋯⋯⋯⋯⋯⋯⋯63
　　3.1.2　圆和椭圆 ⋯⋯⋯⋯⋯63
　　3.1.3　文本 ⋯⋯⋯⋯⋯⋯⋯63
　　3.1.4　弧 ⋯⋯⋯⋯⋯⋯⋯⋯64
　　3.1.5　圆环 ⋯⋯⋯⋯⋯⋯⋯64
　　3.1.6　多边形 ⋯⋯⋯⋯⋯⋯64
3.2　编辑二维图形 ⋯⋯⋯⋯⋯⋯65
　　3.2.1　编辑样条线段 ⋯⋯⋯⋯65
　　3.2.2　编辑样条线命令 ⋯⋯⋯67
3.3　二维建模 ⋯⋯⋯⋯⋯⋯⋯⋯69
　　3.3.1　挤压（Extrude） ⋯⋯⋯69
　　3.3.2　扭曲（Lathe） ⋯⋯⋯⋯69
　　3.3.3　倒角（Bevel） ⋯⋯⋯⋯69
3.4　复合几何体建模 ⋯⋯⋯⋯⋯70
　　3.4.1　放样 ⋯⋯⋯⋯⋯⋯⋯70
　　3.4.2　布尔运算 ⋯⋯⋯⋯⋯71
3.5　本章实例 ⋯⋯⋯⋯⋯⋯⋯⋯71
　　3.5.1　现代茶几的制作 ⋯⋯⋯71
　　3.5.2　钟表的制作 ⋯⋯⋯⋯⋯74
　　3.5.3　椅子的制作 ⋯⋯⋯⋯⋯80
3.6　本章小结 ⋯⋯⋯⋯⋯⋯⋯⋯83
3.7　上机实战 ⋯⋯⋯⋯⋯⋯⋯⋯83
3.8　思考与练习 ⋯⋯⋯⋯⋯⋯⋯84

第四章　修改建模 ⋯⋯⋯⋯⋯⋯85
4.1　"修改"面板 ⋯⋯⋯⋯⋯⋯⋯85
　　4.1.1　"修改"面板的组成 ⋯⋯85
　　4.1.2　堆栈的编辑 ⋯⋯⋯⋯⋯85
4.2　常用编辑修改器 ⋯⋯⋯⋯⋯86
　　4.2.1　弯曲（Bend） ⋯⋯⋯⋯86
　　4.2.2　锥化（Taper） ⋯⋯⋯⋯88
　　4.2.3　扭曲（Twist） ⋯⋯⋯⋯89
　　4.2.4　噪波（Noise） ⋯⋯⋯⋯90
　　4.2.5　拉伸（Stretch） ⋯⋯⋯91
　　4.2.6　挤压（Squeeze） ⋯⋯⋯92
　　4.2.7　自由变形对象（FFD） ⋯93

4.2.8　置换（Displace） ⋯⋯⋯94
4.3　本章实例 ⋯⋯⋯⋯⋯⋯⋯⋯95
　　4.3.1　扶手椅实例制作 ⋯⋯⋯95
　　4.3.2　办公桌实例制作 ⋯⋯⋯99
　　4.3.3　吊灯实例制作 ⋯⋯⋯⋯102
4.4　本章小结 ⋯⋯⋯⋯⋯⋯⋯⋯109
4.5　上机实战 ⋯⋯⋯⋯⋯⋯⋯⋯109
4.6　思考与练习 ⋯⋯⋯⋯⋯⋯⋯110

第五章　网格建模 ⋯⋯⋯⋯⋯⋯111
5.1　网格建模工具 ⋯⋯⋯⋯⋯⋯111
5.2　"编辑网格"修改器 ⋯⋯⋯⋯111
　　5.2.1　顶点级别修改 ⋯⋯⋯⋯111
　　5.2.2　边级别修改 ⋯⋯⋯⋯⋯112
　　5.2.3　面级别修改 ⋯⋯⋯⋯⋯113
5.3　"编辑多边形"修改器 ⋯⋯⋯115
　　5.3.1　选择次对象级别 ⋯⋯⋯115
　　5.3.2　顶点级别修改 ⋯⋯⋯⋯116
　　5.3.3　边级别修改 ⋯⋯⋯⋯⋯117
　　5.3.4　边界级别修改 ⋯⋯⋯⋯118
　　5.3.5　多边形级别修改 ⋯⋯⋯118
　　5.3.6　"编辑几何体"卷帘窗 ⋯119
　　5.3.7　分配 ID 号 ⋯⋯⋯⋯⋯120
　　5.3.8　平滑多边形 ⋯⋯⋯⋯⋯122
5.4　网格平滑 ⋯⋯⋯⋯⋯⋯⋯⋯123
5.5　优化 ⋯⋯⋯⋯⋯⋯⋯⋯⋯⋯124
5.6　本章实例 ⋯⋯⋯⋯⋯⋯⋯⋯125
　　5.6.1　足球实例制作 ⋯⋯⋯⋯125
　　5.6.2　洗漱柜实例制作 ⋯⋯⋯126
5.7　本章小结 ⋯⋯⋯⋯⋯⋯⋯⋯136
5.8　上机实战 ⋯⋯⋯⋯⋯⋯⋯⋯136
5.9　思考与练习 ⋯⋯⋯⋯⋯⋯⋯136

第六章　材质渲染和灯光摄像机 ⋯137
6.1　材质编辑器 ⋯⋯⋯⋯⋯⋯⋯138
　　6.1.1　"材质编辑器"面板 ⋯⋯138
　　6.1.2　常用材质类型 ⋯⋯⋯⋯143
　　6.1.3　常用贴图类型 ⋯⋯⋯⋯151
　　6.1.4　"UVW 贴图"修改器 ⋯162
6.2　渲染器 ⋯⋯⋯⋯⋯⋯⋯⋯⋯166
　　6.2.1　默认扫描线渲染器 ⋯⋯166
　　6.2.2　mental ray 渲染器 ⋯⋯167
6.3　VRay 渲染器 ⋯⋯⋯⋯⋯⋯169
　　6.3.1　VRay 渲染设置部分 ⋯⋯169
　　6.3.2　VRay 常用材质 ⋯⋯⋯170
6.4　标准灯光 ⋯⋯⋯⋯⋯⋯⋯⋯172

6.4.1 标准灯光的种类 ············· 172
6.4.2 灯光的属性与参数 ··········· 174
6.5 摄像机 ························· 179
6.5.1 摄像机的简介 ··············· 179
6.5.2 摄像机的使用 ··············· 180
6.6 "环境"面板 ··················· 181
6.6.1 环境的使用方法 ············· 182
6.6.2 "环境"面板的界面 ·········· 183
6.7 本章实例 ······················· 185
6.8 本章小结 ······················· 195
6.9 上机实战 ······················· 195
6.10 思考与练习 ··················· 195

第七章 动画 ·························· 196
7.1 动画的概念和方法 ·············· 196
7.1.1 动画的概念 ················· 196
7.1.2 动画的关键点模式 ··········· 197
7.2 轨迹浏览器 ····················· 201
7.2.1 "轨迹视图"界面 ··········· 201
7.2.2 曲线编辑器轨迹视图 ········· 204
7.2.3 摄影表轨迹视图 ············· 206
7.3 动画约束 ······················· 207
7.3.1 附着点约束 ················· 208
7.3.2 曲面约束 ··················· 210
7.3.3 链接约束 ··················· 212

7.3.4 方向约束 ··················· 214
7.3.5 位置约束 ··················· 215
7.3.6 路径约束 ··················· 217
7.4 本章实例 ······················· 219
7.4.1 反弹球动画 ················· 219
7.4.2 旋转文字 ··················· 226
7.5 本章小结 ······················· 230
7.6 上机实战 ······················· 231
7.7 思考与练习 ····················· 231

第八章 综合实例制作 ················ 232
实例一 mental ray 金属和玻璃材质象棋综合
制作实例 ··················· 232
一、建模 ······················· 232
二、材质渲染 ··················· 239
实例二 创建具有真实感的沙漏 ······ 244
实例三 花园式住宅效果表现 ········ 267
一、导入并处理 CAD 图纸 ········ 268
二、根据施工图创建模型 ·········· 271
三、设定场景材质 ··············· 283
四、创建摄像机 ················· 286
五、设置场景灯光 ··············· 287
六、渲染输出 ··················· 289
七、小结 ······················· 291

参考文献 ···························· 292

第一章　3ds Max 2010 建模环境

本章主要对 3ds Max 的安装以及运行环境进行详细的讲解，并详细地介绍 3ds Max 2010 的工作流程。

1.1　3ds Max 2010 概述

3ds Max 是当前最流行的三维制作软件，它在广告、影视、工业设计、建筑设计、多媒体制作、辅助教学以及工程可视化等领域得到广泛应用。

近几年，Autodesk 公司几乎每年对它旗下的软件都会进行更新，如 3ds Max 已经发展到了 3ds Max 2010，也形成了两种不同的风格，为的是更好地满足娱乐和视觉可视化客户的需求。在这里将用 3ds Max 2010 中文版本软件来进行讲解。

Autodesk 3ds Max 是目前 PC 机上最流行、使用最广泛的三维动画软件之一，它的前身是运行在 PC 机 DOS 平台上的 3D Studio，拥有悠久的历史。在当今三维动画制作领域，3ds Max、Maya 等几大软件占据了大部分市场份额，它们各自以其独特的优势拥有大量用户，其中又以 3ds Max 的使用更为广泛。

最近几年，3ds Max 几乎以每年一个大版本的速度走在不断更新的高速路上，从早期功能简单、多数任务要靠各种插件来完成发展到现在集成了毛发、布料、mental ray 渲染器、动力学和粒子系统的完善产品，它正以腾飞的速度向世人证明着自己的实力。早期的 3ds Max 更多应用在建筑设计领域，但现在它以强大的功能征服了游戏开发、卡通动画片制作、电影电视特效等多个领域，近年来，在游戏大作、国际大片中常常出现它的身影，制作出不少经典、逼真的场景、特效，赢得了全世界艺术创作者的青睐。

2009 年 3 月 24 日，Autodesk 公司在旧金山举行的游戏开发者大会（Game Developers Conference，GDC）上，推出了旗下著名的三维软件，Autodesk 3ds Max 的第 12 个版本：3ds Max 2010 与 3ds Max Design 2010。3ds Max Design 2010 的启动界面如图 1-1 所示。此次升级版本最大的改进包括一整套石墨（Graphite）建模工具飞跃式的增强、Viewport 窗口实时显示增强（Review）、xViewMeshAnalyzer 模型分析工具以及 ProOptimizer 的增加、更强大的场景管理与其他软件整合能力提高等大约 350 项。

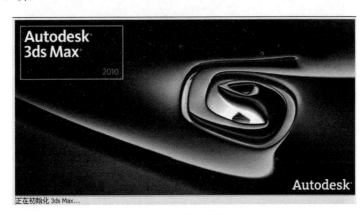

图 1-1　启动界面

随着 3ds Max 功能的不断增强，它的应用领域也越来越广泛，下面就对 3ds Max 2010 以及其应用领域进行简单的介绍。

1.1.1 认识 3ds Max 2010

在建模、渲染和动画等许多方面，3ds Max 2010 提供了全新的制作方法，通过使用该软件可以很容易地制作出大部分对象，通过渲染创造出美丽的 3D 世界，要想灵活地使用 3ds Max 2010，首先就要认识 3ds Max 2010 中的对象、材质以及动画，下面就对这些基本的概念进行讲解。

1. 3ds Max 2010 中的对象

在 3ds Max 中经常会用到"对象"这一术语，"对象"是含义广泛的概念，它不仅是指在 Max 中创建的任意几何物体，还包括场景中的摄影机、灯光，以及作用于几何体的编辑修改器，在 3ds Max 中可以被选择并被进行编辑修改等操作的物体都称为对象。

（1）参数化对象。3ds Max 2010 是一个面向对象设计的庞大程序，它所定义的大多数对象都可以被视为参数化对象。参数化对象是指通过一组参数设置而并非通过对其形状的描述来定义的对象。对于参数化对象来说，通常可以通过修改参数来改变对象的形态。

（2）次对象。次对象是相对于对象而言的，它类似于组成对象这个整体的各个部件。3ds Max 中的对象都是通过点、线、面等次对象组合表示的，而且还可以通过这些次对象进行编辑操作来实现各种建模工作。对次对象进行操作是 3ds Max 中的一大特点。

（3）对象属性。3ds Max 中的所有对象都对应一定的属性，例如，对象的名称、参数、次对象等，这些都是描述对象特征的重要信息。

2. 3ds Max 2010 的材质和贴图

由 3ds Max 2010 生成的对象最初只是单色的几何体，它们没有表面纹理，也没有颜色和亮度。在这种情况下，3ds Max 2010 提供了用于处理对象表面的材质和贴图的功能，使用它们可以使制作的对象更富有真实感，如图 1-2 所示。

图 1-2　带材质效果图

3. 3ds Max 2010 的动画

在 3ds Max 中制作动画，不需要做出每一帧的场景，只需要做出运动的关键帧画面即可使动画看上去很流畅。3ds Max 中的每一个对象都可以接受参数并输出结果，它们的每一个参数都被赋予了特定的值，当值随时间的变化而变化时，就形成了动画。

1.1.2 3ds Max 的应用领域

3ds Max 是全球拥有用户最多的三维动画软件之一，尤其在广告、影视、建筑装饰、游戏、设计等领域得到广泛应用。

1. 影视

如今各种各样的动画片、电视动画以及电影媒体，都越来越多地运用了 3ds Max，而这些影视节目都深受人们的喜爱，如图 1-3 所示。

图 1-3   3ds Max 在电影《后天》中的应用

2. 建筑装饰

建筑装饰行业越来越多地使用三维动画来设计及展示建筑结构以及室内装饰的效果，如图 1-4 所示。

图 1-4   3ds Max 在建筑中的应用

3．游戏

游戏设计人员越来越多地使用三维动画，使得游戏中的场景更具有真实感，更加吸引游戏爱好者，如图 1-5 所示。

图 1-5　3ds Max 在游戏《魔兽 3》中的应用

4．其他

3ds Max 在医学、生物化学等方面也有一定的应用。

1.1.3　3ds Max 2010 的新增功能

3ds Max 2010 引进了新的、节省时间的动画和贴图工作流程工具、开创性的渲染技术，从而提高了 3ds Max 与行业标准产品间的相互操作和兼容性。老用户拿到新软件后主要关心的是其新增功能，软件经过多次版本的更新后，功能已经非常强大。新添加的功能主要是为了提高软件的工作效率，使操作更人性化。3ds Max 2010 功能更强大且简单易用，因为它包含了大量新工具，并且在经过重新设计后其常用命令触手可及，使用起来更加得心应手。下面对 3ds Max 2010 的主要新增功能进行介绍。

1．改进视图技术和优化功能

3ds Max 2010 提供了新的视图技术和优化功能，即使是复杂的场景也能轻松处理。大大提高了操作速度，从而使 3ds Max 2010 成为 3ds Max 到目前为止操作最流畅的版本，并且新增的场景浏览器功能使管理大型场景及成百上千个对象的交互变得更加直观。

2．改进 Biped 功能

Autodesk 3ds Max 的两个版本均提供了新的渲染功能，增强了与包括 Revit 软件在内的行业标准产品之间的互通性，并且包含更多节省大量时间的动画和制图工作流程。3ds Max Design 2010 还提供灯光模拟和分析技术。3ds Max Design 2010 除了提供对视窗交互、迭代转换和材质执行等方面的巨大性能改进、增加新的 UI、场景管理功能和 Review 工具包以外，还提供对复杂制作流程和工作流程的改进支持——新的集成 MAX Script ProEditor（MAX 脚本编辑器），使扩展和自定义 3ds Max 比以前产品更加容易。并且改进的 DWG 文件链接和数据支持加强了与 AutoCAD 2010、AutoCAD Architecture 2010 和 Revit Architecture 2010 等软件产品的协同工作能力。同时还对众多的 Biped 进行了改进，包括对角色动作进行分层并将其导出到游戏引擎的新方法，以及在 Biped 骨架方面为动画师制作出更灵活多变的角色动作提供条件。

3．Reveal 渲染和视图操作接口

Reveal 渲染系统是 3ds Max 2010 的一项新增功能，为快速精确渲染提供了所需的精确控制。用户可以选择渲染剪去某个特定物体的场景，或渲染单个物体甚至帧缓冲区的特定区域。渲染图像帧缓冲区包含一套简化的工具，通过随意过滤物体、区域和进程，平衡质量、速度和完整性，可以快速有效达到渲染设置中的变化效果。

4. 视图操作接口的改进

视图操作接口也是 3ds Max 2010 的一项新增功能。该视图操作接口方便用户对视图进行精确调节，为了方便操作，通常情况下将该功能关闭。

5. 改进的 OBJ 和 FBX 支持

更高的 OBJ 转换保真度，以及更多的导出选项使 3ds Max、Mudbox，以及其他数字雕刻软件之间的数据传递更加容易。用户可以利用新的导出预置，额外的几何体选项，包括隐藏样条线或直线，以及新的优化选项来减少文件大小和改进性能。3ds Max 2010 还提供改进的 FBX 内存管理及支持 3ds Max 与其他产品（如 Maya 和 MotionBuilder）协同工作的新的导入选项。

6. 改进的 UV 纹理编辑

用户可以使用新的样条贴图功能来对管状和样条状物体进行贴图，此外，改进的 Relax 和 Pelt 工作流程简化了 UVW 展开，使用户能够以更少的步骤创作出想要的作品。

7. 改进的 DWG 导入

3ds Max 2010 提供更快、更精确的 DWG 文件导入，使用户能够在较短的时间内导入带有多个物体的大型复杂场景，并且改进了指定和命名材质、实体导入和法线管理等功能，从而大大简化了基于 DWG 的工作流程。

8. Pro Material IS

新的材质提供了易用、基于实物的 mental ray 材质，使用户能够快速创建固态玻璃、混凝土或专业的有光墙壁涂料等常用的建筑和设计表面。

9. Biped 改进

3ds Max 2010 在 Biped 骨架方面提供了更高水平的灵活性，新的 Xtras 工具能够用于 Rig 上的任何部位（如翼或其他面板骨骼）的制作和动画外来的 Biped 物体，并可以将它保存为 bip 格式的文件。被保存的这些文件在 Mixer、Motion Flow 以及层中都得到很好的支持。其中，新的分层功能可以把 bip 文件另存为使用，可以对每层进行操作，从而更加精确地对角色动作进行控制。3ds Max 2010 还支持 Biped 物体以工作轴心点和选取的轴心点为轴心进行旋转。

10. 光度学灯光改进

3ds Max 2010 支持新型的区域灯光对话框和灯光用户界面中的光度学网络预览，以及改进的近距离光度学计算质量的方法和光斑分布。另外，分布类型现在能够支持任何发光形状，而且用户可以使灯光形状与渲染图像中的物体一致。

1.2　3ds Max 2010 用户界面

1.2.1　界面元素

3ds Max 是一个复杂、庞大的三维动画制作系统，初次接触 3ds Max 的朋友肯定会对其复杂、庞大的菜单和工具栏，特别是层层叠加的命令面板感到惊讶。所以在学习之前，首先对 3ds Max 的操作界面及一些基本的操作作一下简单的介绍，以便大家快速熟悉 3ds Max 的建模环境，掌握一些基本工具的使用方法。新版 3ds Max 软件界面中各个领域的功能，放置在 5 个不同的位置上。要使用相应的功能时，到相应的位置区域中查找即可。

（1）菜单栏。几乎所有的软件都要包含该部分。在这一部分中可以找到所有的软件功能，并且软件会将所有的功能按照不同的领域放置到不同的菜单中。在 3ds Max 2010 软件中将"文件"菜单修改为软件图标（最左侧），如图 1-6 所示，通过单击该图标同样可以找到原始"文件"菜单中的命令。

图 1-6　菜单栏

（2）工具栏。在顶部的菜单栏下面有一个包含多个工具图标的区域，一些常用的功能按钮都放置在该部分，在早期的 3ds Max 软件中就已经存在。升级用户对这一部分一定非常熟悉，并非常习惯使用这些功能按钮，如图 1-7 所示。

图 1-7　工具栏

（3）视图。如果初次接触 3D 编辑软件，对这一部分会比较陌生，实际上该部分就是软件的工作区域，因为是 3D 编辑软件，所以需要从不同的方向对相应的对象进行查看和编辑处理。在默认启动 3ds Max 时，界面中的视图为一个（透视）方向。但是在正常的工作中需要使用 4 个视图，并且方向为"顶"、"前"、"左"和"透视"，如图 1-8 所示。通过较短时间的学习和使用，会很快适应这些视图的操作。

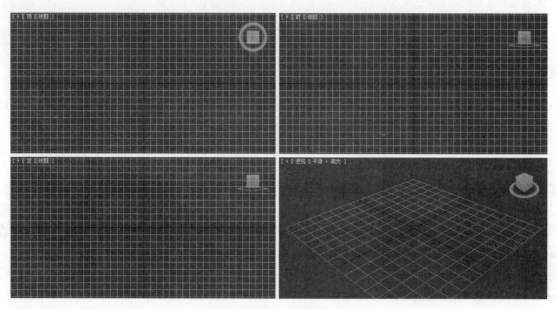

图 1-8　视图

（4）命令面板。一般情况下，在 3ds Max 软件中不会让大量的浮动面板在屏幕上乱窜，为了让工作界面更加地整洁，并且使工作的区域（视图）最大化，软件将大量的功能和编辑参数都放置到该部分。在其顶部放置了 6 个标签，如图 1-9 所示，通过单击这些标签，可以进入不同的功能面板。这些面板中的功能不会被同时使用，所以可以直接切换使用。

图 1-9　命令面板

（5）底部功能栏。在界面的底部除了含有一些简单的精确参数输入栏外，还提供对视图缩放和控制的功能，并且在其中还可对动画进行非常简单的处理，如图 1-10 所示。

图 1-10　底部功能栏

1.2.2　菜单栏

3ds Max 2010 软件中包含 13 个菜单，其他多数专业软件一般不能达到这样的菜单数量，这一点也表现出该软件功能的强大。该软件提供的菜单分别是"文件"、"编辑"、"工具"、"组"、"视图"、"创建"、"修改器"、"动画"、"图形编辑器"、"渲染"、"自定义"、"MAXScript"和"帮助"。3ds Max 2010 将"文件"菜单替换为软件图标⑤（最左侧），使用起来和普通的菜单没有任何的区别。

这些菜单中包含相应的类别命令，可以通过单击进行选取，但这并不是最方便的，因为软件为一些常用的功能命令添加了快捷键，只要按下相应的快捷键即可快速地执行相应的命令。软件中提供的快捷键是按照用户的常态进行设置的，只有牢记这些快捷键才能以简短的时间完成相应的操作。这些快捷键并不与所有的命令一一对应，但是可以通过按下 Alt 键和命令右侧括号中的字母进行操作。

1.2.3　工具栏

默认状态下在"菜单栏"下侧会出现"工具栏"，其中包含大量的工具按钮，只要显示器的分辨率宽度设置到 1280 像素以上时，即可一次显示出所有的工具按钮，否则只能通过相应的滑块才能查看到尾部的工具按钮。默认状态并不显示全部的按钮，只是显示出经常使用的部分，如果要将其他的按钮都显示出来，可以选择"自定义"菜单>"显示 UI" >"显示浮动工具栏"命令，如图 1-11 所示。

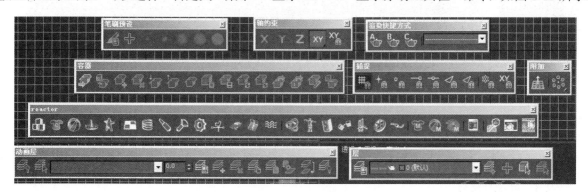

图 1-11　浮动工具栏

1.2.4　视图

"视图"实际上就是 3D 编辑软件的工作区域，在 3ds Max 2010 软件的默认状态下，只显示一个透视的视图，但是在工作中需要切换到四个视图状态下才能很好地进行创建。这也是 3D 编辑软件的特性，在 3ds Max 软件中可以通过单击相应的按钮，在四个和一个视图状态间进行切换，如图 1-12 所示。

1.2.5　命令面板

用过一些其他专业软件的用户一定会被调出的面板过多所困扰，因为要快速地进行工作，就要将大量的面板调出，在整个界面中摆来摆去。但 3ds Max 2010 软件将这一问题很好地解决了，以 6 个选项卡的方式将几乎所有的面板都放置在右侧的"命令"面板中。这 6 个选项卡依次分别是"创建"、"修改"、"层次"、"运动"、"显示"和"工具"，如图 1-13 所示。

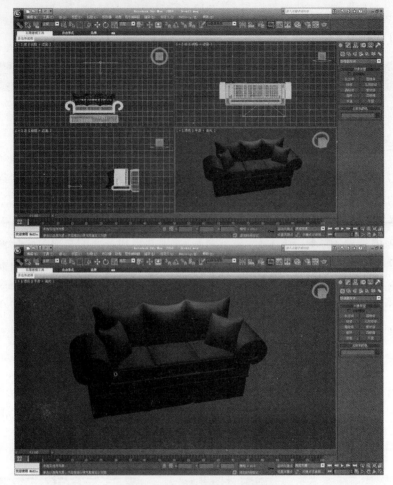

图 1-12　四个视图和一个视图

创建　修改　层次　运动　显示　工具

图 1-13　命令面板选项卡

1.2.6　底部功能栏

3ds Max 软件底部的功能栏，并不是一个统一功能的区域，实际上这部分区域是由多个功能面板组成的，所以可以实现更多的功能。该部分有个功能区域，包括"时间滑块"、"轨迹栏"、"状态栏"、"提示行"、"关键点控制"、"时间控制"和"视图导航控制"。

（1）时间滑块。在该区域中通过拖动中间的滑块，可以快速地搜索定位到相应的动画帧，整个时间标尺用于显示出整个时间长度和帧刻度，如图 1-14 所示。按一定速度拖动滑块，可以按照相应的速度预览动画效果。

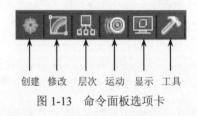

图 1-14　时间滑块

（2）轨迹栏。在该区域中同样以标尺的方式显示出每一帧的状态，当定义了动画后，可以在每一帧的表格中显示出相应关键帧（关键点）的属性。红色的标记表示位置关键点、绿色代表旋转关键点、蓝色代表缩放关键点，参数更改关键点用灰色矩形表示，如图 1-15 所示。

图 1-15　轨迹栏

（3）状态栏。在该区域中会提供很多有价值的信息，如当旋转一个对象后，对象的数量、类型、变换值和栅格尺寸信息将出现在该区域，并且可以通过在 X、Y 和 Z 文本框中输入相应的数值，定义相应的对象变换状态。

（4）提示行。进行到某个操作步骤不知道下面该如何进行操作时，可以查看该区域中的提示信息，协助使用者找到要做什么。

（5）关键点控制。这部分区域主要用于创建动画的关键点，包括两种不同的模式："自动关键点"和"设置关键点"。通过"自动关键点"模式可以对场景对象所做的任何改变设置关键点。"设置关键点"模式能够进行更精确的控制，并仅在单击"设置关键点"按钮时才能为选定的过滤器设置关键点。

（6）时间控制。该区域的按钮类似于家用播放器（录音机、录像机）的控制单元，可以通过单击相应的按钮，实现动画效果的播放、停止、前一帧、下一帧和最后一帧的移动。

（7）视图导航控制。在该选项区域中通过使用不同的功能按钮，对视图中的图形进行缩放、平移等操作，并且可分别对单个视图或全部视图进行控制。

1.3　配置视图

视图区占据 3ds Max 工作界面的大部分空间，它是用户进行创作的主要工作区域，建模、指定材质、设置灯光和摄像机等操作都在视图区进行。

1.3.1　常用视图设置

对视图进行更多的设置可以通过选择"视图">"视口配置"命令，在弹出如图 1-16 所示的"视口配置"对话框中进行更加深入的调整，该对话框中有 9 个选项卡，分别为"渲染方法"、"布局"、"安全框"、"自适应降级切换"、"区域"、"统计数据"、"照明和阴影"、ViewCube 和 SteeringWheels。

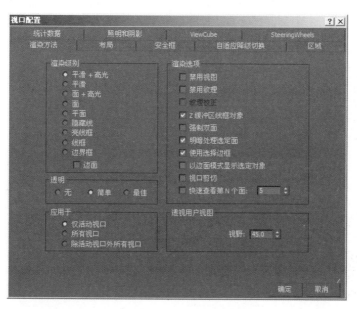

图 1-16　"视口配置"对话框

1.3.2　"布局"选项卡

单击"视图"菜单>"视口配置"命令，在弹出的"视口配置"对话框中单击"布局"标签，进入如图 1-17 所示的"布局"选项卡，在该选项卡中主要对视图的数量、视图的尺寸、布局和每个视图的角度进行定义。

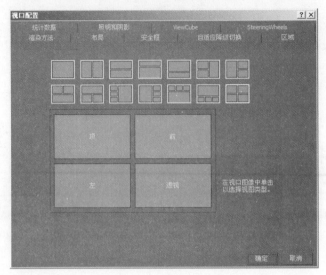

图 1-17 "布局"选项卡

调整视图数量和位置：在该选项卡上面的选项区域中单击不同的按钮，可以直接调整视图的数量和布局。

调整视图角度：在该选项卡底部的 4 个视图图标中单击，在弹出的菜单中选择不同的视图角度选项，将直接设置成相应的视图角度。

1.3.3 "安全框"选项卡

使用 3ds Max 2010 软件进行动画制作时，一定要考虑最终的输入媒体。如通过广播电视进行播放时，就一定要遵守相应的规则。当制作的视频在电视中播放时，由于播放的电视不尽相同，所以显示的面积和位置也不是固定的，通过设置"安全框"将一些非常重要的对象放置到相应的"安全框"中，这样可以确保全部视频播放的完整性。在"视口配置"对话框中单击"安全框"标签，在如图 1-18 所示的"安全框"选项卡中进行相应的设置。

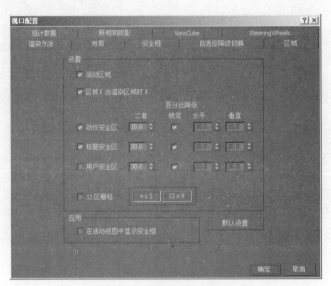

图 1-18 "安全框"选项卡

- 活动区域。选中该复选框，将显示"活动区域"。该区域将被渲染，而不考虑视图的纵横比或尺寸。该区域的颜色为芥末色。

- 区域（当渲染区域时）。选中该复选框，在渲染时将渲染该区域中的内容。
- 动作安全区。选中该复选框，将显示"动作安全区"，该区域的颜色用青色标记。该区域内包含的渲染动作是安全的。选中"锁定"复选框可以锁定"动作"框的纵横比。选中"锁定"复选框时，使用"二者"文本框来设置在安全框中修剪的活动区域的百分比；取消"锁定"复选框时，可以使用"水平"和"垂直"文本框来分别设置这些参数。"活动区域"的默认设置为10%。
- 标题安全区。选中该复选框，将显示"标题安全区"，该区域的颜色用淡棕色标记。该区域中包含的标题或其他信息是安全的。正常使用时，该区域比"动作"框小。"锁定"选项可以锁定"标题"框的纵横比。选中"锁定"复选框时，使用"二者"文本框来设置与动作框相关的标题框的百分比大小；取消"锁定"复选框时，可以使用"水平"和"垂直"文本框来分别设置这些参数。"活动区域"的默认设置为20%。
- 用户安全区。选中该复选框，将显示"用户安全区"，该区域的颜色用洋红色标记。显示可用于任何自定义要求的附加安全框。选中"锁定"复选框可以锁定"用户"框的纵横比。选中"锁定"复选框时，使用"二者"文本框来设置与动作框相关的标题框的百分比大小。取消"锁定"复选框时，可以使用"水平"和"垂直"文本框来分别设置这些参数。"活动区域"的默认设置为30%。
- 12区栅格。用于在视图中显示单元（或区）的栅格。"区"是指栅格中的单元，而不是扫描线区。"12区栅格"是视频导演用来谈论屏幕上指定区域的方法。导演可能要求将对象向左移动两个区并向下移动4个区。12区栅格正是解决这一类布置的参考方法。单击4×3或12×9按钮，在12或108单元的矩阵之间进行选择。
- 在活动视图中显示安全框。选中该复选框，将在激活的视图中显示选中的安全框。

1.3.4 "自适应降级切换"选项卡

若创建的场景比较复杂，进行动画预览或编辑场景时，会导致渲染迟钝甚至无法正常工作，遇到这种情况时，可以启动"自适应降级切换"功能，缓解计算机性能不佳的问题。在"视口配置"对话框中单击"自适应降级切换"标签，进入如图1-19所示的"自适应降级切换"选项卡。

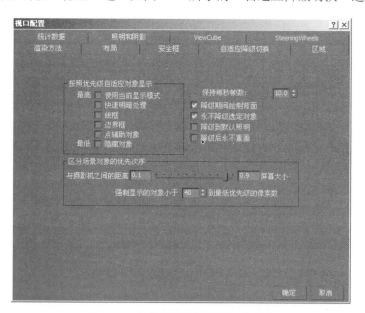

图1-19 "自适应降级切换"选项卡

- 按照优先级自适应对象显示。在该选项区域中选中相应的选项，标明在必要的降级期间渲染模式所经过的步骤。随着视图重画要求的不断增加，整个活动选项从高级到低级的降级量也在不断增加。具有较高优先级（根据"划分优先级场景对象"设置）的对象将使用较高、较好的显示设置，而较低优先级的对象（通常离视点更小或更远）将使用较低的显示设置。

- 保持每秒帧数。在该文本框中输入相应的数值，定义采用每秒帧数来设置自适应显示所保持的帧速率。如果帧速率下降到低于此值，软件将根据该对话框中的其他设置来增加降级量。
- 降级期间绘制背面。选中该复选框时，强制软件在降级期间远离观察点绘制多边形。只适用于线框视图。取消该复选框时，可以在降级期间通过选择背面来改进性能。
- 永不降级选定对象。选中该复选框，选中的对象将不受降级的影响。
- 降级到默认照明。选中该复选框，在降级期间通过禁用所有视图灯光并启用默认照明来改进性能。
- 降级后永不重画。选中该复选框，视图显示将还原为帧率改进，从而重画所有降级的对象。
- 与摄影机之间的距离。在该文本框中输入相应的数值，根据与摄影机或屏幕的距离设置每个对象的优先级。对象越远，其优先级越低，且降级的速度越快。较高的数值，显示较近的对象，与其大小无关。
- 屏幕大小。在该文本框中输入相应的数值，以像素为单位设置边界框的大小。对象越小，优先级越低，且降级的速度越快。较高的数值降级较小的对象，与其距离无关。
- 素数。在该文本框中输入相应的数值，屏幕上小于指定大小的对象在降级期间始终使用最低的可用优先级设置。

1.3.5 ViewCube 选项卡

ViewCube 实际上就是视图右上角处显示当前视图角度的模型，如图 1-20 所示。

图 1-20 ViewCube

在"视口配置"对话框中单击 ViewCube 标签，进入如图 1-21 所示的 ViewCube 选项卡，在该选项卡中可对 ViewCube 进行更深入的设置。

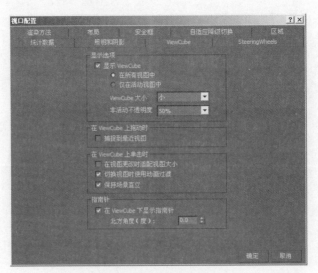

图 1-21 ViewCube 选项卡

- 显示 ViewCube。选中该复选框，将在相应的视图中显示 ViewCube。选中"在所有视图中"单选按钮时，将在所有的视图中始终显示 ViewCube。当选中"仅在活动视图中"单选按钮时，将只在激活的视图中显示 ViewCube。

- ViewCube 大小。用于定义 ViewCube 的尺寸。
- 非活动不透明度。用于定义没有激活的视图中的 ViewCube 的透明度。
- 捕捉到最近视图。选中该复选框时，拖动 ViewCube 旋转视图时，视图将会在其角度接近其中一个固定视图的角度时，捕捉该视图。
- 在视图更改时适配视图大小。选中该复选框时，单击立方体（面、脚点或边）会自动缩放视图以符合当前的选择。取消该复选框时，单击立方体时不会执行缩放。
- 切换视图时使用动画过渡。选中该复选框，单击立方体更改视图时，新的视图会旋转到位。取消该选项时，新方向会立即捕捉进入视图，该模式速度更快。
- 保持场景直立。选中该复选框时，防止场景显示为部分翻转或完全翻转。
- 在 ViewCube 下显示指南针。当选中该复选框时，会在 ViewCube 下显示指南针以确定地理背景中视图的方向。
- 北方角度。在该文本框中输入相应的数值，定义指南针的方向。若将指南针顺时针旋转四分之一圈，则可将"北方角度"设置为 90.0。

1.3.6 SteeringWheels 选项卡

SteeringWheels 3D 导航控件是一个追踪菜单，通过该控件可以从单一的工具访问不同的 2D 和 3D 导航工具。通过选择"视图">SteeringWheels>"切换 SteeringWheels"命令，或使用快捷键 Shift+W，将 SteeringWheels 显示出来，如图 1-22 所示。

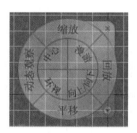

图 1-22　SteeringWheels

在"视口配置"对话框中单击 SteeringWheels 标签，进入如图 1-23 所示的 SteeringWheels 选项卡，在该选项卡中可以进行更加深入的设置。

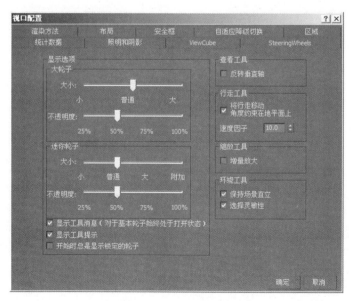

图 1-23　SteeringWheels 选项卡

- 大轮子。在该选项区域中调节"大小"滑块的位置，定义"大轮子"的尺寸；调节"不透明度"滑块的位置，定义"大轮子"的不透明度。
- 迷你轮子。在该选项区域中调节"大小"滑块的位置，定义"迷你轮子"的尺寸；调节"不透明度"滑块的位置，定义"迷你轮子"的不透明度。
- 显示工具消息。选中该复选框时，切换工具信息的显示。
- 显示工具提示。选中该复选框时，将光标悬放在控件上时将显示工具提示。
- 开始时总是显示锁定的轮子。选中该复选框，第一次启动软件时，SteeringWheels 会自动显示在光标位置。取消该复选框时，则必须手动才能打开 SteeringWheels。
- 反转垂直轴。选中该复选框，向上拖动鼠标会使视点上移，向下拖动鼠标会使视点下移。取消该复选框时，向上拖动鼠标会使视点下移，向下拖动鼠标会使视点上移。
- 将行走移动角度约束在地平面上。选中该复选框，无论当前的"查看方向"如何，都会将"行走"运动约束在 XY 平面上。取消该复选框，"行走"运动会垂直显示在视图面板上。
- 速度因子。在文本框中输入相应的数值，定义运动的相对速率。范围从 0.1 到 10.0。
- 增量放大。选中该复选框时，如果在完整导航轮子上使用缩放工具，可以将因子放大 25%。取消该复选框时，则必须在完整导航轮子上拖动"缩放"工具才能进行缩放。
- 保持场景直立。选中该复选框时，防止场景旋转，因此在使用环绕工具时，显示为倒置。
- 选择灵敏性。选中该复选框时，使用环绕工具时将围绕当前选择内容而不是预定义的中心旋转视图。

1.3.7 使用视图背景

找一张薄纸，将书中比较好看的图画描下来是我们小时候非常喜欢做的事情。实际上这样的流程在 3ds Max 软件中同样适用。但并不是将一个 2D 图画描成一个 2D 图画，而是制作出 3D 对象。这就要求在不同方向的视图背景上放置相同角度的 2D 图画，采用相应的方法制作出 3D 对象。

当为一个视图添加背景图像时，可以选择"视图">"视口背景">"视口背景"命令，或使用快捷键 Alt+B，弹出如图 1-24 所示的"视口背景"对话框。具体的操作方法如下：

（1）单击"文件"按钮，弹出如图 1-25 所示的"选择背景图像"对话框，在该对话框中选择要使用的图片文件，单击"打开"按钮。

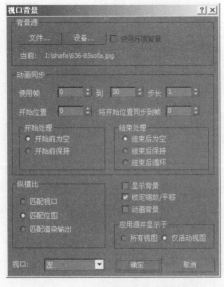

图 1-24　"视口背景"对话框

图 1-25　"选择背景图像"对话框

（2）置入的文件可以是静帧的图像，也可以是多帧的动画文件。如果是动画文件，需要在"动画同步"选项区域中，对动画背景和制作的动画进行匹配。在"使用帧"选项中调整从开始到结束的帧数。在"开始位置"文本框中输入相应的开始帧的帧数。

（3）在"开始处理"选项区域选中"开始前为空"单选按钮时，定义开始时没有图像的情况下，不显示任何的图像；选中"开始前保持"单选按钮时，在开始时没有图像的情况下，始终显示第一帧图像。

（4）在"结束处理"选项区域中定义结束时没有图像的处理方式。当选中"结束后为空"单选按钮时，将不显示任何的图像；选中"结束后保持"单选按钮时，将保持最后一帧的图像；选中"结束后循环"选项时，将继续播放动画。

（5）在"纵横比"选项区域中定义置入的图像和视图的比例关系，在该选项区域中提供了"匹配视口"、"匹配位图"和"匹配渲染输出"选项。

（6）选中"显示背景"复选框，将在相应的视图中显示置入的图像。

（7）选中"锁定缩放/平移"复选框，在正交视图或用户视图进行缩放或平移操作过程中，将背景锁定至几何体。在缩放或平移视图时，背景会随视图一起缩放或平移。"锁定缩放/平移"禁用时，背景会停留在原来位置，而几何体则会单独移动。选中"匹配位图"或"匹配渲染输出"单选按钮来启用"锁定缩放/平移"复选框。如果选中"匹配视口"单选按钮，此控件会被禁用。

（8）选中"动画背景"复选框时，将在视图中显示动画背景。

（9）在"应用源并显示于"选项区域中选中"所有视图"单选按钮时，同一个图像将被应用到所有的视图中，但这一操作很少使用。选中"仅活动视图"单选按钮时，背景图像只显示在激活的视口中。可在"视口"下拉列表中选择不同的选项，来定义要显示背景图像的视图。

（10）设置完成后，单击"确定"按钮，效果如图 1-26 所示。

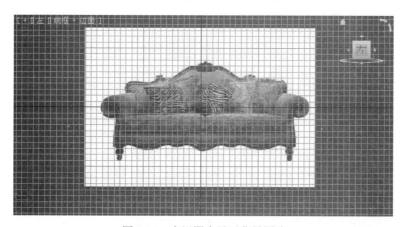

图 1-26　在视图中显示背景图片

1.4　视图操作

视图区的默认设置为顶视图（Top）、前视图（Front）、左视图（Left）、透视图（Perspective）四个窗口。在制作效果图时，可以从不同的角度来观察建立的模型。

1.4.1　显示模式

在默认设置下，所有正视图采用线框显示模式（Wireframe），透视图则采用光滑加高光（Smooth+Highlights）的显示模式。

单击视图左上角的线框字样 线框 ，即可在弹出的如图 1-27 所示的快捷菜单，在"其他视觉样式"的子菜单中选择所需的显示模式。

各显示模式都有不同的含义和作用，在不同的显示模式下可分别进行不同的操作。

图 1-27　视图显示快捷菜单

光滑模式色彩逼真，接近渲染效果，可观察材质和场景中的灯光设置，因而在编辑材质和设置灯光时使用较多，缺点是刷新速度慢，不便于快速操作。而线框模式仅显示物体的线框，有利于观察模型的结构和片段数，是网格物体编辑时必不可少的显示模式，而且刷新速度快，可以加快计算机的显示速度，其中尤其以 Bounding Box（边界框）模式显示速度最快。当处理大型、复杂的效果图时，应尽量使用线框模式，只有当需要观看最终效果时，才将高光模式打开。

1.4.2 视图布局及切换

默认设置下，3ds Max 使用四个均匀划分的视图来显示场景，三个正交视图和一个透视图，而且每个视图的左上角都显示有当前视图的显示类型。

切换视图显示类型：右击任何一个视图左上角的视图名称，在弹出的快捷菜单中选择相应的视图类型。

前面介绍的视图角度都是标准的角度，但并不是视图只能显示在这些角度中。按照不同的需求可以对任意一个视图的角度进行调整，从而适应不同工作的需要。如果反复地调整视图的角度，很可能造成查看多个视图后产生眩晕的现象。在 3ds Max 界面右下角位置的"视图导航控制"区域中设置了不同按钮，可以对任意视图进行角度调整、缩放等控制。但是编辑视图前需要将其选中，出现黄色边界表示被选中。

1.4.3 使用视图导航控制视图

"视图导航控制"选项区域中的工具按钮，会随着激活的视图的不同而变换，但是具体的使用方式和含义基本相同。表 1-1 为"视图导航控制"选项区域中不同按钮的使用简介。

表 1-1 视图导航控制器

视图导航按钮	名称	说明
	缩放（Alt+Z）、推拉摄影机+目标、推拉来实现摄影机、推拉目标	用于在激活视图中拉近或推远对象，通过拖动鼠标来实现，也可以通过滚动鼠标进行逐步的缩放
	缩放所有视图、透视	通过拖动鼠标同时对所有视图进行缩放。当为摄影机视图时，拖动鼠标可以进行透视角度的变换
	最大化显示（Ctrl+Alt+Z）、最大化显示选中对象、侧滚摄影机	放大所有对象或选定对象，直到相应对象充满整个窗口。当为摄影机视图时，拖动鼠标可以旋转摄影机，从而旋转视图
	所有视图最大化显示（Ctrl+Shift+Z）、所有视图最大化显示选中对象	放大所有对象或选中对象，直到相应对象充满整个窗口
	缩放区域（Ctrl+W）、视野	对框选区域进行全视图显示，当选中摄影机视图时，拖动鼠标进行视图宽度的控制
	平移视图（Ctrl+P）、穿行	通过拖动鼠标或按住 I 键时移动鼠标来上下左右移动视图。使用"穿行"特性可以利用方向键或鼠标在场景中移动
	环绕按钮、选定的环绕、环绕子对象	通过拖动鼠标旋转公共轴，或通过以选定的对象或子对象为轴心旋转视图
	最小化/最大化视图切换（Alt+W）	单个激活视图和 4 个视图之间进行切换，反复单击实现循环切换

1.4.4 缩放视图

在对视图中的对象进行观察时，缩放视图的尺寸是非常重要的，缩放视图操作可以对局部和全局进行查看。缩放视图的方法有多种，当要对单独的视图进行缩放操作时，首先需要在该视图中单击将其激活。在"视图导航控制"选项区域中单击"缩放"按钮，或使用快捷键 Alt+Z 直接激活该按钮。在相应的视图中向上拖动鼠标放大视图，向下拖动鼠标缩小视图。通过上述的方法可以无限地对视图进行缩放。如果鼠标上含有滚轮，通过向上或向下滚动滚轮，也可以无限地放大或缩小视图，如图 1-28 所示。

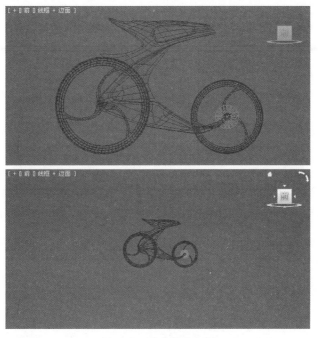

图 1-28　放大缩小视图

如果要同时对 4 个视图进行同比例的缩放，可以单击"缩放所有视图"按钮，在任意一个视图中拖动鼠标均可对所有的视图同时进行缩放。当要进行对象全局查看时，并不需要使用"缩放"工具将视图缩小，只要在该选项区域中单击"最大化显示"按钮，便可将所有对象都显示在视图当中，并且以允许的最大尺寸进行显示。若要将一个对象进行最大化显示，先选中该对象（具体的方法将在相应章节中进行讲述），再在该选项区域中单击"最大化显示选中对象"按钮即可。

若要将多个对象同时最大化显示，可以同时选中这些对象，并单击"最大化显示选中对象"按钮。如果要放大的部分并不是一些对象而是一个区域时，在该选项区域中单击"区域缩放"按钮，再在视图中要查看的区域部分进行拖动，将要缩放的部分框选，释放鼠标将最大化显示框选的区域，如图 1-29 所示。

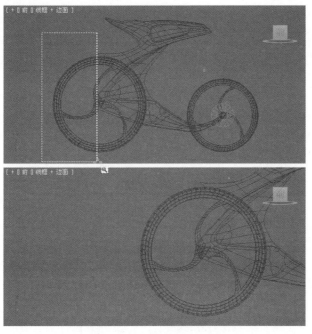

图 1-29　区域缩放视图

1.4.5 移动视图

当对视图中的图像位置进行移动时,可在"视图导航控制"选项区域中单击"平移视图"按钮,或使用快捷键 Ctrl+P,再在要调整的视图中拖动,即可对视图中的图像进行移动。单击"平移视图"按钮,同时按下 I 键,在相应的视图中拖动,视图中的图像将反向进行移动,这一操作称为"交互式平移"。

1.4.6 旋转视图

对一个视图进行旋转操作后,该视图将不再是标准的角度视图,软件会自动将其命名为"正交"视图。

1. 使用"环绕"按钮旋转视图

当要进行旋转时,在"视图导航控制"选项区域中单击"环绕"按钮,或使用快捷键 Ctrl+R,此时在选定的视图中出现环形参考线。拖动即可实现对视图的旋转,如图 1-30 所示。

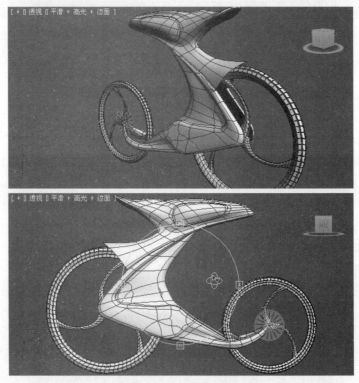

图 1-30 旋转视图

2. 使用 ViewCube 旋转视图

ViewCube 3D 导航控件提供了视图当前方向的视觉反馈,使用该控件还可以调整视图方向以及在标准视图与等距视图间进行切换。

ViewCube 显示时,默认情况下会显示在活动视图的右上角;如果处于非活动状态,则会叠加在场景之上。它不会显示在摄影机、灯光、图形视图或者其他类型的视图中。当 ViewCube 处于非活动状态时,其主要功能是根据模型的方向显示场景方向。

将指针放置到 ViewCube 上方时,它将变成活动状态。使用鼠标可以切换到一种可用的预设视图、旋转当前视图或者更换到模型的"主栅格"视图中。右击可以打开具有其他选项的菜单。

(1) 显示 ViewCube。

通过选择"视图">ViewCube>"显示 ViewCube"选项,或使用快捷键 Alt+Ctrl+V,切换显示或隐藏 ViewCube 控件。当要在所有的视图中始终显示 ViewCube 控件时,可以选择"视图">ViewCube>

"显示所有视图"命令，也可以通过选择该子菜单中的"显示活动视图"命令，将只在激活的视图中显示该组件。

（2）使用 ViewCube 控制视图。

使用 ViewCube 控件对视图的角度进行控制，通过查看 ViewCube 控件中的方向标记，可更好地了解整个空间的方向性。通过单击该控件中的多个箭头按钮，可以在 6 个标准的方向中进行切换，如图 1-31 所示。

将指针放置在 ViewCube 控件的立方体上，会有相应的黄色边框显示出来，单击可以直接切换至相应的角度，如图 1-32 所示。除了"上"、"下"、"左"、"右"、"前"、"后"6 个标记外，还有边角和顶角的按钮。

图 1-31　切换标准角度

图 1-32　单击标准方向按钮

如果要进入一个非标准的角度，可直接在 ViewCube 控件的立方体上拖动，随意地调整视图的角度。通过单击 ![icon] 按钮，恢复到原始的角度。

（3）其他 ViewCube 命令。

选择"视图">ViewCube 子菜单中的相应命令，可执行关于 ViewCube 控件的相应功能。

- 主栅格：用于还原与模型一起保存的"主栅格"视图。
- 正交：用于将当前视图切换到正交投影。
- 透视：用于将当前视图切换到透视投影。将当前视图设置为主栅格，根据当前视图定义模型的"主栅格"视图。
- 将当前视图设置为前：用于根据当前视图定义模型的"前"视图。
- 重置前：用于将场景的"前"视图重置为其默认的方向。
- 配置：用于打开"视口配置"对话框的 ViewCube 选项卡，可以在其中调整 ViewCube 的外观和行为。

1.4.7　使用 SteeringWheels

SteeringWheels 3D 导航控件是追踪菜单，通过它们可以从单一的工具访问不同的 2D 和 3D 导航工具来节省时间。SteeringWheels 也称作轮子，它可分成多个称为"楔形体"的部分。轮子上的每个楔形体都代表一种导航工具。可以使用不同的方式平移、缩放或操纵场景的当前视图。

1．显示/隐藏 SteeringWheels

在默认状态下，SteeringWheels 控件是不显示的，通过选择"视图">SteeringWheels>"切换SteeringWheels"命令，或使用快捷键 Shift+W，在激活的视图中显示如图 1-33 所示的 SteeringWheels控件。当要将该控件隐藏时，可以直接单击其右上角的"×（关闭）"按钮，也可以在该控件外的位置上右击。

2．使用 SteeringWheels

SteeringWheels 控件的导航功能非常强大，在标准的"轮子"状态中，提供了"缩放"、"动态观察"、"平移"、"回放"、"中心"、"环视"、"向上/向下"和"漫游"功能，将鼠标指针放置到相应的按钮上，按住鼠标可直接对相应的功能进行控制。虽然每一个功能的目的不同，控制界面的效果不同，但是操作的流程是相同的。如"回放"功能可以在设置过的多个视图角度中进行切换，按住该功能按钮，会显示最近设置过的多个视图角度图标，将指针放置到相应的图标上释放即可，如图 1-34 所示。

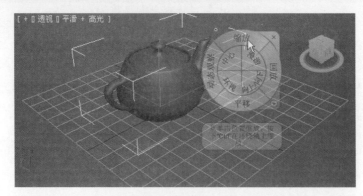

图 1-33　SteeringWheels 控件

图 1-34　"回放"工具

- "中心"工具：用于在对象上指定一个点作为当前视图的中心。它也可以更改用于某些导航工具的目标点。
- "前进"工具：用于调整视图的当前点与模型的已定义轴点之间的距离。
- "环视"工具：用于从固定点水平和垂直地旋转视图。
- "动态观察"工具：用于根据固定的轴点围绕模型旋转当前视图。
- "平移"工具：通过在屏幕平面中进行移动来调整模型的视图。
- "回放"工具：用于还原最近的视图。还可以在一系列已保存的视图中前后移动。
- "向上/向下"工具：用于沿着垂直屏幕轴滑动模型的当前视图。
- "行走"工具：用于模拟穿行模型。
- "缩放"工具：用于调整模型当前视图的放大倍数。

3. 使用迷你轮子

SteeringWheels 控件提供 3 种不同的轮子，并且每一种轮子都提供一个"迷你"的版本，使用该版本只是在选择功能上有所不同。在不同方向进行拖动时，在"迷你"轮子上会显示出当前的功能，如图 1-35 所示，拖动鼠标即可实现相应的功能。

图 1-35　迷你轮子

1.5　对象选择

选择对象可以说是 3ds Max 最基本的操作。在对场景中任何一个对象进行操作之前，必须先选择该对象。3ds Max 提供了多种选择物体的方法，包括点击选择、使用区域选择、根据名称和通过颜色选择等，如图 1-36 所示。

执行"编辑"菜单>"全选"命令，或按下 Ctrl+A 快捷键，可选择场景中的所有对象。选择"编辑"菜单>"全部不选"命令，或按下 Ctrl+D 快捷键，可取消当前的选择。选择"编辑"菜单>"反选"命令，或按下 Ctrl+I 快捷键，则场景中选择的物体被取消选择，而没有被选的物体重新被选择。按下 Ctrl+Z

键，可取消上一次场景操作，按下 Shift+Y 可重做上一次场景操作，选择也是一种场景操作。

图 1-36　"编辑"菜单

1.5.1　点击选择

所谓点击选择，是指在单击"选择对象"按钮后，直接在视图中单击相应物体来进行选择，这也是最简单、最基本的选择方式。如图 1-37 所示，被选中的物体，在线框显示方式的视图中以白色线框方式显示，并且在物体上显示坐标轴；在着色方式显示的视图中，周围会显示一个白色的框架，而且不管被选对象是什么形状，这种白色框架都以长方体的形状出现。若要取消物体的选择，在视图的空白处单击即可。按住 Ctrl 键的同时，单击一个未被选择的物体可同时选择多个物体，若单击的是被选物体，则会取消对该物体的选择。

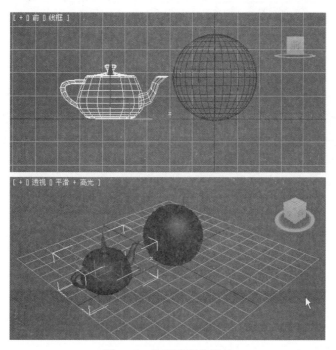

图 1-37　选择茶壶几何体

在选择了一个或多个物体后，可以单击状态栏上的"选择锁定切换"按钮，以锁定选择。再次单击"选择锁定切换"按钮，即可取消锁定。按下"空格"键也可以激活锁定。

1.5.2　区域选择

所谓区域选择，是指使用"选择对象"按钮 拉出一个虚线选择范围框，如图 1-38 所示，通过框的大小来确定选择的范围。

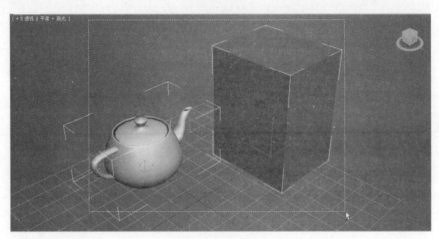

图 1-38　虚线选择

3ds Max 区域选择有两种方式，一种是窗口选择方式（Window Selection），一种是交叉区域选择方式（Crossing Selection），单击主工具栏中的"窗口/交叉"按钮 ，使其弹起或按下，可进行两种选择方式的切换。

窗口范围选择状态 。选择对象时，只有完全被框在拖出的虚线框内的对象才能被选择，仅局部被框选的对象不能被选择，如图 1-39 所示。

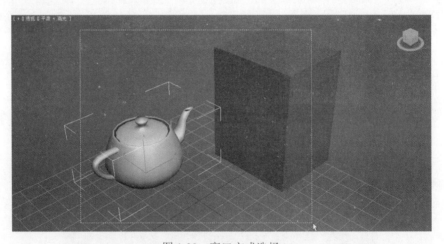

图 1-39　窗口方式选择

交叉范围选择状态 。选择对象时不管是局部还是全部被框选，只要有部分被框选，则整个物体都将被选择，如图 1-40 所示。

为了便于物体的选取，3ds Max 还提供了多种形状的范围选择框以供使用，图 1-38 中使用的即是矩形范围选择框。单击主工具栏上的"矩形选择区域"按钮 ，即弹出虚线框形状下拉列表，从中可选择其他形状，如图 1-41 所示。另外当按下 Ctrl+F 键，可以在各种范围选择框之间进行快速切换。

1.5.3　根据名称选择

在场景中有很多物体的情况下，如果用鼠标来选择物体，难免会出现误选的情况，这时最好的办法便是利用名称来选择。一个物体在创建之后，3ds Max 会自动为其生成一个名称。例如创建了一个 Box 立方体，如果这个立方体是本场景的第一个立方体，那么它的名称便是"Box01"。当然，用户也可以在"创建"面板"名称和颜色"卷帘窗的文本框中输入自己的命名。当一个场景中的物体比较多时，给每个物体取一个易于识别的名字，可便于物体的选择和识别。根据名称选择的基本操作如下。

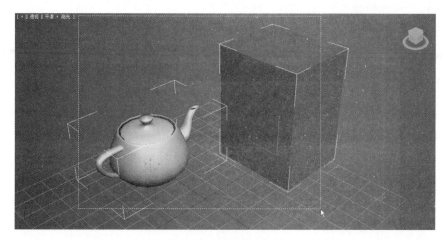

图 1-40　交叉方式选择

图 1-41　多种形状的范围选择框

　　（1）单击工具栏"按名称选择"按钮，打开"从场景选择"对话框，如图 1-42 所示。如按下 H 键，可快速打开"按名称选择"对话框。

图 1-42　"从场景选择"对话框

（2）在左边的物体名称列表框中，单击需要选择的物体名称。按住 Ctrl 键单击，可选择多个不连续显示的物体，按住 Shift 键则可选择连续显示的多个物体，与拖动选择效果相同。

（3）在列表框上方的文本框中，用键盘输入"C*"，可选择以 C 字母开头的所有名称，这就是利用通配符来选择多个物体。

（4）最后单击"确定"按钮关闭对话框，被选中名称的物体即被选择。

1.5.4　通过颜色选择

颜色是物体的基本属性之一，在创建物体时，系统会随机地为该物体指定一个颜色，而复制物体则会继承原物体的颜色属性。在视图中所见的物体线框颜色，即为该物体的颜色。

单击创建或修改面板中的颜色块，可打开"对象颜色"对话框，用户可为当前选中的物体设置颜色，如图 1-43 所示。

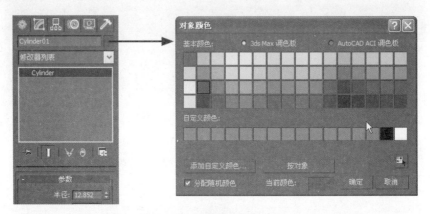

图 1-43　修改物体颜色属性

通过颜色可以选择场景中具有此颜色属性的所有物体。

具体操作方法如下：

（1）执行"编辑"＞"选择方式"＞"颜色"命令。

（2）移动光标到具有此颜色的一个物体上，当光标显示为如图 1-44 所示形状后单击，则所有具有此物体颜色的其他几何体同样被选中。

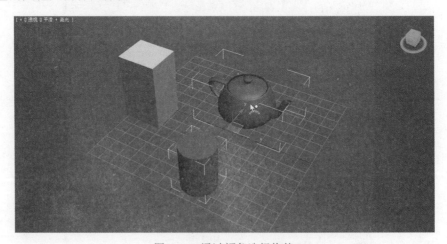

图 1-44　通过颜色选择物体

1.5.5　选择过滤器

选择过滤器用于控制所选物体的类型，它位于工具栏"窗口/交叉"按钮 的左侧，单击列表下拉按钮可打开选择过滤器列表，如图 1-45 所示。从列表中选择一种类型，则在场景中就只能选择属于这一类型的物体，其他类型的物体不能被选择，从而有助于避免误操作。

过滤器列表中，系统默认的选项是"全部"，即所有的物体类型都可选择。当选择"灯光"选项时，在场景中就只能选择灯光物体，而其他类型的物体就不能选择，因而当需要调整场景灯光时，该方法就非常有用。

1.5.6　选择集

所谓选择集就是一个或多个选择对象的集合。进行某项操作时，如果经常需要同时选择多个固定对象，就可以将这些对象组成一个选择集。当以后需要选择这几个对象时，从工具栏选择集列表中选中该选择集即可。

选择集建立之后，执行"编辑"菜单>"管理选择集"命令，或直接单击主工具栏"编辑命令选择集"按钮 ，打开"命名选择集"对话框，如图 1-46 所示，使用对话框中的工具栏或右击某对象，在弹出的快捷菜单中可对选择集进行重命名、删除、添加或减少子物体的编辑操作。

图 1-45　选择过滤器列表

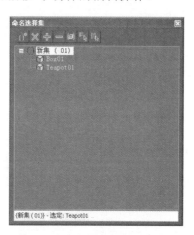

图 1-46　"命名选择集"对话框

"命名选择集"面板上方的按钮功能如表 1-2 所示。

表 1-2　面板按钮功能

按钮	功能
	创建新的选择集
	删除当前选中的选择集或选择集中的某个子物体
	添加场景中当前选择的物体至选择集
	从选择集中删除场景中当前选择的物体
	选择选择集中的子物体
	打开"从场景选择"对话框，通过名称选择场景中的物体
	高亮度显示场景中选定的对象

1.6　物体变换

变换是指移动、旋转和缩放等基本操作。在 3ds Max 中，变换操作的结果与当前的坐标系、变换中心和约束轴的设定有关，所以在变换之前，都需要通过工具栏中的按钮，对这些选项进行设置，如图 1-47、图 1-48 所示。

移动　旋转　缩放　坐标系　交换
工具　工具　工具　列表框　中心

图 1-47　主工具栏上的变换工具

图 1-48　轴约束工具栏

- 坐标系：是指变换依据的坐标系。
- 变换中心：是指旋转和比例缩放的中心。
- 变换轴：是指变换的轴向，以限定变换的方向。

按下 W 键，可快速切换至移动工具；按下 E 键，可快速切换至旋转工具；按下 R 键，可快速切换至缩放工具。

1.6.1　移动变换

移动变换是指改变物体位置的操作，操作成功的关键是轴向的控制。单击激活工具栏"选择并移动"按钮，或按下 W 快捷键，在视图区中单击选中物体，视图中就会出现移动变换控制器，其中的红、绿、蓝箭头分别代表坐标系 X、Y、Z 轴的方向，如图 1-49 所示。按下"+"和"-"键可调整该控制器的大小，按下 X 键可控制该控制器的显示/隐藏。

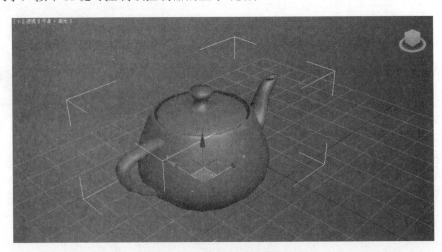

图 1-49　使用移动工具选择几何体

当需要在某个方向上移动时，移动光标至该轴向上方（箭头线条会显示为黄色），然后拖动即可。若需要在某个平面内移动，则可移动光标至两轴向夹角处的小正方形内（该正方形会显示出黄色），然后拖动即可。

除轴向控制器可控制移动的方向外，也可以使用轴约束工具栏中的按钮控制变换轴。右击主工具栏空白处，从弹出的快捷菜单中选择"约束轴"命令，显示工具栏如图 1-48 所示，单击其中的按钮即可选择相应的变换轴向。另外又可使用键盘快捷键来快速选择变换轴向，具体含义如下：

- F5：选取 X 轴约束；
- F6：选取 Y 轴约束；
- F7：选取 Z 轴约束；
- F8：选取双轴约束。如果双轴已经选取，则可利用 F8 键在双轴选项中切换。

1.6.2　旋转变换

旋转变换物体的操作方法也非常简单，单击选择工具栏"选择并旋转"按钮（快捷键 E），然后移动光标至视图中选中旋转物体，视图中就会显示出旋转变换控制器，如图 1-50 所示。

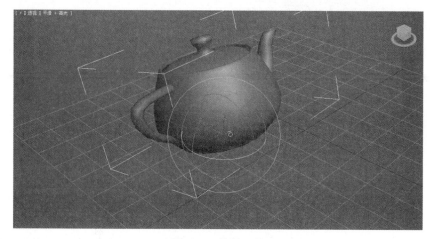

图 1-50　旋转工具

其中的红、绿、蓝三条圆线分别代表旋转变换的 X、Y、Z 三个轴向，移动光标至某条圆线上（该线会显示为黄色）拖动，物体便会绕着该轴向进行旋转，旋转的同时会出现一个红色的扇形，旁边会显示出旋转的角度。

移动光标至灰色线条上拖动，可使物体不受约束地自由旋转；若移动光标至最外围的灰白线条上旋转，则物体可在当前视图平面内旋转。

1.6.3　缩放变换

缩放变换有三种方式：等比缩放、非等比缩放和等体积缩放，分别对应于工具栏上的三个缩放变换工具。

等比缩放：在三个轴向上作等比例放缩，只改变体积，不改变形状。

非等比缩放：在指定的坐标轴向上做非等比例缩放，物体体积和形状都会发生改变。

等体积缩放：在指定的坐标轴向上做挤压变形，物体体积保持不变，但形状发生改变。

此外，通过缩放变换控制器，也可控制缩放轴向和缩放方式。选择缩放工具单击物体，视图中便会显示出星形缩放控制器，移动光标至不同的轴向拖动，可得到不同的缩放结果，如图 1-51 所示为 XYZ 轴等比缩放物体。

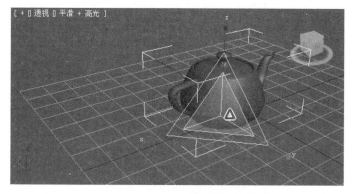

图 1-51　XYZ 轴等比缩放物体

1.6.4　数值变换

通过鼠标拖动来实现物体的移动、旋转和缩放，这种方法虽然直观，便于交互操作，但不能精确控制变换的大小和比例。为此，3ds Max 提供了数值输入的方法来进行变换。

执行"编辑"菜单>"变换输入"命令，或在选择变换工具后右击该工具图标（快捷键 F12），都可打开如图 1-52 所示的"移动变换输入"对话框。从图中可以看出，该对话框分为两大部分，分别为"绝对:世界"选项组和"偏移:屏幕"选项组。

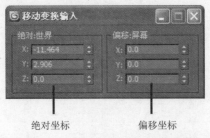

绝对坐标   偏移坐标

图 1-52   "移动变换输入"对话框

"绝对:世界"选项组用于显示和输入变换物体的"世界"坐标系中的坐标值，而"偏移:屏幕"选项组中的默认值总是 0，即把当前物体的轴心作为坐标原点。举个例子，当需要将物体在 X 轴正方向移动 100 个单位，则可在选择该物体后，直接在"偏移:屏幕"选项组 X 文本框中输入 100，然后按下回车键即可。

除了使用浮动变换框进行数值变换之外，也可以直接在状态栏中的变换框内输入数值来进行变换，单击状态栏坐标左侧的"绝对模式变换输入"按钮 可完成绝对坐标和偏移坐标的切换，如图 1-53 所示。

单击此按钮可完成绝对和   右击此按钮可复位框内数
偏移坐标的切换   值为 0

图 1-53   状态栏数值输入框

1.6.5   变换中心

变换中心是指物体发生变换时的中心，它影响着物体旋转和缩放变换的最终结果。当对单个物体进行旋转或缩放时，系统默认使用该物体自身的轴心作为变换中心，这也是 3ds Max 一般物体默认轴心的位置。

若变换的是多个物体，则可使用 3ds Max 的"使用变换坐标中心"按钮 ，调整整体变换中心，该工具共包括三个按钮，作用及变换效果如图 1-54 所示。

1.6.6   设定坐标系统

坐标系统是对象进行移动、旋转、缩放变动的依据，灵活地选择所需的坐标系统，是对象正确变换的前提。

3ds Max 总共提供九种坐标系统以供选择，单击工具栏中的下拉按钮，可从中选择所需的坐标系统，如图 1-55 所示。

1. 视图坐标系统

视图坐标系统是 3ds Max 默认的坐标系统。它实际上是屏幕坐标系统与世界坐标系统的结合。在正交视图中（如顶视图、前视图）使用的是屏幕坐标系统，水平方向为 X 轴方向，垂直方向为 Y 轴方向，垂直于平面的方向为 Z 轴方向；在透视图中使用的则是世界坐标系统。

2. 屏幕坐标系统

在屏幕坐标系统中，所有的视图都使用同样的坐标轴向，即 X 轴为水平方向，Y 轴为垂直方向，Z 轴为景深方向，它实际上把计算机屏幕作为 X、Y 轴向所确定的平面，计算机屏幕内部延伸的方向作为 Z 轴的方向。

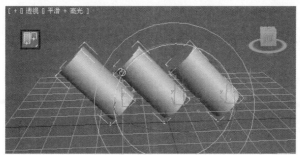

物体各自的轴心作为交换中心

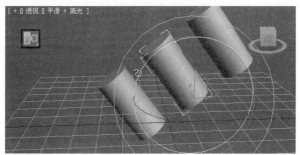

选择集中心作为变换中心

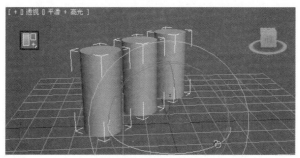

坐标系轴心作为变换中心

图 1-54　变换中心效果

图 1-55　选择所需的坐标系

3．世界坐标系统

以世界坐标系统为各视图的坐标系统。

4．父物体坐标系统

使用所选择物体的父物体的自身坐标系统作为坐标系统，从而使子物体保持与父物体之间的依附关系。

5．局部坐标系统

使用物体自身的坐标轴作为坐标系统，因而当选择不同的物体时，其坐标系统是不一样的。物体自身的轴向可以通过"层次"命令面板中"重心"、"重心调节"命令进行调节。

6．万向坐标系统

万向坐标系统主要用于动画制作。

7. 栅格坐标系统

以栅格物体的自身坐标轴作为坐标系统。栅格物体是一种辅助物体，可在辅助物体创建面板中创建。

8. 工作坐标系统

选中该选项，使用工作轴坐标系。无论工作轴处于活动状态与否，可以随时使用坐标系。使用工作轴启用时，即为默认的坐标系。

9. 拾取坐标系统

自己选择场景中的任意一个对象，以它的自身坐标系统作为当前的坐标系统。

1.7　复制物体

在制作建筑效果图时，经常需要创建许多相同的模型，如大厦门前的立柱、餐厅的桌椅等，对于这些形状完全相同的物体，只需创建其中的一个，然后通过复制的方法得到其他几个。3ds Max 提供了多种复制的方法，它们在排列物体的方法上有所不同。最常用的是"克隆"命令，"镜像"工具 ，"阵列"工具 ，"间隔"工具 。

1.7.1　变换复制

复制物体最简单的一种方法，就是选择物体后，执行"编辑"菜单>"克隆"命令，或按下 Ctrl+V 快捷键。当使用该命令复制时，源物体与复制物体完全重合在一起，从视图中几乎看不出任何的变化，因而需要使用移动工具将复制物体拖离原位置。在实际工作中，一般都是按住键盘上的 Shift 键不放，再使用移动、旋转或缩放工具进行变换复制操作。

在复制时，系统会弹出如图 1-56 所示的"克隆"选项对话框，供用户设置复制的数量和复制的方式。

- 复制：最简单的一种复制方式，复制物体与源物体之间不存在任何关联关系，当对源物体或复制物体进行修改时，其他物体不发生任何改变。
- 实例：关联复制，复制物体与源物体相互关联，当修改任何一个物体，其他物体也发生相同的改变。
- 参考：参考复制，参考复制与关联复制不同的是，当复制物体发生改变时，源物体并不随之发生改变。

图 1-56　复制选项对话框

- 副本数：用于控制复制出来的物体的个数，如图 1-57 所示。

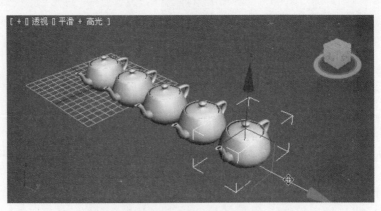

图 1-57　调整"副本数"克隆出的多个对象

1.7.2　镜像复制

镜像复制在效果图制作中应用得比较普遍。

　　例如要制作一幢左右对称的建筑物，就可以先制作好其中的一半，再使用"镜像"工具 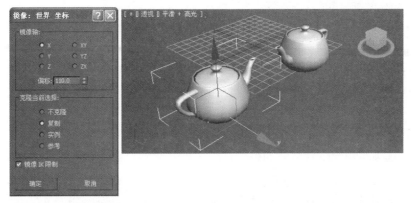 复制得到另一半，从而节省了一半的工作量。"镜像"面板及镜像后的效果如图 1-58 所示。

图 1-58　"镜像"面板及镜像后的效果

- 　镜像轴：用于控制物体镜像以哪个轴向为准，同时可在"偏移"框中输入镜像偏移的距离。
- 　克隆当前选项：用于控制物体是否复制，以及以哪种方式复制。

1.7.3　"阵列"工具

　　"阵列"工具 常用于大量有规律地复制物体，同时可使这些物体以某种形式和顺序排列，比如环形排列。3ds Max 的"阵列"工具的控制参数较多，首先来了解一下"阵列"面板。选择一个阵列物体，然后单击"工具"菜单>"阵列"命令，打开"阵列"面板，如图 1-59 所示。该对话框主要由三个选项组组成。

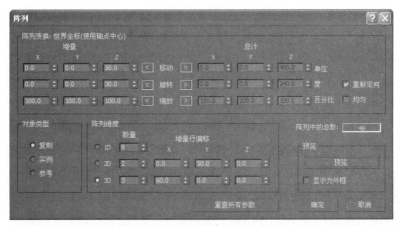

图 1-59　"阵列"面板

　　1．阵列变换

　　"阵列变换"选项组用于在一维阵列中，设置移动、旋转、缩放三种阵列类型及变量计算方式，3ds Max 有移动、旋转和缩放三种阵列类型，如需要哪种类型，在相应的框内输入数值即可，三种类型的阵列方式介绍如下。

- 　移动：分别设定三个轴向上的偏移量。
- 　旋转：分别设定三个轴向上旋转的角度值。
- 　缩放：分别设定在三个轴向上缩放的百分比例。

　　在使用 Rotate（旋转）阵列时，若未选中 Reorient（重新定向）选项，对象将不会绕其自身坐标轴旋转。

　　"阵列变换"选项组的左侧为增量计算方式，要求设置增值数量；右侧为总量计算方式，可以显示总量数值。

2．阵列维度

"阵列维度"选项组用于增加另外两个维度的阵列设置。

● 1D：用于设置第一次阵列产生的对象总数。

● 2D：用于设置第二次阵列产生的总数，右侧的 X、Y、Z 文本框用来设置新的偏移量。

● 3D：用于设置第三次阵列产生的对象总数。

3．阵列中的总数

"阵列中的总数"用于显示最后阵列结果产生的对象总数目，即 1D、2D、3D 三个 Count（数目）值的乘积。

4．对象类型

"对象类型"选项组用于确定克隆的种类。如图 1-59 所示设定参数后的阵列效果如图 1-60 所示。

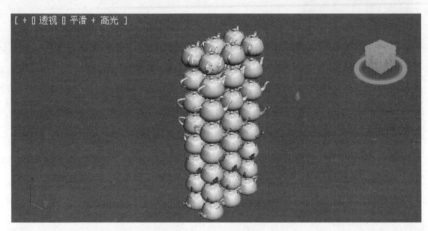

图 1-60　阵列效果

1.7.4　"间隔"工具

与"镜像"工具、"阵列"工具一样，"间隔"工具也是一个有规律地复制对象的工具，不过它可以使物体沿着某条曲线或沿着指定点复制对象。在制作一些特殊的效果时，使用"间隔"工具可起到事半功倍的效果。图 1-61 为使用"间隔"工具在星形曲线上复制圆柱体的效果，大家可以试一试。

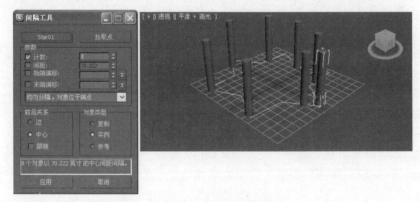

图 1-61　"间隔"工具效果

小结

3ds Max 2010 的界面同以前版本相比有很大变化，其中针对视图的操作更为方便，特别是 ViewCube 的操作是这个版本特有的，另外在一些基本操作上也同过去版本略有不同，希望读者能够认真掌握。

1.8 本章实例

罗马神庙的制作

学习目的：练习使用复制的方法创建几何体。

1. 系统设置

（1）单击"文件" ⑥菜单>"重置"命令，重置 3ds Max 系统。

（2）单击"自定义"（Customize）菜单>"单位设置"，在弹出的对话框中选择"通用单位"单选按钮。

2. 创建模型过程

（1）单击命令面板"创建" 标签>"几何体"按钮，进入几何体创建面板。

（2）单击"长方体"按钮，在顶视图中创建一个如图 1-62 所示大小的立方体作为神庙的地板。

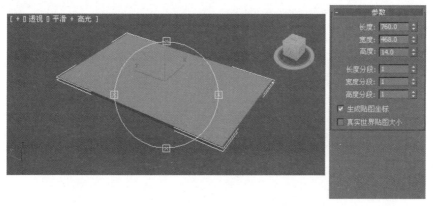

图 1-62　创建立方体作为地面

（3）单击"圆柱体"按钮，在顶视图中创建一个如图 1-63 所示大小的圆柱体作为神庙的立柱，使用"对齐"按钮将圆柱体置于与立方体的上方。

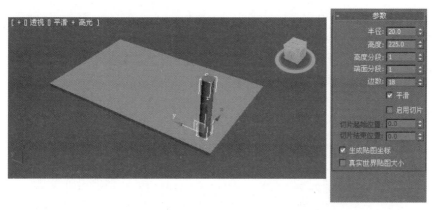

图 1-63　建立圆柱体作为立柱

（4）单击工具栏"选择并移动"按钮，激活顶视图，按下 Shift 键在 Y 轴方向拖动圆柱体，在弹出的对话框中设置复制数量为 8，单击"确定"按钮确认，这样神庙左侧的立柱就制作完成了，如图 1-64 所示。

（5）使用框选方式，选择左侧的 8 根圆柱，然后单击 3ds Max 工具栏的"镜像"按钮，在弹出的"镜像"对话框中，选择"实例"单选按钮，单击"确定"按钮，镜像复制结果如图 1-65 所示。

（6）单击"长方体"按钮，创建一个立方体作为神庙的屋顶，如图 1-66 所示，然后选择"对齐"

按钮 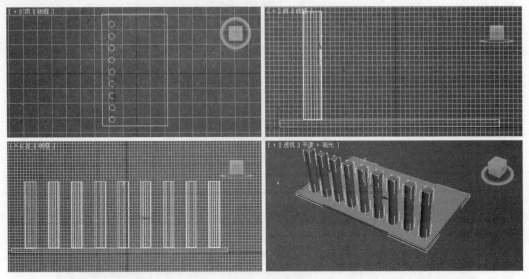，使立方体 Z 轴方向的最小边与圆柱体的最大边对齐。

图 1-64　复制立柱

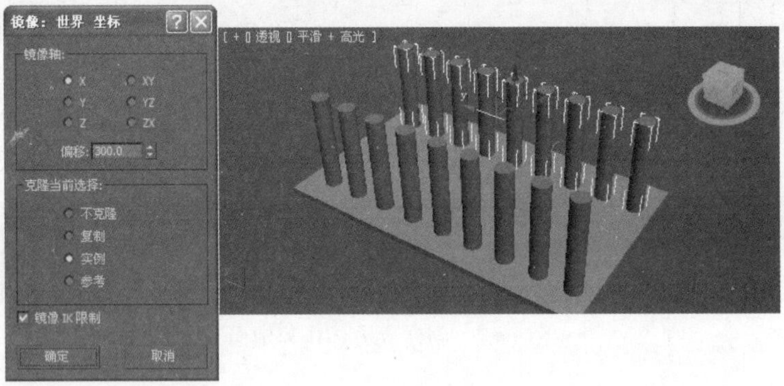

图 1-65　镜像复制立柱

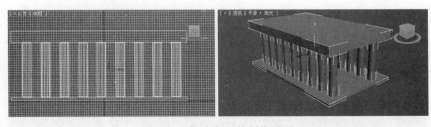

图 1-66　创建立方体制作屋顶

（7）单击"四棱锥"按钮，在立方体上方创建一个四棱锥，作为塔顶，如图 1-67 所示。

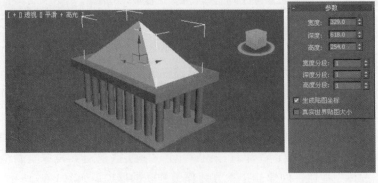

图 1-67　创建四棱锥作为塔顶

（8）最后再创建一个"平面"作为地面，放置在地板下方，如图 1-68 所示。

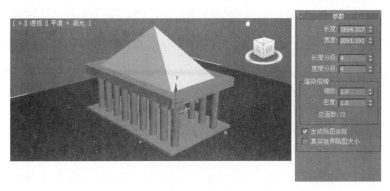

图 1-68　创建地面

3．小结

通过这个例子可以很好地练习复制几何体的方法，同时也可以对"镜像"命令有进一步的了解。另外对于刚接触 3ds Max 的读者来说，对移动、选择等工具应该通过多练习来达到足够的熟练程度。

1.9　本章小结

本章主要讲述了三维软件的应用和 3ds Max 2010 的基本设置以及一些基本操作，包括对象的选择、变换、复制、对齐、场景管理等，通过本章的学习，可以了解三维软件的实际应用方向和发展趋势，同时还可以掌握一些 3ds Max 2010 的基本操作。

1.10　上机实战

请用扩展基本体并用一些基本操作创建如图 1-69、图 1-70 所示的桌子。

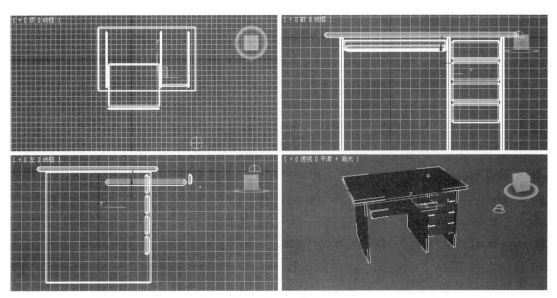

图 1-69　桌子

图 1-70　桌子效果图

1.11　思考与练习

（1）如何使用 ViewCube 进行视图旋转找到想要的视图角度？

（2）用于选择场景中的对象的工具有哪几种？除了选择之外它们还有什么功能？

（3）3ds Max 2010 中最常用的复制方式有哪几种？

第二章　基本几何体的创建

2.1　"创建"面板

3ds Max 具有强大的三维建模功能，"创建"面板中包含了所有基本几何体的创建命令。可以通过单击"创建"面板中的"几何体"按钮，从展开的卷帘窗中，物体类型下拉列表中选择进行创建，其中，标准几何体和扩展几何体就存在于此下拉列表中，如图 2-1 所示。

图 2-1　"创建"面板

2.2　标准几何体

在系统默认的情况下可以创建 10 种标准的几何体，使用标准的几何体及其组合可以创建的三维几何模型包括：长方体（Box）、球体（Sphere）、圆柱体（Cylinder）、圆环（Torus）、茶壶（Teapot）、圆锥体（Cone）、几何球体（GeoSphere）、管状体（Tube）、四棱锥（Pyramid）和平面（Plane），标准几何体的命令面板如图 2-2 所示。

2.2.1　长方体

1. 创建长方体

长方体有两种创建方法：立方体创建方法和长方体创建方法。

其中长方体创建方法典型，方法简单而且常用，具体操作如下：

单击"长方体"按钮，将光标放在合适的位置，按住鼠标左键拖动，生成一个方形平面，松开左键并向上移动鼠标，方体的高度随鼠标的移动而移动，在合适的位置单击，完成创建，如图 2-3 所示。

图 2-2　标准几何体

2. 长方体的参数

单击长方体将其选中，然后单击"修改"按钮，在"修改"命令面板中显示长方体的参数，如图 2-4 所示，其中"名称"文本框和"颜色"，用于显示长方体的名字和颜色；也可以在该面板中修改长方体的长、宽、高和它们的分段，修改完毕后，按回车键确定。

2.2.2　球体

1. 创建球体

单击"创建"面板选择几何体中的"球体"按钮，将光标移动到合适的位置，按住鼠标左键不放拖动，在视图中出现一个球体，移动光标可以调整大小，在适当的位置松开鼠标，球体创建完成，如图 2-5 所示。

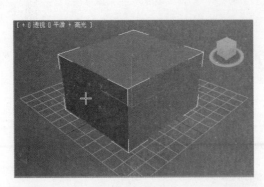 

图 2-3　长方体　　　　　　　　　　图 2-4　长方体参数

2. 球体的参数

单击球体将其选中，然后单击"修改"按钮，"修改"命令面板中会显示球体的参数，如图 2-6 所示。

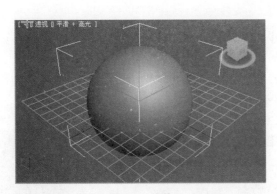 

图 2-5　球体　　　　　　　　　　图 2-6　球体参数

各参数的具体含义如下。

- 半径：用于设置球体的半径大小。
- 分段：用于设置表面的分段数，值越高，表面越光滑，造型越复杂。
- 平滑：用于设置是否对球体表面自动光滑处理。
- 半球：用于创建半球或球体的一部分，其取值范围 0～1。
- 切除和挤压：在进行半球系数调整时发挥作用。

修改完成后，按回车键确定。

2.2.3　圆锥体

1. 创建圆锥体

创建圆锥体有两种方法：边创建法和中心创建法。

边创建法：是指从边界为起点创建圆锥体的方法，在视图中第一次单击的点作为圆锥体底面边界的起点，随着光标的拖动始终以该点作为圆锥体的边界。

中心创建法：是指以中心为起点创建圆锥体的方法，系统将采用在视图中第一次单击的点作为圆锥体底面的中心点，是系统默认的创建方法。

单击"创建"面板选择"几何体"中的"圆锥体"按钮，将光标移动到合适的位置，按住鼠标左键不放拖动，在视图中生成一个平面，松开左键上下移动，圆锥体的高度会随着光标移动而增减，在适当的位置单击，再次移动光标，调节顶端面的大小单击，圆锥体创建完成，如图2-7所示。

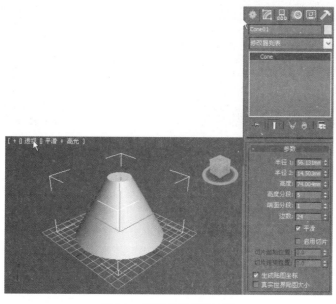

图2-7　圆锥体及参数面板

2．圆锥体的参数

单击圆锥体将其选中，然后单击"修改"按钮，"修改"命令面板中会显示圆锥体的参数，如图2-7所示。各参数的具体含义如下。

- 半径1：用于设置圆锥体的底面半径。
- 半径2：用于设置圆锥体顶面的半径。
- 高度：用于设置圆锥体的高度。
- 高度分段：用于设置圆锥体在高度方向上的分段数。
- 端面分段：用于设置圆锥体在两端平面上底面和下底面沿半径方向上的分段数。
- 边数：用于设置圆锥体端面圆周上的片段划分数。
- 平滑：用于设置是否进行表面光滑处理。
- 启用切片：用于设置是否进行局部切片处理。
- 切片起始位置：确定切除部分的起始幅度。
- 切片结束位置：确定切除部分的结束幅度。

修改完成后，按回车键确定。

2.2.4　几何球体

1．创建几何球体

单击"创建"面板选择"几何体"中的"几何球体"按钮，将光标移动到视图中的合适位置，单击并按住鼠标左键不放拖动，视图中生成一个几何球体，拖动过程可以调整几何球体的大小，在合适的位置松开鼠标，几何球体创建完成，如图2-8所示。

2．几何球体的参数

单击几何球体将其选中，然后单击"修改"按钮，"修改"命令面板中会显示几何球体的参数，如图2-9所示。

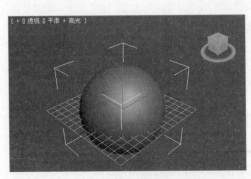

图 2-8　几何球体　　　　　　　　　　　　图 2-9　几何球体参数

各参数的具体含义如下。

- 半径：用于设置几何球体的半径大小。
- 分段：用于设置球体表面复杂度。
- 基点面类型：用于确定是由那种规则的异面体组成的球体（四面体、八面体、十二面体）。

修改完成后，按回车键确定。

2.2.5　圆柱体

1．创建圆柱体

单击"创建"面板选择"几何体"中的"圆柱体"按钮，将鼠标光标移动到视图中的合适位置，单击并按住鼠标左键不放拖动，视图中出现一个圆形平面，在适当位置松开鼠标并上下移动，圆柱体高度会跟随光标的移动而增减，在适当位置单击，圆柱体创建完成，如图 2-10 所示。

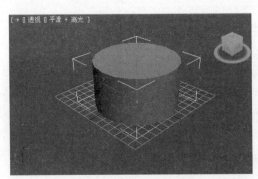

图 2-10　圆柱体

2．圆柱体的参数

单击圆柱体将其选中，然后单击"修改"按钮，"修改"命令面板中会显示圆柱体的参数，如图 2-11 所示。

各参数的具体含义如下。

- 半径：用于设置圆柱体的半径。
- 高度：用于设置圆柱体的高度。
- 高度分段：用于设置圆柱体高度方向上的分段数。
- 端面分段：用于确定圆柱体两个端面上沿半径方向的分段数。
- 边数：用于确定圆周上的片段划分数。

修改完成后，按回车键确定。

图 2-11　圆柱体参数

2.2.6　圆环体

1．创建圆环体

单击"创建"面板选择"几何体"中的"圆环"按钮，将鼠标光标移动到视图中的合适位置，单击并按住鼠标左键不放拖动，视图中出现一个圆环，在适当位置松开鼠标并上下移动，调整圆环的粗细，在适当位置单击，圆环创建完成，如图 2-12 所示。

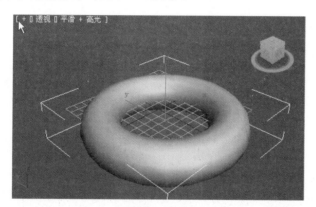

图 2-12　圆环

2．圆环的参数

单击圆环将其选中，然后单击"修改"按钮，"修改"命令面板中会显示圆环的参数，如图 2-13 所示。

各参数的具体含义如下。

- 半径 1：用于设置圆环中心与截面正多边形的中心的距离。
- 半径 2：用于设置截面正多边形的内径。
- 旋转：设置片段截面沿圆环旋转的角度，如果进行扭曲设置或以不光滑表面着色，可看到它的效果。
- 扭曲：用于设置每个截面扭曲的角度和产生扭曲的表面。
- 分段：用于确定沿圆周方向上片段被划分的数目。
- 边数：用于确定圆环的边数。
- 平滑组：分为全部、侧面、无、分段 4 个单选按钮。

修改完成后，按回车键确定。

图 2-13　圆环参数

2.2.7　管状体

1. 创建管状体

单击"创建"面板选择"几何体"中的"管状体"按钮，将鼠标光标移动到视图中的合适位置，单击并按住鼠标左键不放拖动，视图中出现一个圆，在适当位置松开鼠标并上下移动，会生成一个圆形面片，在合适的位置单击然后上下移动光标，管状体的高度会随之增减，在合适的位置单击，管状体创建完成，如图 2-14 所示。

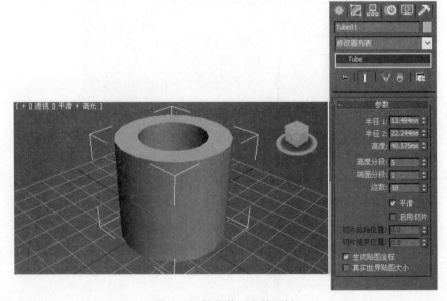

图 2-14　管状体及参数面板

2. 管状体的参数

单击管状体将其选中，然后单击"修改"按钮，"修改"命令面板中会显示管状体的参数，如图 2-14 所示，各参数的具体含义如下。

- 半径 1：用于设置内径的大小。
- 半径 2：用于设置外径的大小。

- 高度：用于设置管状体的高度。
- 高度分段：用于确定管状体高度方向上的分段数。
- 端面分段：用于设置管状体上下底面的分段数。
- 边数：用于设置管状体侧边数的多少。

修改完成后，按回车键确定。

2.2.8 四棱锥

1. 创建四棱锥

单击"创建"面板选择"几何体"中的"四棱锥"按钮，将鼠标光标移动到视图中的合适位置，单击并按住鼠标左键不放拖动，视图中出现一个长方形平面，在适当位置松开鼠标并上下移动，调整四棱锥的高度，合适的位置单击，四棱锥创建完成，如图 2-15 所示。

2. 四棱锥的参数

单击四棱锥将其选中，然后单击"修改"按钮，"修改"命令面板中会显示四棱锥的参数，如图 2-16 所示。

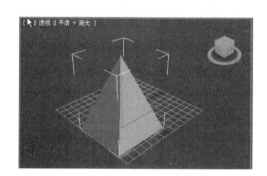

图 2-15　四棱锥

图 2-16　四棱锥参数

各参数的具体含义如下。

- 宽度，深度：用于确定底面矩形的长和宽。
- 高度：用于确定四棱锥的高度。
- 宽度分段：用于确定沿底面宽度方向的分段数。
- 深度分段：用于确定沿底面深度方向的分段数。
- 高度分段：用于确定沿四棱锥高度方向的分段数。

修改完成后，按回车键确定。

2.2.9 茶壶

1. 创建茶壶

单击"创建"面板选择"几何体"中的"茶壶"按钮，将光标移动到视图中的合适位置，单击并按住鼠标左键不放拖动，视图中出现一个茶壶，上下移动光标调整茶壶大小，合适的位置松开鼠标，茶壶创建完成，如图 2-17 所示。

2. 茶壶的参数

单击茶壶将其选中，然后单击"修改"按钮，"修改"命令面板中会显示茶壶的参数，如图 2-17 所示。茶壶的参数比较简单，利用参数调整，可以把茶壶拆分成不同的部件。

各参数的具体含义如下。

- 半径：用于设置茶壶的大小。
- 分段：用于设置茶壶表面的划分精度，值越大，茶壶表面越细腻。
- 平滑：用于确定是否自动进行表面平滑处理。
- 茶壶部件：用于设置各部分的取舍，分为壶体、壶把、壶嘴、壶盖四部分。

修改完成后，按回车键确定。

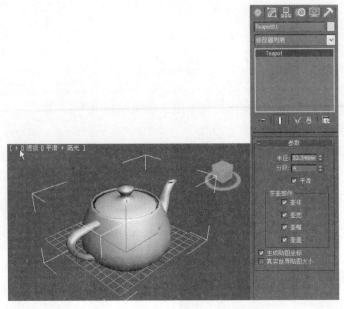

图 2-17　茶壶

2.2.10　平面

1. 创建平面

单击"创建"面板选择"几何体"中的"平面"按钮，将光标移动到视图中的合适位置，单击并按住鼠标左键不放拖动，视图中出现一个平面，调整平面到适当大小时松开鼠标，平面创建完成，如图 2-18 所示。

2. 平面的参数

单击平面将其选中，然后单击"修改"按钮，"修改"命令面板中会显示平面的参数，如图 2-19 所示。

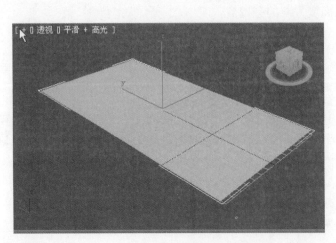

图 2-18　平面

图 2-19　平面参数

...

各参数的具体含义如下。

- 长度，宽度：用于设置平面的长、宽以及决定平面的大小。
- 长度分段：用于设置沿平面长度方向的分段数，默认为 4 段。
- 宽度分段：用于设置沿平面宽度方向的分段数，默认为 4 段。
- 渲染倍增：只在渲染时起作用。
- 总面数：用于显示平面对象全部面片数。

修改完成后，按回车键确定。

2.3　扩展几何体

2.3.1　切角长方体

1．创建切角长方体

单击"创建"面板选择"几何体"中的扩展基本体中的"切角长方体"按钮，将光标移动到视图中的合适位置，单击并按住鼠标左键不放拖动，视图中出现一个长方形平面，在适当位置松开鼠标并上下移动光标，调整长方体高度，单击后再次上下移动光标，调整圆角系数，再次单击，切角长方体创建完成，如图 2-20 所示。

2．切角长方体的参数

单击切角长方体将其选中，然后单击"修改"按钮，"修改"命令面板中会显示切角长方体的参数，如图 2-21 所示。

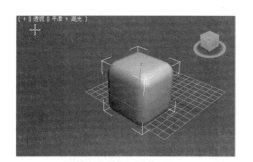

图 2-20　切角长方体

图 2-21　切角长方体参数

各参数的具体含义如下。

- 长度，宽度，高度：分别用于设置长方体的长、宽、高的值。
- 圆角：用于设置切角长方体的圆角半径值，确定圆角半径的大小。
- 圆角分段：用于设置圆角的分段数，值越高，圆角越圆滑。

其他的参数见前面的章节。

修改完成后，按回车键确定。

2.3.2　切角圆柱体

1．创建切角圆柱体

单击"创建"面板选择"几何体"中的扩展基本体中的"切角圆柱体"按钮，将光标移动到视图中的适当位置，单击并按住鼠标左键不放拖动，视图中出现一个圆形平面，在适当位置松开鼠标并上下移动光标，调整切角圆柱体的高度，单击后再次上下移动光标，调整圆角系数，再次单击，切角圆柱体创建完成，如图 2-22 所示。

    2. 切角圆柱体的参数

单击切角圆柱体将其选中，然后单击"修改"按钮，"修改"命令面板中会显示切角圆柱体的参数，如图 2-23 所示。

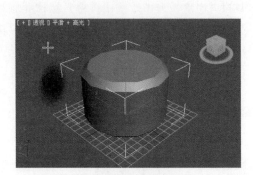

图 2-22　切角圆柱体

图 2-23　切角圆柱体参数

各参数的具体含义如下。

- 半径：用于设置切角圆柱体的半径值。
- 高度：用于设置切角圆柱体的高度。
- 圆角：用于设置切角圆柱体圆角的半径值。
- 圆角分段：用于设置圆角的分段数，值越高，圆角越圆滑。

其他的参数见前面的章节，修改完成后，按回车键确定。

2.3.3　油罐

1. 创建油罐

单击"创建"面板选择"几何体"中的扩展基本体中的"油罐"按钮，将光标移动到视图中的合适位置，单击并按住鼠标左键不放拖动，视图中出现油罐的底部，在适当位置松开鼠标并上下移动光标，调整油罐的高度后单击，移动光标调整切角系数后再次单击，油罐创建完成，如图 2-24 所示。

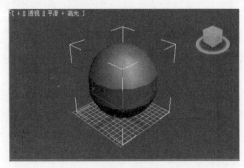

图 2-24　油罐

2. 油罐的参数

单击油罐将其选中，然后单击"修改"按钮，"修改"命令面板中会显示油罐的参数，如图 2-25 所示。

各参数的具体含义如下。

● 封口高度：用于设置两端凸面顶盖的高度。

● 总体：若选中该单选按钮，则测量几何体的全部高度。

● 中心：若选中该单选按钮，则只测量主体部分高度，不包括顶盖高度。

● 混合：用于设置顶盖与柱体边界产生的圆角大小，圆滑顶盖的柱体边缘。

其他参数见前面章节，修改完成后，按回车键确定。

2.3.4 纺锤体

1. 创建纺锤体

单击"创建"面板选择"几何体"中的扩展基本体中的"纺锤体"按钮，将光标移动到视图中的合适位置，单击并按住鼠标左键不放拖动，视图中出现纺锤体的底部，在适当位置松开鼠标并上下移动光标，调整纺锤体的高度后单击，移动光标调整切角系数，再次单击，纺锤体创建完成，如图 2-26 所示。

图 2-25 油罐参数

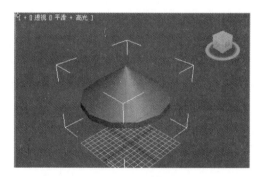

图 2-26 纺锤体

2. 纺锤体的参数

单击纺锤体将其选中，然后单击"修改"按钮，"修改"命令面板中会显示纺锤体的参数，如图 2-27 所示。

各参数的具体含义如下。

● 封口高度：用于设置两端凸面顶盖的高度。

● 总体：选中该单选按钮，则测量几何体的全部高度。

● 中心：选中该单选按钮，只测量主体部分高度，不包括顶盖高度。

● 混合：用于设置顶盖与柱体边界产生的圆角大小，圆滑顶盖的柱体边缘。

其他参数见前面章节，修改完成后，按回车键确定。

图 2-27　纺锤体参数

2.3.5　胶囊

1. 创建胶囊

单击"创建"面板选择"几何体"中的扩展基本体中的"胶囊"按钮，将光标移动到视图中的合适位置，单击并按住鼠标左键不放拖动，视图中出现胶囊的底部，在适当位置松开鼠标并上下移动光标，调整胶囊的高度后单击，移动光标调整切角系数后再次单击，胶囊创建完成，如图 2-28 所示。

2. 胶囊的参数

单击胶囊将其选中，然后单击"修改"按钮，"修改"命令面板中会显示胶囊的参数，如图 2-29 所示。

高度：用于设置两端凸面顶盖的高度。

总体：选中该单选按钮，则测量几何体的全部高度。

中心：选中该单选按钮，只测量主体部分高度，不包括顶盖高度。

其他参数见前面章节，修改完成后，按回车键进行确定。

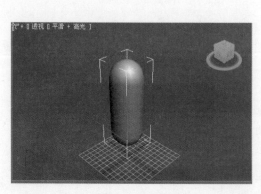

图 2-28　胶囊

图 2-29　胶囊参数

2.3.6 L形墙

1. 创建L形墙

单击"创建"面板选择"几何体"中的扩展基本体中的L-Ext按钮,将光标移动到视图中的合适位置,单击并按住鼠标左键不放拖动,视图中出现L形平面,在适当位置松开鼠标并上下移动光标,调整L形墙的高度后单击,移动光标调整墙体厚度后再次单击,L形墙创建完成,如图2-30所示。

2. L形墙的参数

单击L形墙将其选中,然后单击"修改"按钮,"修改"命令面板中会显示L形墙的参数,如图2-31所示。

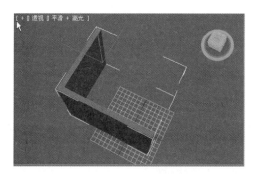

图2-30 L形墙 　　　　　　　　图2-31 L形墙参数

各参数的具体含义如下。

- 侧面长度:用于设置L形墙的侧面长度。
- 前面长度:用于设置L形墙的前面长度。
- 侧面宽度:用于设置L形墙的侧面宽度。
- 前面宽度:用于设置L形墙的前面宽度。
- 高度:用于设置L形墙的高度。
- 侧面、前面分段:用于设置L形墙长度的分段。
- 宽度、高度分段:用于设置L形墙宽度的分段。

修改完成后,按回车键确定。

2.3.7 C形墙

1. 创建C形墙

单击"创建"面板选择"几何体"中的扩展基本体中的C-Ext按钮,将光标移动到视图中的合适位置,单击并按住鼠标左键不放拖动,视图中出现C形平面,在适当位置松开鼠标并上下移动光标,调整C形墙高度后单击,移动光标调整墙体厚度后再次单击,C形墙创建完成,如图2-32所示。

2. C形墙的参数

单击C形墙将其选中,然后单击"修改"按钮,"修改"命令面板中会显示C形墙的参数,如图2-33所示。

各参数的具体含义如下。

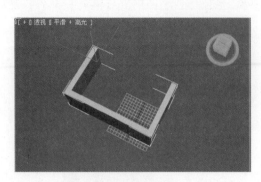

图 2-32　C 形墙

图 2-33　C 形墙参数

- 背面长度，侧面长度，前面长度：分别用于设置 C-Ext 3 条边的长度，以确定底面的大小、形状。
- 背面宽度，侧面宽度，前面宽度：分别用于设置 C-Ext 3 条边的宽度。
- 高度：用于设置 C-Ext 3 条边的高度。
- 背面分段，侧面分段，前面分段：分别用于设置 C-Ext 的背面、侧面、正面的分段数。
- 宽度分段：用于设置 C-Ext 3 条边在宽度方向上的分段数。
- 高度分段：用于设置 C-Ext 3 条边在高度方向上的分段数。

修改完成后，按回车键确定。

2.3.8　软管

1. 创建软管

软管的创建方法很简单，和长方体基本相同，操作步骤如下。

单击"软管"按钮。将光标移到视图中的合适位置，单击并按住鼠标左键不放拖动，视图中生成一个多边形平面，在适当的位置单击并上下移动光标，调整软管的高度后单击，软管创建完成，如图 2-34 所示。

图 2-34　软管

2．软管的参数

单击软管将其选中，然后单击"修改"按钮，在"修改"命令面板中会显示软管的参数，软管的参数众多，主要可分为端点方法、绑定对象、自由软管参数、公用软管参数和软管形状 5 个选项组。

"端点方法"参数用于选择创建自由软管还是创建连接到两个对象上的软管，具体参数如下。

（1）"端点方法"选项组。

- 自由软管：选择该单选按钮则把软管绑定到任意其他物体上的软管，同时激活"自由软管参数"选项组。
- 绑定到对象轴：选择该单选按钮则创建不绑定到任意其他对象上，同时激活"绑定对象"选项组。

（2）"绑定对象"选项组。

此选项组只有在"端点方法"选项组中选中"绑定到对象轴"单选按钮时才可用。可利用它来拾取两个绑定对象，拾取完成后，软管将自动连接两个物体。

- 拾取顶部对象：单击该单选按钮后，顶部对象呈黄色表示处于激活状态，此时可在场景中单击顶部对象进行拾取。
- 拾取底部对象：单击该单选按钮后，底部对象呈黄色表示处于激活状态，此时可在场景中单击底部对象进行拾取。
- 张力：确定延伸到顶（底）对象的软管曲线在底（顶）对象附近的张力大小。张力越小，弯曲部分离底（顶）对象越近；反之，张力越大，弯曲部分离底（顶）对象越远。其默认值为100。

（3）"自由软管参数"选项组。

此选项组只有在"端点方法"选项组中选中"自由软管"单选按钮时才可用。

- 高度：用于调节软管高度。

（4）"公用软管参数"选项组。

此选项组用于设置软管的形状、光滑属性等常用参数。

- 分段：用于设置软管的长度上总的分段数。当软管是曲线的时候，增加其值使软管的外形光滑。
- 起始位置：用于设置从软管的起始点到弯曲开始部位这一部分所占整个软管的百分比。
- 结束位置：用于设置从软管的终止点到弯曲结束部位这一部分所占整个软管的百分比。
- 周期数：用于设置柔体截面中的起伏数目。
- 直径：用于设置皱状部分的直径相对于整个软管直径的百分比大小。
- "平滑"选项组：用于调整软管的光滑类型。
    - 全部：用于平滑整个软管长度方向上的侧边。
    - 无：用于不进行平滑处理。
    - 分段：用于仅用作平滑处理。
    - 可渲染：选中该复选框可以渲染软管。

（5）"软管形状"选项组。

此选项组用于设置软管的横截面形状。

- 圆形软管：用于设置圆形横截面。
- 直径：用于设置圆形横截面的直径，以确定软管的大小。
- 边数：用于设置软管的侧边数。其最小值为 3，此时为三角形横截面。
- 长方形软管：可以指定不同的宽度和深度，设置长方形横截面。
- 宽度：用于设置软管长方形横截面的宽度。
- 深度：用于设置软管长方形横截面的深度。
- 圆角：用于设置长方形横截面 4 个拐角处的圆角大小。
- 圆角分段：用于设置每个长方形横截面拐角处的圆角分段数。
- 旋转：用于设置旋转效果参数。

- D 截面软管：与长方形横截面软管相似，只是其横截面呈 D 形。
- 圆形侧面：用于设置圆形侧边上的片段划分数。值越大，则 D 形截面越光滑。

2.3.9 球棱柱

1. 创建球棱柱

球棱柱可以直接在柱体的边缘产生光滑的倒角，创建球棱柱的操作步骤如下。

单击"球棱柱"按钮。将光标移到视图中，单击并按住鼠标左键不放拖动，视图中生成一个五边形平面（系统默认设置为五边），在适当的位置松开鼠标并上下移动光标，调整球棱柱到合适的高度后单击，再次上下移动光标，调整球棱柱边缘的倒角后单击，球棱柱创建完成，如图 2-35 所示。

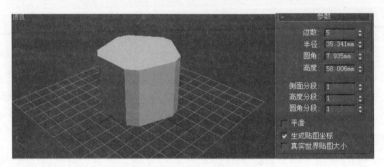

图 2-35　球棱柱及参数面板

2. 球棱柱的参数

单击球棱柱将其选中，然后单击"修改"按钮，在"修改"命令面板中会显示球棱柱的参数，如图 2-35 所示。

各参数的具体含义如下。

- 边数：用于设置棱柱体的侧边数。
- 半径：用于设置底面圆形的半径。
- 圆角：用于设置棱上的圆角大小。
- 高度：用于设置球棱柱的高度。
- 侧面分段：用于设置棱柱圆周方向上的分段数。
- 高度分段：用于设置棱柱高度上的分段数。
- 圆角分段：用于设置圆角的分段数，值越高，角就越圆滑。

2.3.10 棱柱

1. 创建棱柱

棱柱有两种创建方法，一种是二等边创建方法，一种是基点/顶点创建方法。棱柱及其参数面板如图 2-36 所示。

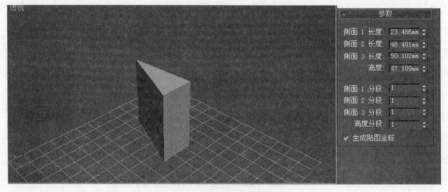

图 2-36　棱柱及参数面板

二等边创建方法：用于建立等腰三棱柱，创建时按住 Ctrl 键可以生成底面为等边三角形的三棱柱。

基点/顶点创建方法：用于建立底面为非等边三角形的三棱柱。

本书使用系统默认的基点/顶点方式创建，操作步骤如下。

单击"棱柱"按钮。将光标移到视图中的适当位置，单击并按住鼠标左键不放拖动，视图中生成棱柱的底面，这时移动光标，可以调整底面的大小，松开鼠标后移动光标可以调整底面顶点的位置，生成不同形状的底面后单击，上下移动光标，调整棱柱高度，在适当的位置再次单击，棱柱创建完成，如图 2-36 所示。

2. 棱柱的参数

单击棱柱将其选中，然后单击"修改"按钮，在"修改"命令面板中会显示棱柱的参数，如图 2-36 所示。

- 侧面 1 长度、侧面 2 长度、侧面 3 长度：分别用于设置棱柱底面三角形 3 条边的长度，确定三角形的形状。
- 高度：用于设置三棱柱的高度。
- 侧面 1 分段、侧面 2 分段、侧面 3 分段：分别用于设置棱柱在 3 条边方向上的分段数。
- 高度分段：用于设置棱柱沿主轴方向上高度的片段划分数。

2.3.11　环形波

1. 创建环形波

环形波是一个比较特殊的几何体，多用于制作动画效果。创建环形波的操作步骤如下。

单击"环形波"按钮。将光标移到视图中的适当位置，单击并按住鼠标左键不放拖动，视图中生成一个圆，在适当的位置松开鼠标并上下移动光标，调整内圈的大小后单击，环形波创建完成，如图 2-37 所示。在默认情况下，环形波是没有高度的，在参数面板中的"高度"文本框中可以输入数值调整其高度。

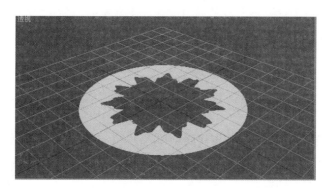

图 2-37　环形波

2. 环形波的参数

单击环形波将其选中，然后单击"修改"按钮，在"修改"命令面板中会显示环形波的参数，如图 2-38 所示。环形波的参数比较复杂，主要可分为环形波大小、环形波计时、外边波折和内边波折，这些参数多用于制作动画。

"环形波大小"选项组用于控制场景中环形波的具体尺寸大小。

- 半径：用于设置环形波的外径大小。如果数值增加，其内、外径随之同步增加。
- 径向分段：用于设置环形波沿半径方向上的分段数。
- 环形宽度：用于设置环形波内、外径之间的距离。如果数值增加，则内径减小，外径不变。
- 边数：用于设置环形波沿圆周方向上的片段划分数。
- 高度：用于设置环形波沿其主轴方向上的高度。
- 高度分段：用于设置环形波沿其主轴方向上高度的分段数。

图 2-38　环形波参数

　　"外边波折"选项组用于设置环形波的外边缘。该区域未被激活时，环形波的外边缘是平滑的圆形，激活后，用户可以把环形波的外边缘也同样设置成波动形状，并可以设置动画。

- 主周期数：用于设置环形波外边缘沿圆周方向上的主波数。
- 宽度波动：用于设置主波的大小，用百分数表示。
- 爬行时间：用于设置每个主波沿环形波外边缘蠕动一周的时间。
- 次周期数：用于设置环形波外边缘沿圆周方向上的次波数。
- 宽度波动：用于设置次波的大小，用百分数表示。
- 爬行时间：用于设置每个次波沿其各自主波外边缘蠕动一周的时间。

　　"内边波折"选项组用于设置环形波的内边缘。其参数说明请参见外边波折。

2.3.12　创建建筑模型

1. 楼梯

　　单击"创建"按钮，在下拉列表中选择"楼梯"选项，可以看到 3ds Max 2010 提供了 4 种楼梯形式，如图 2-39 所示。

- L 形楼梯。L 形楼梯用于创建 L 形楼梯物体。
- U 形楼梯。U 形楼梯用于创建 U 形建筑物体，U 形楼梯是日常生活中比较常见的楼梯形式。
- 直线楼梯。直线楼梯用于创建直楼梯物体，直楼梯是最简单的楼梯形式。
- 螺旋楼梯。螺旋楼梯用于创建螺旋形的楼梯物体。

图 2-39　几种楼梯

2. 门和窗

　　3ds Max 2010 中还提供了门和窗的模型，单击"创建"按钮，在下拉列表中选择"门"或"窗"选项，它们的选择界面如图 2-40 所示。

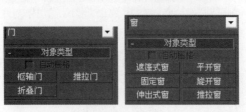

图 2-40　门和窗

小结

本章介绍了 3ds Max 2010 中基本几何体的创建及其参数的修改，通过学习掌握创建基本几何体的方法和使用基本几何体进行模型的创建。

2.4　本章实例

2.4.1　雪人的制作

学习目的：练习球体、圆锥体的创建，并配合移动、旋转工具进行位置的调整。

1. 系统设置

（1）单击"文件" ⑤菜单>"重置"命令，重置 3ds Max 系统。

（2）单击"自定义"（Customize）菜单>"单位设置"命令，在弹出的对话框中选择"通用单位"单选按钮，单击"确定"按钮。

2. 创建模型过程

（1）单击"创建" ✴标签>"几何体"按钮 ◯，在下拉列表中选择"标准几何体"选项。

（2）单击"球体"按钮，在顶视图中创建球体，在参数面板中设置球体的参数，如图 2-41 所示，颜色选择白色。

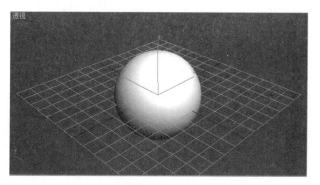

图 2-41　创建球体

（3）单击"球体"按钮，在顶视图中再创建一个球体作为雪人头部，在参数面板中设置球体的参数，如图 2-42 所示，颜色选择白色，并与下面的球体对齐。

图 2-42　创建头部球体

（4）单击"球体"按钮，在前视图中再创建球体作为雪人眼睛，在参数面板中设置球体的参数，如图 2-43 所示，颜色选择黑色，复制出一个相同的球体，移动到合适的位置。

（5）单击"圆锥体"按钮，在前视图中创建圆锥体作为雪人的鼻子，在参数面板中设置圆锥体的参数，如图 2-44 所示，颜色选择红色，移动到合适的位置。

图 2-43　创建眼睛

图 2-44　创建鼻子

（6）单击"圆锥体"按钮，在顶视图中创建圆锥体作为雪人的帽子，在参数面板中设置圆锥体的参数，如图 2-45 所示，颜色选择黑色，移动到合适的位置，并且旋转一定的角度。

图 2-45　创建帽子

（7）单击"球体"按钮，在前视图中创建球体作为雪人的扣子，在参数面板中设置球体的参数，如图 2-46 所示，颜色选择黑色，移动到合适的位置，复制出两个相同的球体，调整位置，雪人模型制作完成。

3. 小结

通过本实例的练习，可以掌握球体、圆锥体的创建，并学习使用移动、旋转工具进行位置的调整。

2.4.2　卡通蜡烛台的制作

学习目的：熟悉创建各种几何体。

1. 系统设置

（1）单击"文件" 菜单>"重置"命令，重置 3ds Max 系统。

（2）单击"自定义"（Customize）菜单>"单位设置"命令，在弹出的对话框中选择"通用单位"单选按钮，单击"确定"按钮。

图 2-46　创建衣扣

2．创建模型过程

（1）单击命令面板"创建" 标签>"几何体"按钮 ，在下拉列表中选择"扩展基本体"选项。

（2）单击"切角圆柱体"按钮，在顶视图中创建切角圆柱体，在参数面板中设置切角圆柱体的参数，如图 2-47 所示，颜色选择黑色。

图 2-47　创建切角圆柱体

（3）单击"圆柱体"按钮，在顶视图中创建圆柱体，在参数面板中设置圆柱体的参数，如图 2-48 所示，颜色选择白色，运用对齐方式，使圆柱体与切角圆柱体对齐。

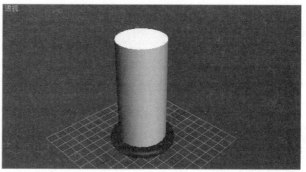

图 2-48　创建白色圆柱体

（4）单击"球体"按钮，在顶视图中创建球体，在参数面板中设置球体的参数，如图 2-49 所示，颜色选择白色，移动到圆柱体的上方，运用对齐方式，使球体与圆柱体对齐。

（5）单击"球体"按钮，在前视图中创建 3 个相同的球体，在参数面板中设置球体的参数，如图 2-50 所示，移动到合适的位置，眼睛为黑色，鼻子为红色。

（6）单击"圆环"按钮，在顶视图中创建圆环，在参数面板中设置圆环的参数，如图 2-51 所示，颜色选择绿色，运用对齐方式，使圆环与球和圆柱体对齐，用移动工具将圆环移到圆柱上方。

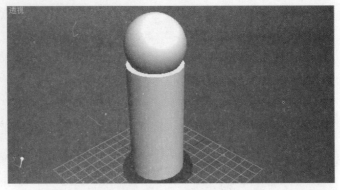

图 2-49　创建球体

图 2-50　创建鼻子眼睛

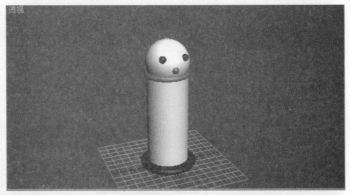

图 2-51　创建圆环

（7）单击"胶囊"按钮，在顶视图中创建胶囊，在参数面板中设置胶囊的参数，如图 2-52 所示，颜色选择白色，放在圆柱体的左侧，再复制出另外一个放在它的右侧。

图 2-52　创建胳膊

（8）单击"长方体"按钮，在前视图中创建 2 个长方体，在参数面板中设置长方体的参数，如图 2-53 所示，颜色选择绿色，移动到合适的位置，如图 2-54 所示。

图 2-53　设置长方体参数

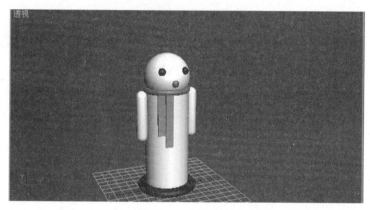

图 2-54　创建长方体

（9）单击"管状体"按钮，在顶视图中创建管状体，在参数面板中设置管状体的参数，如图 2-55 所示，颜色选择黑色，移动到球体上方，运用对齐方式，使管状体与球体对齐。

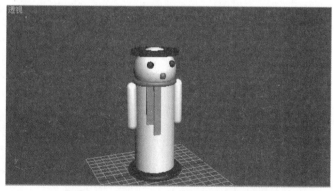

图 2-55　创建管状体

（10）单击"圆锥体"按钮，在顶视图中创建圆锥体，在参数面板中设置圆锥体的参数，如图 2-56 所示，颜色选择黑色，将圆锥体移动到管状体上方，运用对齐方式，使圆锥体与管状体对齐。

（11）单击"圆柱体"按钮，在顶视图中创建一个圆柱体作为蜡身，在参数面板中设置圆柱体的参数，如图 2-57 所示，颜色选择红色，运用对齐方式，使圆柱体与圆锥体对齐。

（12）再次单击"圆柱体"按钮，在顶视图中创建一个圆柱体作为蜡芯，在参数面板中设置圆柱体的参数，如图 2-58 所示，颜色选择黑色，运用对齐方式，使圆柱体与圆柱体对齐。

（13）单击"保存"按钮，蜡烛台的模型制作完成，如图 2-59 所示。

图 2-56　创建圆锥体

图 2-57　创建圆柱体

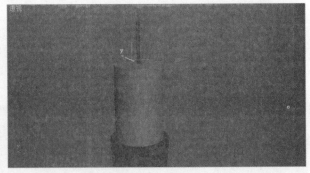

图 2-58　创建小圆柱体

图 2-59　最后效果

3. 小结

通过本实例的练习，可以熟练掌握切角圆柱体、圆柱体、圆环等的创建，并学习使用移动工具来完成位置的调整。

2.5　本章小结

本章主要讲述了 3ds Max 2010 中基本几何体的创建及其参数的修改，通过学习掌握创建基本几何体的方法，并学会使用基本几何体进行模型的创建。

2.6　上机实战

请使用扩展基本体并配合一些基本操作创建如图 2-60、图 2-61 所示的茶几。

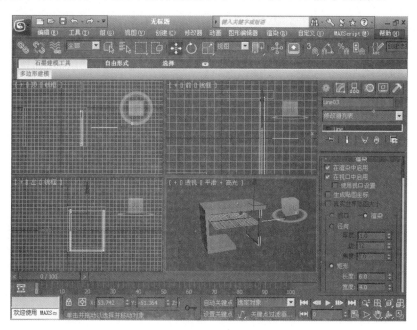

图 2-60　茶几

图 2-61　茶几效果图

2.7　思考与练习

（1）切角长方体与长方体有何区别？

（2）球体与几何球体有哪些不同？

（3）快速对齐的快捷键是什么？

第三章 复合建模

3.1 创建二维图形

3.1.1 矩形

1. 创建矩形

矩形的创建比较简单，操作步骤如下。

单击"创建">"图形">"矩形"按钮。将光标移到视图中的合适位置，单击并按住鼠标不放拖动，视图中生成一个矩形，移动光标调整矩形的大小，在适当的位置松开鼠标，矩形创建完成，创建矩形时按住 Ctrl 键，可以创建出正方形。

2. 矩形的修改参数

单击矩形将其选中，然后单击"修改"按钮，"修改"命令面板中会显示矩形的参数。

3. 参数的修改

矩形的参数比较简单，在参数的数值框中直接设置数值，矩形的形体即会发生改变。

3.1.2 圆和椭圆

1. 创建圆和椭圆

以圆形为例介绍创建方法，操作步骤如下。

单击"创建">"图形">"圆"按钮，将光标移到视图中的合适位置，单击并按住鼠标左键不放拖动，视图中生成一个圆，移动光标调整圆的大小，在适当的位置松开鼠标，圆创建完成，使用相同方法可以创建出椭圆。

2. 圆和椭圆的修改参数

单击圆或椭圆将其选中，然后单击"修改"按钮，在"修改"命令面板中会显示它们的参数。

3.1.3 文本

"文本"用于在场景中直接产生二维文字图形或创建三维的文字图形，下面介绍文本的创建方法及其参数的设置。

1. 创建文本

文本的创建方法很简单，操作步骤如下。

（1）单击"创建">"图形">"文本"按钮，在参数面板中设置创建参数，在文本输入区输入要创建的文本内容。

（2）将光标移到视图中并单击，文本创建完成，如图 3-1 所示。

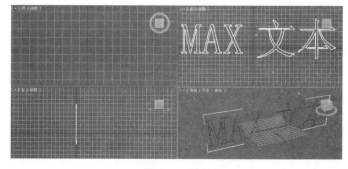

图 3-1 文本

2. 文本的修改参数

单击文本将其选中，单击"修改"按钮，在"修改"命令面板中会显示文本的参数。

3.1.4 弧

"弧"可用于创建弧线和扇形，下面介绍弧的创建方法及其参数的设置和修改。

1. 创建弧

弧有两种创建方法：一种是"端点－端点－中央"创建方法，另一种是"中央－端点－端点"创建方法。

创建弧的操作方法如下。

单击"创建">"图形">"弧"按钮，将光标移到视图中的合适位置，单击并按住鼠标左键拖动，视图中生成一条直线，松开鼠标并移动光标，调整弧的大小，在适当的位置单击，弧创建完成，如图3-2所示。

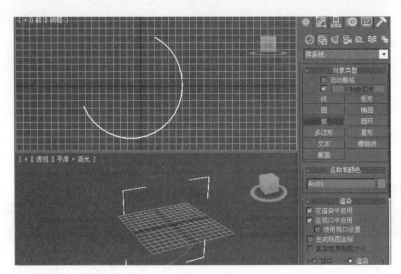

图 3-2　弧

2. 弧的修改参数

单击弧将其选中，单击"修改"按钮，在"修改"面板中会显示弧的参数。

3. 参数的修改

弧的修改参数和创建参数基本相同，只是没有"创建方式"。

3.1.5 圆环

"圆环"用于制作由两个圆组成的圆环。

圆环的创建方法比圆的创建多一个步骤，也比较简单，操作步骤如下。

单击"圆环"按钮，将光标移到视图中的合适位置，单击并按住鼠标左键不放拖动，视图中生成一个圆形，松开鼠标并移动光标，生成另一个圆，在适当的位置单击，圆环创建完成。

3.1.6 多边形

"多边形"用于任意边数的正多边形的创建，也可以创建圆角多边形，下面就来介绍多边形的创建方法及其参数的设置和修改。

1. 创建多边形

多边形的创建方法与圆相同，操作步骤如下。

单击"多边形"按钮，将光标移到视图中的合适位置，单击并按住鼠标左键不放拖动，视图中生成一个多边形，移动光标调整多边形的大小，在适当的位置松开鼠标，多边形创建完成。

2. 多边形的修改参数

单击多边形将其选中，单击"修改"按钮，在"修改"命令面板中会显示多边形的参数。

3. 参数的修改

多边形的参数不多，但修改参数值后却能生成多种形状，如图 3-3 所示。

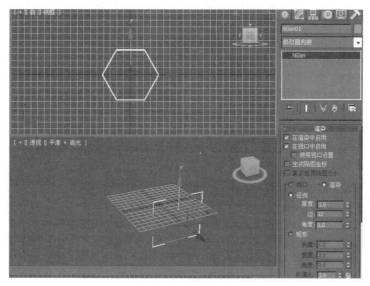

图 3-3　多边形

3.2　编辑二维图形

3.2.1　编辑样条线段

"线"是指用于创建出任何形状的开放型或封闭型的线和直线。创建完成后还可以通过调整节点、线段和线来编辑形态。下面介绍线的创建方法及其参数的设置和修改。

1. 创建线的方法

线的创建是创建其他二维图形的基础，创建线的操作步骤如下。

（1）单击"创建">"图形">"线"按钮。

（2）在顶视图中单击，确定线的起点，移动光标到适当的位置并单击确定节点，生成一条直线。

（3）继续移动光标到适当位置，单击确定节点并按住鼠标左键不放拖动，生成一条弧状线。松开鼠标并移到适当的位置，可以调整出新的曲线，单击确定节点，变回线的形状。

（4）继续移动光标到适当的位置，单击确定节点，可以生成一条新的直线。如果需要创建封闭线，将光标移动到线的起始点上并单击，弹出"样条线"对话框，提示用户是否闭合正在创建的线，单击"是"按钮即可闭合创建的线，单击"否"按钮，则可以继续创建线。如果需要创建开放的线，右击即可结束线的创建。

在创建线时，如果同时按住 Shift 键，可以创建出与坐标轴平行的直线。

2. 线的创建参数

单击"创建">"图形">"线"按钮，进入"修改"面板，下方会显示线的相关参数，如图 3-4 所示。

3. 线的形体修改

线创建完成后，总要对它的形体进行一定程度的修改，以达到满意的效果，这就需要对节点进行调整。节点有 4 种类型，分别是 Bezier 角点、Bezier、角点和平滑。

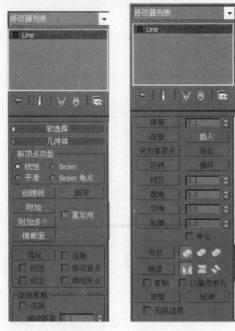

图 3-4　线

下面就来介绍线的形体修改，操作步骤如下。

（1）单击"创建">"图形">"线"按钮，在顶视图中创建一条线。

（2）单击"修改"按钮，在"修改"命令堆栈中单击 Line 命令前面的加号，展开子层级选项，"顶点"开启后可以对节点进行修改操作；"线段"开启后可以对线段进行操作修改；"样条线"开启后可以对整条线进行修改操作。

（3）单击"顶点"选项，该选项变为黄色表示被开启，这时视图中的线会显示出节点。

（4）单击要选择的节点将其选中，使用"选择并移动"工具将选中的节点沿 y 轴向下移动，调整节点的位置，线的形状发生改变。按住鼠标不放并拖动出选择框框选需要的多个节点，松开鼠标，将框选的节点选中，再使用"选择并移动"工具对其进行调整。

线的形体还可以通过调整节点的类型来修改，操作如下。

（1）单击"创建">"图形">"线"按钮，在顶视图中创建一条线。

（2）在"修改"命令堆栈中单击"顶点"选项，在视图中单击中间的节点将其选中右击，在弹出的快捷菜单中显示了所选择节点的类型。在快捷菜单中可以看出所选择的点为角点。在菜单中选择其他节点类型命令，节点的类型会随之改变。

自左向右的 4 种节点类型分别为 Bezier 角点、Bezier、角点和平滑，前两种类型的节点可以通过绿色的控制手柄进行调整，后两种类型的节点可以通过使用"选择并移动"工具进行位置的调整。

4. 线的修改参数

线创建完成后单击"修改"按钮，在"修改"命令面板中会显示线的修改参数，线的修改参数分为 5 个部分，如图 3-5 所示。

其中"几体体"卷帘窗的部分参数介绍如下。

● 创建线：用于创建一条线并把它加入到当前线中，使新创建的线与当前线成为一个整体。

图 3-5　线的修改参数

● 断开：用于断开节点和线段。

单击"创建">"图形">"线"按钮，在顶视图创建一条线。

在"修改"命令堆栈中单击"顶点"选项，在视图中在要断开的节点上单击将其选中，单击"断开"按钮，节点即被断开，移动节点，可以看到节点已经被断开。

在"修改"命令堆栈中单击"线段"选项，然后单击"断开"按钮，将光标移到线上，在线上单击，线即被断开。

- 附加：用于将场景中的二维图形与当前的线结合，使它们变为一个整体。场景中存在两个以上的二维图形时才能使用附加功能。

使用方法为单击一条线将其选中，然后单击"附加"按钮，在视图中单击另一条线，两条线就会结合成一个整体。

- 附加多个：其原理与"附加"相同，区别在于单击该按钮后，将弹出"附加多个"对话框，对话框中会显示出场景中线的名称，用户可以在对话框中选择多条线，然后单击"附加"按钮，即可将选中的线与当前的线结合为一个整体。

- 优化：用于在不改变线的形态的前提下在线上插入节点。

使用方法为单击"优化"按钮，在线上单击，线上即被插入新的节点。

- 圆角：用于在选择的节点处创建圆角。

使用方法为在视图中单击要修改的节点将其选中，然后单击"圆角"按钮，将光标移到被选择的节点上，单击并按住鼠标左键不放拖动，节点会形成圆角，也可以在该数值框中输入数值或调节微调器来设置圆角。

- 切角：其功能和操作与圆角相同，但创建的是切角。

- 轮廓：用于给选择的线设置轮廓，用法和圆角相同，该命令仅在"样条线"层级有效。

3.2.2　编辑样条线命令

"编辑样条线"修改器是为选定图形的不同层级（顶点、线段或者样条线）提供显示的编辑工具。"编辑样条线"修改器匹配基础"可编辑样条线"对象的所有功能。

编辑样条线命令是专门用于编辑二维图形的修改命令，在建模中的使用率非常高。编辑样条线命令与线的修改参数是相同的，但该命令可以用于所有二维图形的编辑修改。

"编辑样条线"命令的参数设置

在视图中任意创建一个二维图形，单击"修改"按钮，然后单击修改器列表，从中选择"编辑样条线"命令，"修改"命令面板中会显示命令参数。"几何体"卷帘窗中提供了关于样条线的大量集合参数，其参数面板很复杂，包含大量命令按钮和参数选项。

展开"几何体"卷帘窗，其界面如图 3-6 所示，激活"编辑样条线"命令的子层级命令，观察"几何体"卷帘窗下的各参数命令。激活子层级命令，参数面板中相对应的命令也会被激活。下面对各子层级命令中的参数进行介绍，个别参数请见第三章中的相关内容。

图 3-6　参数面板

- 焊接：用于将两个或多个节点合并为一个节点。

单击"创建">"图形">"星形"按钮，在顶视图中创建星形，单击"修改"按钮，然后单击修改器列表，选择"编辑样条线"命令，在"修改"命令堆栈中单击"编辑样条线"左侧的"+"，在展开的子层级中单击"顶点"，在视图中用光标框选两个节点，在参数面板中设置"焊接"数值，然后单击"焊接"按钮，选择的点即被焊接，"焊接"的数值表示节点间的焊接范围，在范围内的节点才能被焊接。

只能在一条线的节点间进行焊接操作，只能在相邻的节点间进行焊接，不能越过节点进行焊接。

- 连接：用于连接两个断开的点。单击"连接"按钮，将光标移到线的一个端点上，按住鼠标左键不放并拖动光标到另一个端点上，松开鼠标，两个端点会连接在一起。

- 插入：用于在二维图形上插入节点。单击"插入"按钮后，将光标移到要插入节点的位置，光标变形时单击，节点即被插入，插入的节点会跟随光标移动，不断单击则可以插入更多节点，右击结束操作。

- 设为首顶点：用于将线上的一个节点指定作为曲线起点。

- 熔合：用于将所有选中的多个节点移动到它们的平均中心位置。选择多个节点后，单击"熔合"按钮，所选择的节点都会移动到同一个位置，被熔合的节点是相互独立的，可以单独选择编辑。

- 循环：用于循环选择节点。选择一个节点，然后单击此按钮，可以按节点的创建顺序循环更换选择目标。

- 圆角：用于在选定的节点处创建一个圆角。

- 切角：用于在选定的节点处创建一个切角。

- 删除：用于删除所选择的对象。

- 拆分：用于平均分割线段。选择一个线段，然后单击"拆分"按钮，可以在线段上插入指定数目的节点从而将一条线段分割为多条线段。

- 分离：用于将选中的线段或样条曲线从样条曲线中分离出来，系统提供了 3 种分离方法分别为同一图形、重定向和复制。

- 反转：用于颠倒样条曲线的首末端点。选择一个样条曲线，然后单击"反转"按钮，可以将选中的样条曲线的第一个端点和最后一个端点颠倒。

- 轮廓：用于给选定的线设置轮廓。

- 布尔：用于将两个二维图形按指定的方式合并到一起，有 3 种运算方式：并集、差集和相交。

在顶视图中创建一个矩形和一个星形，单击矩形将其选中，单击"修改"按钮，单击修改器列表，选择"编辑样条线"命令，在参数面板中单击"附加"按钮，然后单击星形，将它们结合为一个物体。在参数面板堆栈中，单击"编辑样条线"左侧的"+"，在展开的子层级中单击"样条线"选项，将矩形选中，选择运算方式后单击"布尔"按钮，在视图中单击星形，完成运算。

- 镜像：用于对所选择的曲线进行镜像处理。系统提供了 3 种镜像方式：水平镜像、垂直镜像和双向镜像。

"镜像"命令下方有两个复选框，分别为"复制"和"以轴为中心"。复制：用于将样条线复制镜像产生一个镜像复制品。以轴为中心：用于决定镜像的中心位置。若选中该复选框，将以样条线自身轴心点为中心点来镜像曲线。没有选中时，则以样条线的集合中心为中心来镜像曲线。"镜像"命令的使用方法与前面的"布尔"命令相同。

修剪：用于将交叉的样条线删除。

延伸：用于将开放样条线最近的拾取点的断点扩展到曲线的交叉点。一般在应用"修剪"命令后，使用此命令。

以上介绍了"编辑样条线"命令中比较重要的参数，它们都是在实际建模中经常使用的参数命令。该命令的参数命令比较多，要熟练掌握还需要实际操作，在下面的章节中会通过几个典型事例来帮助大家熟练运用。

3.3   二维建模

3.3.1   挤压（Extrude）

"挤压"命令可以使二维图形增加厚度，转化成三维物体，下面介绍"挤压"命令的参数和使用方法。

单击"星形"按钮在透视图中创建一个星形，参数不用设置。

单击"修改"面板中的修改器列表，从中选择"挤压"命令，可以看到星形已经受到"挤压"命令的影响变成一个星形平面，如图 3-7 所示。

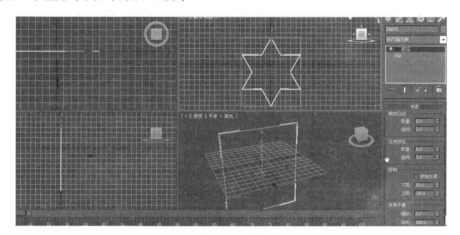

图 3-7   挤压

在"数量"的数值框中设置参数，星形的高度会随之变化。

"挤压"命令的参数如下。

● 　数量：用于设置挤出的高度。

● 　分段：用于设置在挤出高度上的分段数。

"挤压"命令的用法比较简单，一般情况下大部分修改参数保持为默认设置即可，只对"数量"的数值进行设置就能满足一般建模的需要。

3.3.2   扭曲（Lathe）

"扭曲"命令主要用于对物体进行扭曲处理，通过调整扭曲的角度和偏移值，可以得到各种扭曲效果，同时还可以通过限制参数的设置，使扭曲效果限定在固定的区域内。

1. "扭曲"命令的参数

单击"长方体"按钮，在透视图中创建一个长方体，然后单击"修改"按钮，单击修改器列表，从中选择"扭曲"命令，"修改"命令面板中会显示"扭曲"命令的参数，透视图中长方体周围会出现扭曲命令的套框，如图 3-8 所示。

2. "扭曲"命令参数的修改

由于长方体的参数在默认设置下各个方向上的段数都为"1"，所以这时设置扭曲的参数，是看不出扭曲效果的，所以应该先设置长方体的段数，各个方向上的段数都改为"6"。这时再调整"扭曲"命令的参数，就可以看到长方体发生的扭曲效果，如图 3-9 所示。

3.3.3   倒角（Bevel）

"倒角"命令只用于二维形体的编辑，对二维形体进行挤出，还可以对形体边缘进行倒角，下面介绍"倒角"命令的参数和用法。

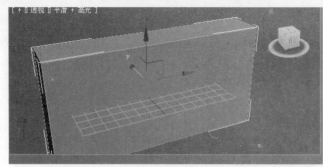

图 3-8　扭曲

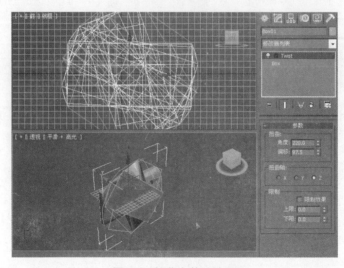

图 3-9　扭曲参数及效果

　　选择"倒角"命令的方法与"车削"命令相同，选择时应先在视图中创建二维图形，选中二维图形后再选择"倒角"。

　　选择"倒角"命令后，在"修改"命令面板中会显示其参数，"倒角"的参数主要分为两部分。

3.4　复合几何体建模

3.4.1　放样

　　"放样"命令的用法分为两种，一种是单截面放样变形，只用一次放样变形即可制作出所需要的形体；另一种是多截面放样变形，用于制作较为复杂的几何形体，在制作过程中要进行多个路径的放样变形。

　　1．单截面放样变形

　　（1）在视图中创建一个星形和一条线。

　　（2）单击"创建"＞"几何体"按钮，在下拉列表中单击"复合对象"选项。

　　（3）在视图中单击线将其选中，在命令面板中单击"放样"按钮，命令面板中会显示放样的修改参数。

　　（4）单击"获取图形"按钮，在视图中单击星形，线会以星形为截面生成三维形体。

　　2．多截面放样变形

　　（1）在顶视图中分别创建圆、多边形。单击"线"按钮，按住 Shift 键，在前视图中创建一条直线，这几个二维图形可以随意创建。

　　（2）单击线将其选中，单击"创建"＞"几何体"按钮，在下拉列表中单击"复合对象"选项，在命令面板中单击"放样"按钮，然后在参数面板中单击"获取图形"按钮，在视图中单击圆，这时直线变为圆柱体。

（3）在"放样"命令面板中将"路径"的数值设置为"45"，单击"获取图形"按钮，在视图中单击多边形。

（4）将"路径"的数值设置为"80"，单击"获取图形"按钮，在视图中单击星形。

（5）单击"修改"按钮，在"修改"命令堆栈中单击"图形"选项，这时命令面板中会出现新的命令参数，单击"比较"按钮，弹出"比较"窗口。

（6）在"比较"窗口中单击"拾取图形"按钮，在视图中分别在放样物体三个截面的位置上单击，将三个截面拾取到"比较"窗口中。在"比较"窗口中，可以看到三个截面图形的起始点，如果起始点没有对齐，可以使用"旋转"工具手动使之对齐。

3.4.2　布尔运算

系统提供了 3 种布尔运算方式：并集、交集和差集，其中差集包括 A-B 和 B-A 两种方式。下面举例介绍布尔运算的基本用法，操作步骤如下。

（1）单击"球体"按钮，在透视图中创建一个球体，单击"圆环"按钮，在透视图中创建一个圆环，使用"选择并移动"工具调整两个物体的位置，如图 3-10 所示。

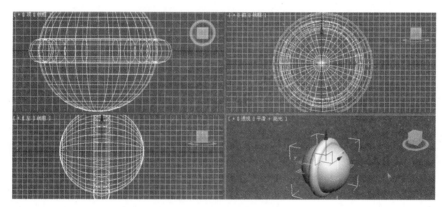

图 3-10　布尔运算

（2）单击"创建"命令面板中的下拉列表框，从中选择"复合对象"选项，然后单击球体将其选中，单击复合对象"创建"命令面板中的"布尔"按钮。

（3）进入"布尔"命令的参数面板，"布尔"命令的参数分为 3 个部分。

（4）单击"拾取操作对象 B"按钮后，在视图中单击圆环，然后通过改变不同的运算类型，可以生成不同的形体。

小结

平面图形基本是由直线和曲线组成。通过创建二维线形来建模是 3ds Max 2010 中一种常用的建模方法。

3.5　本章实例

3.5.1　现代茶几的制作

学习目的：练习使用切角圆柱体、长方体和线来完成模型的制作。

1．系统设置

（1）选择"文件" ⑤ 菜单>"重置"命令，重置 3ds Max 系统。

（2）单击"自定义"（Customize）菜单>"单位设置"，在弹出的对话框中选择"通用单位"单选按钮。

2. 创建模型过程

（1）单击"创建" 标签>"几何体"按钮 ，单击"扩展基本体"选项。

（2）单击"切角圆柱体"按钮，在顶视图中创建切角圆柱体，在参数面板中设置切角圆柱体的参数，如图 3-11 所示。

图 3-11　创建切角圆柱体

（3）单击"长方体"按钮，在顶视图中创建长方体作为辅助物体，在参数面板中设置长方体的参数，如图 3-12 所示。

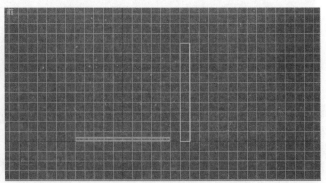

图 3-12　创建长方体

（4）单击切角圆柱体将其选中，按住 Shift 键，将光标移到坐标系的 y 轴上，按住鼠标不放并向上拖动光标，在合适的位置松开鼠标，如图 3-13 所示，在弹出的"克隆选项"对话框中单击"确定"，复制一个切角圆柱体。单击"修改"按钮，在"修改"命令面中对复制得到的切角圆柱体的参数进行设置，如图 3-14 所示。

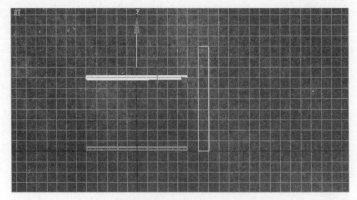

图 3-13　复制切角圆柱体

图 3-14　设置参数

（5）在前视图中使用"选择并移动"工具将切角圆柱体移动到合适的位置，如图 3-15 所示，然后单击长方体将其选中，按 Delete 键，将长方体删除，如图 3-16 所示。

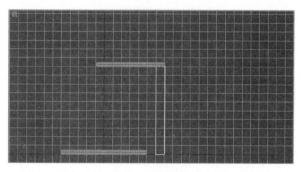

图 3-15　移动圆柱体

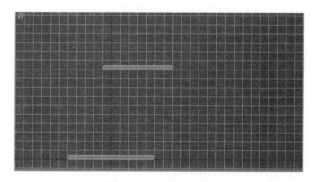

图 3-16　删除长方体

（6）单击"线"按钮，在前视图中创建一条闭合的线，在"渲染"卷帘窗中设置渲染参数，如图 3-17 所示。

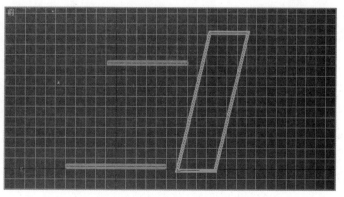

图 3-17　创建闭合线

（7）单击线将其选中，使用"选择并移动"工具将线移动到合适的位置，茶几模型制作完成，如图 3-18 所示。

图 3-18　移动位置

（8）按住 Ctrl+S 组合键，将模型命名为"茶几"并进行保存。

3．小结

通过本实例的练习，掌握线、切角圆柱体的创建，了解如何使用辅助物体创建模型。

3.5.2　钟表的制作

学习目的：使用切角圆柱体、圆柱体、文本、圆、球体、长方体、"阵列"工具以及二维图形的渲染特性来完成模型的制作。

1．系统设置

（1）选择"文件" 菜单>"重置"命令，重置 3ds Max 系统。

（2）单击"自定义"（Customize）菜单>"单位设置"命令，在弹出的对话框中选择"通用单位"单选按钮，单击"确定"按钮。

2．创建模型过程

制作表盘的步骤如下。

（1）单击"创建" 标签>"几何体"按钮 ，选择"扩展基本体"选项。

（2）单击"切角圆柱体"按钮，在前视图中创建切角圆柱体，在参数面板中设置切角圆柱体的参数，如图 3-19 所示，并将切角圆柱体的颜色设为黑色。

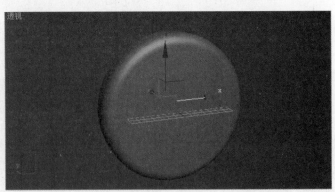

图 3-19　创建切角圆柱体

（3）单击"标准几何体"选项，单击"圆柱体"按钮，在前视图中创建圆柱体，在参数面板中设置其参数。将圆柱体的颜色设置为白色，使用"选择并移动"工具将圆柱体移动到切角圆柱体的前面，对齐，如图 3-20 所示。

（4）单击"创建"＞"图形"＞"文本"按钮，在"创建"参数面板中，设置文本的创建参数，如图 3-21 所示。在前视图中创建文本"12"，将文本的颜色设置为黑色，使用"选择并移动"工具将文本移动到合适的位置，对齐，如图 3-22 所示。

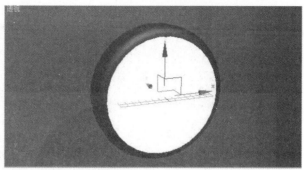

图 3-20　创建圆柱体

图 3-21　设置参数

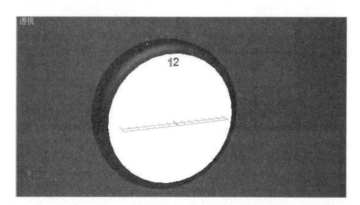

图 3-22　移动文本

（5）在"层次"命令面板中单击"仅影响轴"按钮，在前视图中使用"选择并移动"工具将文本的轴心点移到圆柱体的中心位置，如图 3-23 所示。

图 3-23　移动轴

（6）在前视图中右击，在工具栏的空白处右击，在弹出的快捷菜单中选择"附加"命令，在浮动工具栏中单击"阵列"按钮，设置阵列参数，如图 3-24 所示，阵列复制完成后的效果如图 3-25 所示。

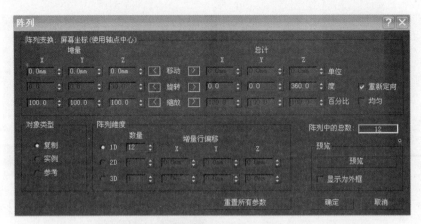

图 3-24　阵列

图 3-25　阵列复制效果

（7）单击钟表 1 点位置的文本"12"将其选中，单击"修改"按钮，在参数面板中的文本输入区将数字改为"1"，单击"重置轴"按钮，旋转数字"1"，打开角度捕捉，逆时针旋转 30°，效果如图 3-26 所示。用同样的方法将其他文本改为相应的数字，逆时针旋转 30° 的倍数，最后效果如图 3-27 所示。

图 3-26　修改数字

（8）单击"圆"按钮，在前视图中创建一个圆，将圆的颜色设置为黑色，在参数面板中设置其他参数。在顶视图中右击，使用"选择并移动"工具将圆移动到圆柱体的前面，与圆柱体对齐，如图 3-28 所示。

图 3-27　修改全部数字

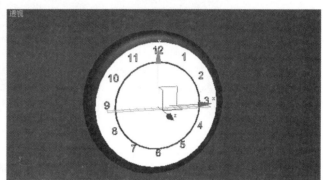

图 3-28　创建圆

制作指针和钟摆的步骤如下。

（1）单击"圆柱体"按钮，在前视图中创建一个圆柱体，将圆柱体的颜色设置为黑色，在参数面板中设置其他圆柱体的参数。单击"球体"按钮，在前视图中创建一个球体，将球体的颜色设置为黑色。单击"修改"按钮，在参数面板中设置球体的参数，如图 3-29 所示。使用"选择并移动"工具调整圆柱体和球体的位置，如图 3-30 所示。此处为了便于观察，将前面步骤创建的物体隐藏。

图 3-29　设置参数

（2）单击"长方体"按钮，在前视图中创建 2 个长方体，将长方体的颜色设置为黑色，设置参数，如图 3-31 所示。按住 Ctrl 键，连续单击两个长方体以及球体和圆柱体将它们同时选中，使用"选择并移动"工具将它们移动到钟表轴心的位置，如图 3-32 所示。

（3）单击"线"按钮，在"渲染"卷帘窗中设置创建参数，在前视图中创建一条直线，将颜色设置为黑色，使用"选择并移动"工具将其移动到合适的位置，如图 3-33 所示。单击"球体"按钮，在前视图创建球体，在参数面板中设置参数，将颜色设置为白色，使用"选择并移动"工具将球体移动到线的下方，如图 3-34 所示。

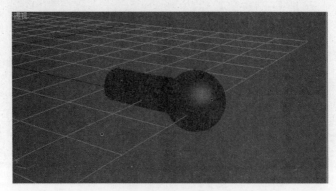

图 3-30　移动位置

图 3-31　设置参数

图 3-32　移动位置

图 3-33　创建可渲染线

图 3-34 创建球体

制作底座的步骤如下。

（1）单击"线"按钮，在"渲染"卷帘窗中设置创建参数，在前视图中创建一条线，将线的颜色设置为黑色，使用"选择并移动"工具将其移到合适的位置，如图 3-35 所示。单击"修改"按钮，在"修改"命令堆栈中单击"顶点"选项，在前视图中框选线中间的两个节点，在参数面板中将圆角的值设置为"100"，将两个节点设置为圆角，如图 3-36 所示。

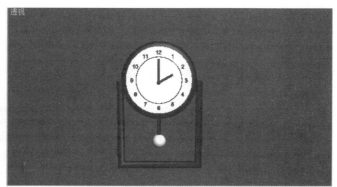

图 3-35 创建黑色可渲染线

图 3-36 修改顶点

（2）单击"切角长方体"按钮，在顶视图创建切角长方体，在参数面板中设置参数值，将切角长方体移到合适的位置，钟表的模型制作完成，如图 3-37 所示。

（3）按 Ctrl+S 组合键，将模型命名为"钟表"并进行保存。

3．小结

通过本实例的练习，掌握二维图形和三维建模的方法，使用"阵列"以及"仅影响轴"命令及"圆角"命令来完成模型。

图 3-37　创建切角长方体

3.5.3　椅子的制作

学习目的：使用圆环、圆柱体、线、螺旋线、切角圆柱体和"阵列"工具来完成模型的制作。

1. 系统设置

（1）选择"文件" ⑤ 菜单>"重置"命令，重置 3ds Max 系统。

（2）单击"自定义"（Customize）菜单>"单位设置"命令，在弹出的对话框中选择"通用单位"单选按钮。

2. 创建模型过程

（1）单击命令面板"创建" ⚙ 标签>"几何体"按钮 ◯ ，单击进入"扩展基本体"选项。

（2）单击"圆环"按钮，在顶视图中创建圆环，在参数面板中设置圆环的参数，如图 3-38 所示。单击颜色框，在弹出的"对象颜色"对话框中选择黑色，单击"确定"按钮。

图 3-38　创建圆环

（3）单击"圆柱体"按钮，在顶视图中创建圆柱体，在参数面板中设置参数，单击"对齐"工具按钮，在视图中单击圆环，在弹出的"对齐当前选择"对话框中设置对齐参数，单击"确定"按钮，将圆柱体与圆环对齐。将圆柱体的颜色设置为黑色，如图 3-39 所示。

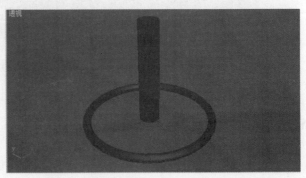

图 3-39　创建圆柱体

（4）单击"线"按钮，在前视图中创建一条线。将线的颜色设置为黑色。单击"修改"按钮，进入"渲染"卷帘窗设置线的渲染参数，如图 3-40 所示。在"修改"命令堆栈中单击"顶点"选项，单击线中间的节点将其选中，进入"几何体"卷帘窗，单击"圆角"按钮，将光标移到选中的节点上，按住鼠标左键拖动，将节点设置为圆角，操作完成后在"修改"命令堆栈中单击"顶点"选项，结束操作，如图 3-41 所示。

图 3-40　创建线

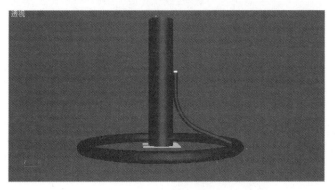

图 3-41　修改线

（5）在顶视图中右击，在"层次"命令面板中单击"仅影响轴"按钮，使用"选择并移动"工具将线的轴心点移到圆柱体的中心位置，如图 3-42 所示。

图 3-42　修改坐标轴

（6）在工具栏的空白处右击，在弹出的快捷菜单中选择"附加"命令，弹出浮动工具栏，单击"阵列"按钮，再弹出的"阵列"对话框中设置阵列参数，如图 3-43 所示，单击"确定"按钮，阵列复制完成效果如图 3-44 所示。

（7）单击"螺旋线"按钮，在视图中创建螺旋线，将颜色设置为黑色。单击"修改"按钮，在"修改"参数面板中设置参数，如图 3-45 所示。使用"选择并移动"工具将螺旋线向上移动到圆柱体的上方对齐，如图 3-46 所示。

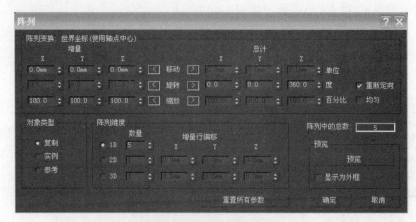

图 3-43　阵列复制参数设置

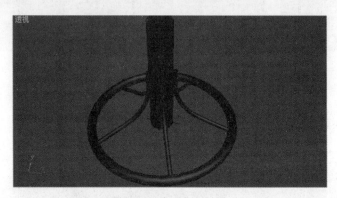

图 3-44　阵列复制效果

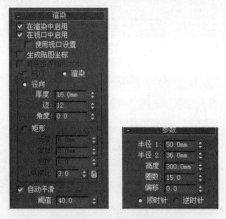

图 3-45　设置螺旋线参数

图 3-46　创建螺旋线

（8）单击"圆柱体"按钮，在视图中创建圆柱体，在参数面板中设置参数。使用"选择并移动"工具将圆柱体移到螺旋线的上方，如图 3-47 所示。

图 3-47　创建圆柱体

（9）在"创建"命令面板中单击"切角圆柱体"按钮，在顶视图中创建切角圆柱体，在参数面板中设置参数。将切角圆柱体的颜色设置为红色，使用"选择并移动"工具将切角圆柱体移到最上方，椅子模型制作完成，如图 3-48 所示。

图 3-48　创建圆柱体

（10）按 Ctrl+S 组合键，将模型命名为"椅子"并进行保存。

3．小结

通过本实例的练习，掌握二维图形和三维建模的方法，使用"阵列"工具以及"螺旋线"命令来完成模型。

3.6　本章小结

本章主要讲述了二维图形、二维建模，复合建模，布尔运算和放样的一些操作，包括二维图形转化为三维模型的方法等，通过本章的学习，可以了解三维模型的多种创建方法，每一种创建方法的不同之处是需要读者细细体会的。

3.7　上机实战

请用扩展基本体及一些基本操作创建如图 3-49、图 3-50 所示的罗马柱。

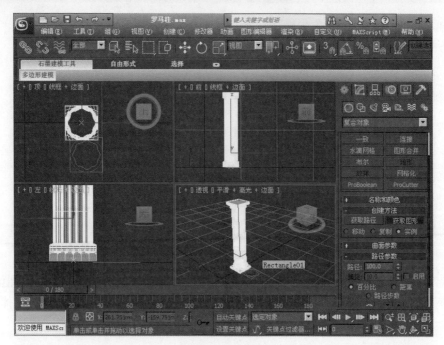

图 3-49　罗马柱

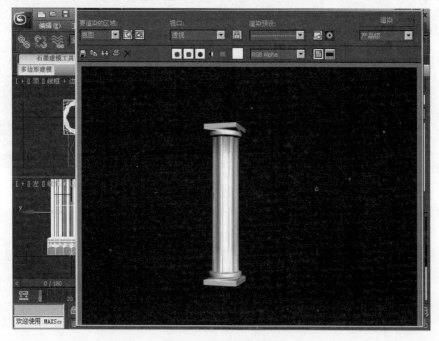

图 3-50　罗马柱效果图

3.8　思考与练习

（1）如何理解将二维图形作为沿某个路径的剖面，形成复杂的三维对象，并且在同一路径的不同分段中给予不同的形体？

（2）如何解决使用放样工具创建物体时出现的扭曲现象？

（3）常用的布尔运算方式有哪几种？

第四章 修改建模

4.1 "修改"面板

在 3D Studio Max 中，可以通过"修改"（Modify）命令面板对已创建的物体造型进行编辑修改，以获得满意的效果。

4.1.1 "修改"面板的组成

"修改"（Modify）命令面板可划分为 4 个基本区域：物体名称及颜色、修改器列表、修改器堆栈、物体基本参数栏，如图 4-1 所示。

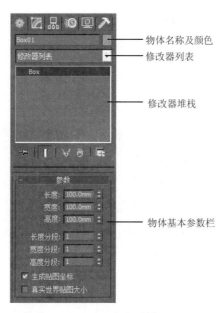

图 4-1 "修改"（Modify）命令面板

（1）物体名称及颜色（Name and Color）：用于显示被选物体的名称和颜色，并且可以随时修改。物体名称在文本框中直接修改，颜色可通过单击色样的方式打开"对象颜色"（Object Color）对话框进行调换。

（2）修改器列表（Modifiers List）：位于物体名称及颜色区下方，在其下拉列表中列出了所有的编辑修改器，如挤出（Extrude）等。

（3）修改器堆栈（Modifiers Stack）：用于对创建及修改物体过程中参数与信息存储的重要存储器。通过堆栈，用户可以了解物体的创建及编辑过程。

（4）物体基本参数栏（Parameters）：用于保存物体的基本创建参数，同时也包含当前堆栈中任何项目的参数。在创建物体后，可以直接针对所选物体进行参数修改。

4.1.2 堆栈的编辑

"修改"命令面板中，修改器堆栈（Modifiers Stack）提供了访问每一个物体建模历史的工具。用户所进行的每一项建模操作都存储在这里，以便编辑修改，在修改器堆栈的下方有 5 个按钮，分别介绍如下。

（1）锁定堆栈（Pin Stack）![icon]：该功能用于冻结堆栈的当前状态，使得所选物体在交换时可以保持原有的修改功能的激活状态。

（2）显示最终结果开/关切换（Show End Result On/Off Toggle）![icon]：该功能用于决定在切换堆栈中的其他修改功能时是否显示它的最后结果。

关闭时，将返回建模过程中的状态，在不受后面修改功能影响的情况下，调整修改功能的结果。打开时，可以检查修改后的效果。

（3）使唯一（Make Unique）![icon]：该功能将共享同一修改器的物体间的关联除去使其独立。此操作不能被恢复。

（4）从堆栈中移除修改器（Remove Modifiers）![icon]：该功能用于从堆栈中删除所选的修改功能。

（5）配置修改器集（Configure Modifiers Sets）![icon]：该功能可以通过"配置修改器集"对话框选择修改器组或者根据所需选择修改器。

选择修改器建立一组功能按钮的方法：首先输入新建修改器集名，并设置按钮总数，在左侧修改器功能列表中双击所需的修改器或将需要的修改器直接拖至右侧空白的按钮上，保存新设置的一组功能按钮，选择"确定"退出，如图 4-2 所示。最后在"配置修改器集"菜单中选择"显示按钮"选项。

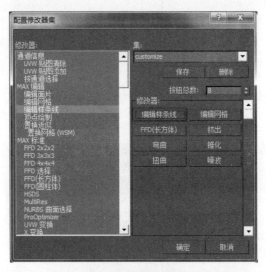

图 4-2　"配置修改器集"对话框

编辑堆栈（Edit Stack）的菜单：在堆栈中右击出现该功能菜单，该功能能够独立、删除、塌陷选择的修改功能，或者重新命名某个修改功能。

4.2　常用编辑修改器

在 3D Studio Max 的修改操作中，"修改"面板是功能最强，应用最广的编辑修改器，它提供了众多功能强大的修改工具。这些工具主要用于建模的制作和修改，可分为以下四类：

（1）将二维模型直接转换为三维模型的工具，如挤出（Extrude）、车削（Lathe）、倒角（Bevel）。

（2）将简单三维模型细化成复杂或对复杂模型进行简化的工具，如可编辑多边形（Edit Poly）、编辑网格（Edit Mesh）、结构网格（Lattice）、优化（Optimize）。

（3）对三维对象进行变形处理的工具，如弯曲（Bend）、锥化（Taper）、扭曲（Twist）、噪波（Noise）、拉伸（Stretch）、挤压（Squeeze）、自由变形对象（FFD）系列。

（4）给场景对象赋予贴图坐标的工具，如 UVW 贴图（UVW Map）和贴图置换（Displace）系列。

4.2.1　弯曲（Bend）

"弯曲"修改器的主要功能是对所创建的实体造型施加均匀的弯曲，如图 4-3 所示，通过它可以控制在 X、Y、Z 任何一轴向的弯曲角度。

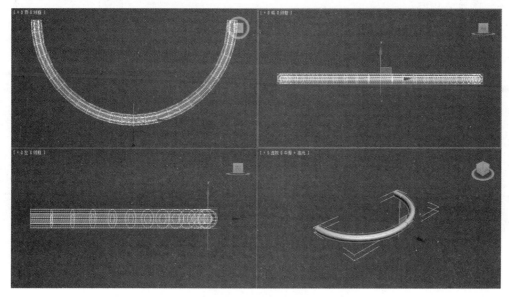

图 4-3　弯曲的造型

"弯曲"修改器堆栈：

线框（Gizmo）：在此子对象层级，可以改变弯曲修改器的效果。平移线框会将其中心点调整至合适的位置，旋转和缩放会相对于线框的中心进行。

中心（Center）：在此子对象层级，用于平移中心并改变弯曲线框的图形，可由此改变弯曲对象的图形。

"弯曲"（Bend）修改窗口的选项功能如下：

● 角度（Angle）：用于控制弯曲角度的大小。

● 方向（Direction）：用于调整弯曲方向的变化。

● 弯曲轴（Bend Axis）：用于设置弯曲的轴向。

● 限制效果（Limit Effect）：激活后对弯曲的限制生效。

● 上限（Upper Limit）、下限（Lower Limit）：只有在上下限之间的部分才会发生弯曲变形，如图 4-4 所示，设置各项参数如图 4-5 所示。如果上下限相等，其效果相当于禁用"限制效果"。

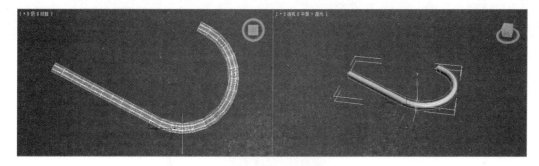

图 4-4　弯曲上、下限控制

图 4-5　参数设置

4.2.2 锥化（Taper）

"锥化"修改器用来缩放实体造型的端部，从而产生一个锥化轮廓，如图 4-6 所示，通过它进行轴向控制可使一端放大或使一端缩小。

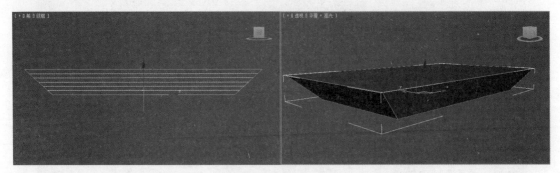

图 4-6　锥化程度

"锥化"修改器堆栈：

线框（Gizmo）：在此子对象层级，可以与"弯曲"一样对线框进行变换或改变"锥化"修改器的效果。平移线框会将其中心点调整至合适的位置。旋转和缩放会相对于线框的中心进行。

中心（Center）：在此子对象层级，可以平移中心，改变锥化线框的图形，并由此改变锥化对象的图形。

"锥化"（Taper）修改窗口的选项功能如下：

● 数量（Amount）：用于控制锥化程度。

● 曲线（Curve）：用于控制锥化后锥体曲线的程度，值为正数时实体边缘向外凸，值为负数时实体边缘向内凹，如图 4-7 所示，设置各项参数如图 4-8 所示。

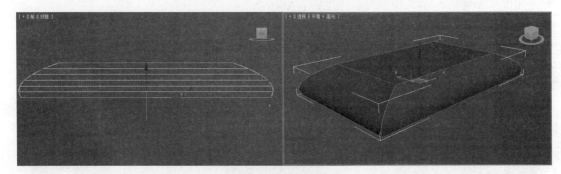

图 4-7　锥体曲线程度

图 4-8　参数设置

● 主轴（Primary）：其中 X、Y、Z 分别用来定义实体造型锥化的三个基本轴，即垂直于变形底面的轴。

● 效果（Effect）：用于控制形变的扩张。若想均匀锥化，一般单击 XY、YZ、ZX；若只想在单轴上形变扩张，则只选 X、Y、Z 单轴。

● 对称（Symmetry）：以锥化中心（实体造型中心）为对称轴产生对称锥化，如图 4-9 所示，设置各项参数如图 4-10 所示。

- "限制"（Limit）组：与"弯曲"中的"限制"一致，通过控制上、下限来约束锥化范围，锥化仅发生在上、下限之间的区域。

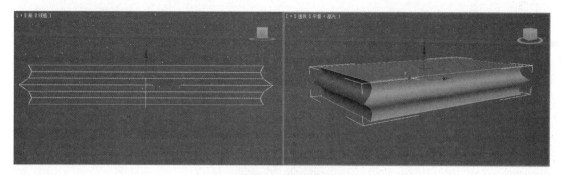

图 4-9　对称锥化

图 4-10　参数设置

4.2.3　扭曲（Twist）

"扭曲"修改器用于在实体造型上产生扭转效果，可以控制任意三个轴上扭曲的角度，并设置偏移来压缩扭曲相对于轴点的效果。也可以对实体造型一段范围进行限制扭曲。

"扭曲"修改器堆栈：

线框（Gizmo）：在此子对象层级，可以与其他修改器该子对象层级一样对线框进行变换或改变"扭曲"修改器的效果。平移线框会将其中心点调整至合适的位置。旋转和缩放会相对于线框的中心进行。

中心（Center）：在此子对象层级，可以平移中心，改变扭曲线框的图形，并由此改变扭曲对象的图形。

"扭曲"（Twist）修改窗口的选项功能如下：

- 角度（Angle）：用于决定实体造型的扭曲角度，如图 4-11 所示。
- 偏移（Bias）：用于决定实体造型扭曲中心偏移的距离。当值为正数时，则趋向物体的中心；当值为负数时，则远离物体的中心。
- 扭曲轴（Twist Axis）：用于设置扭曲的轴向。
- "限制"（Limit）组：通过控制上、下限来约束扭曲范围，扭曲仅发生在上、下限之间的区域，如图 4-12 所示，设置各项参数如图 4-13 所示。

图 4-11　扭曲角度

图 4-12　扭曲上、下限控制

图 4-13　参数设置

4.2.4　噪波（Noise）

"噪波"修改器可以干扰网格的顶点，通过随机的变形效果以获取凸凹不平的表面，可以用来制作地形等。

"噪波"修改器堆栈：

线框（Gizmo）：在此子对象层级，可以与其他修改器该子对象层级一样对线框进行变换或改变"噪波"修改器的效果。平移线框会将其中心点调整至合适的位置。旋转和缩放会相对于线框的中心进行。

中心（Center）：在此子对象层级，可以平移中心，改变噪波线框的图形，并由此改变噪波对象的图形。

"噪波"（Noise）修改窗口的选项功能如下：

- 种子（Seed）：用于随机效果的设置，值越大，随机变化越多。
- 比例（Scale）：用于控制噪波的影响程度，值越小，表面越陡峭。
- 分形（Fractal）：用于种子分形地形，激活后通过调整粗糙度和迭代次数来获得随机分形地形。
- 粗糙度（Rough）：值越大，表面变化越大。
- 迭代次数（Iteration）：用于设置重复度。值越大，地形变化越复杂；值越低，地形越平坦。
- "强度"（Strength）组：通过 X、Y、Z 轴来控制场景地形表面各点在相应方向上的变化量，如图 4-14 所示，设置各项参数如图 4-15 所示。

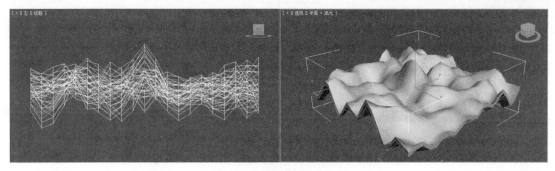

图 4-14　噪波制作的地形

图 4-15　参数设置

● 　"动画"（Animation）组：用于设置动画噪波。

4.2.5　拉伸（Stretch）

"拉伸"修改器用来产生轴向变形，变形的过程中其实体造型体积不变。

"拉伸"修改器堆栈：

线框（Gizmo）：在此子对象层级，可以与其他修改器该子对象层级一样对线框进行变换或改变"拉伸"修改器的效果。平移线框会将其中心点调整至合适的位置。旋转和缩放会相对于线框的中心进行。

中心（Center）：在此子对象层级，可以平移中心，改变拉伸线框的图形，并由此改变拉伸对象的图形。

"拉伸"（Stretch）修改窗口的选项功能如下：

● 　拉伸（Stretch）：用于控制拉伸三个轴向拉伸的基本缩放因子。

● 　放大（Amplify）：用于微调拉伸曲线，使用与拉伸相同的技术来生成倍增。

● 　"拉伸轴"（Stretch Axis）组：用于控制拉伸所使用的轴，创建茶壶再复制出 2 个茶壶造型，分别执行"拉伸"命令，在拉伸值同样为 0.8 时，X、Y 和 Z 轴方向的茶壶变形效果如图 4-16 所示。

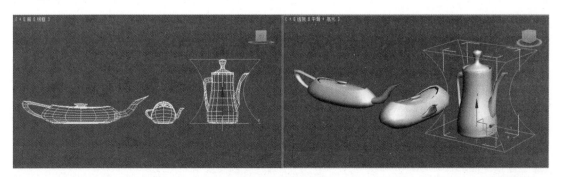

图 4-16　拉伸变形

- "限制"（Limit）组：通过控制上、下限来约束拉伸范围，拉伸仅发生在上、下限之间的区域。

4.2.6　挤压（Squeeze）

"挤压"（Squeeze）修改器与"拉伸"修改器相似，能够使物体产生拉伸或挤压的效果，但体积可以自定义增加或减小。

"挤压"修改器堆栈：

线框（Gizmo）：在此子对象层级，可以与其他修改器该子对象层级一样对线框进行变换或改变"挤压"修改器的效果。平移线框会将其中心点调整至合适的位置。旋转和缩放会相对于线框的中心进行。

中心（Center）：在此子对象层级，可以平移中心，改变挤压线框的图形，并由此改变挤压对象的图形。

"挤压"（Squeeze）修改窗口的选项功能如下：

"轴向凸出"（Axial Bulge）组：

- 数量（Amount）：用于控制实体造型凸凹程度，当值为正数时，物体向外凸出；值为负数时，则向内凹陷。
- 曲线（Curve）：用于控制挤压后凸凹曲线的程度，如图 4-17 所示，各个实体造型的参数设置如图 4-18 所示。

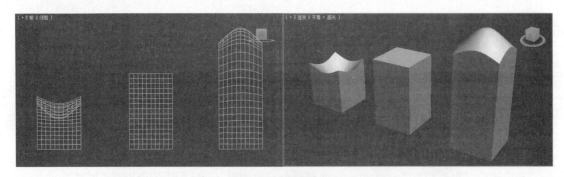

图 4-17　轴向凸出

图 4-18　参数设置

"径向挤压"（Radial Squeeze）组：

- 数量（Amount）：用于控制挤压操作的数量。
- 曲线（Curve）：用于设置挤压曲率的度数，如图 4-19 所示，各个实体造型参数设置如图 4-20所示。

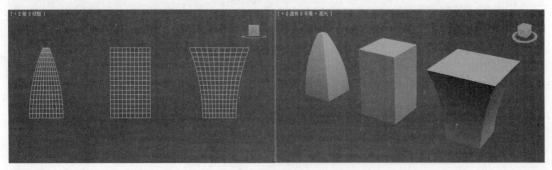

图 4-19　挤压控制

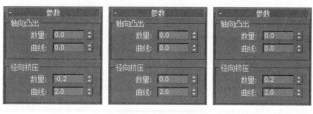

图 4-20　参数设置

"限制"（Limit）组：通过控制上、下限来约束挤压范围，挤压仅发生在上、下限之间的区域。

"效果平衡"（Effect Balance）组：

● 偏移（Bias）：用于在保留恒定对象体积时，更改凸起和挤压的相对数量。

● 体积（Volume）：用于平行地同时增加或减少挤压和凸起的效果。

4.2.7　自由变形对象（FFD）

"自由变形对象（FFD）"修改器通过控制点的移动使网格对象产生平滑一致的变形，是对网格对象进行变形修改最重要的命令之一。FFD 的使用主要通过其修改器堆栈来实现：

控制点（Control Points）：在此子对象层级，可以选择并操纵晶格的控制点，可以一次处理一个或以组为单位处理，如图 4-21 所示，堆栈设置如图 4-22 所示。

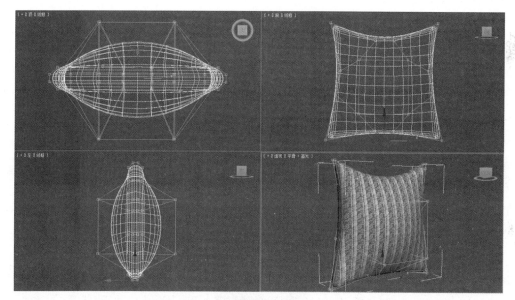

图 4-21　自由变换

图 4-22　堆栈设置

晶格（Lattice）：在此子对象层级，可从几何体中单独的摆放、旋转或缩放晶格框。

设置体积（Set Volume）：在此子对象层级，可以选择并操作控制点而不影响修改对象。

"自由变形对象（FFD）"修改窗口的选项功能如下：

● 设置点数（Set Number Of Points）：用于设置长、宽、高控制点数。

"显示"（Display）组：

● 晶格（Lattice）：若勾选该复选框，将绘制连接控制点的线条以形成栅格。

- 源体积（Source Volume）：若勾选该复选框，控制点和晶格会以未修改的状态显示。

"变形"（Deform）组：

- 仅在体内（Only In Volume）：选中此单选按钮，只有位于源体积内的顶点会变形。
- 所有顶点（All Vertices）：选中此单选按钮，将所有顶点变形，不管它们位于源体积的内部还是外部。

"控制点"（Control Points）组：

- 重置（Reset）：用于将所有控制点返回到它们的原始位置。
- 全部动画化（Animate All）：用于将控制器指定给所有控制点，这样它们在"轨迹视图"中立即可见。
- 与图形一致（Conform to Shape）：用于在对象中心控制点位置之间沿直线延长线，将每一个 FFD 控制点移到修改对象的交叉点上，这将增加一个由"偏移"微调器指定的偏移距离。
- 内部点（Inside Points）：选中此单选按钮仅控制受"与图形一致"影响的对象内部点。
- 外部点（Outside Points）：选中此单选按钮仅控制受"与图形一致"影响的对象外部点。
- 偏移（Offset）：用于设置受"与图形一致"影响的控制点偏移对象曲面的距离。
- About：显示版权和许可信息对话框。

4.2.8 置换（Displace）

"置换"（Displace）修改器以力场的形式推动和重塑实体造型的结构变化。

"置换"（Displace）修改窗口的选项功能如下：

"置换"（Displacement）组：

- 强度（Strength）：用于使线框按强度正负值发生位移，如图 4-23 所示，具体操作步骤如下。

（1）在顶（Top）视图中，创建一个 100×100×5 的长方体（Box），并设置其分段值分别为 10、10 和 1。

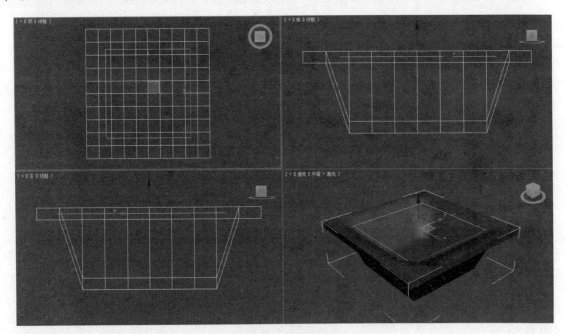

图 4-23　置换强度

（2）单击"置换"（Displace）按钮，单击"置换"修改器堆栈中的线框（Gizmo）子对象层级，选中"选择并均匀缩放"（Scale）工具对线框进行调节。

（3）设置各项参数如图 4-24 所示。

- 衰退（Decay）：根据距离变化置换强度。

- 亮度中心（Luminance Center）：用于调整明度控制对象表面起伏的设定。

"图像"（Image）组：

"位图"（Bitmap）及"贴图"（Map）中的"无"按钮用于指定位图或贴图。

"位图"及"贴图"中的"移除"按钮用于移除指定的位图或贴图。

- 模糊（Blur）：用于控制模糊或柔化位图置换的效果。

"贴图"（Map）组：

- 平面（Planar）：用于从平面对贴图进行投影。
- 柱形（Cylindrical）：用于以柱体方式进行贴图投影，封口（Cap）从柱体末端投影贴图。
- 球形（Spherical）：用于以球体方式进行贴图投影。
- 收缩包裹（Shrink Wrap）：用于以球体方式进行投影贴图并截取贴图各角，在一单独点上将其融合。
- 长、宽、高（Length、Width、Height）：用于指定置换线框的边界尺寸。
- U、V、W 平铺（U、V、W Tile）：用于设置位图沿指定尺寸重复的次数。
- 使用现有贴图（Use Existing Mapping）：勾选该复选框使用堆栈中较早的贴图设置。
- 应用贴图（Apply Mapping）：勾选该复选框将置换贴图应用到实体造型。

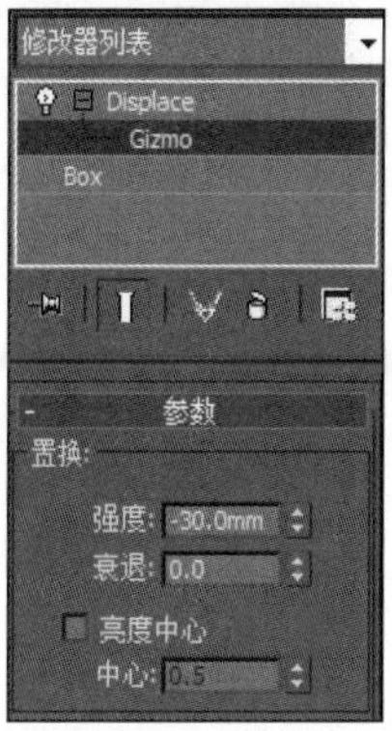

"通道"（Channel）组：

- 贴图通道（Map Channel）：用于指定贴图通道及通道数量。
- 顶点颜色通道（Vertex Color Channel）：用于为贴图指定顶点颜色通道。

"对齐"（Alignment）组：

- X、Y、Z：选择 X、Y、Z 单选按钮，则线框分别沿 X、Y、Z 三个轴向对齐。
- 适配（Fit）：用于缩放线框以适配对象的边界框。
- 中心（Center）：用于相对于实体造型的中心调整线框的中心。
- 位图适配（Bitmap Fit）：用于缩放线框以适配选定位图。
- 法线对齐（Normal Align）：使线框对齐于曲面的法线。
- 视图对齐（View Align）：使线框指向视图的方向。
- 区域适配（Region Fit）：用于缩放线框以适配指定区域。
- 重置（Reset）：用于将线框返回到默认值。
- 获取（Acquire）：可选择一个对象并获得其置换线框设置。

图 4-24　参数设置

4.3　本章实例

4.3.1　扶手椅实例制作

学习目的：掌握自由变形对象 FFD（Box）的建模方法。

1. 单位设置

（1）单击"自定义"（Customize）菜单>"单位设置">"系统单位设置"按钮，在弹出的"系统单位设置"对话框中选择"系统单位比例"单位为毫米（Millimeter）。

（2）在"单位设置"对话框中的"显示单位比例"组中选择"公制"（Metric）选项下的"毫米"（我国使用的都是公制单位）。

2. 创建扶手椅框架

（1）在顶（Top）视图中创建一个 30×30×900 的长方体，并设置对应的分段值分别为 5、5 和 18。

（2）在左（Left）视图中，在"修改"面板中单击"弯曲"（Bend）按钮，单击"弯曲"修改器堆栈的"中心"（Center）子对象层级，调整中心位置，参数设置如图 4-25 所示，效果如图 4-26 所示。

图 4-25　参数设置

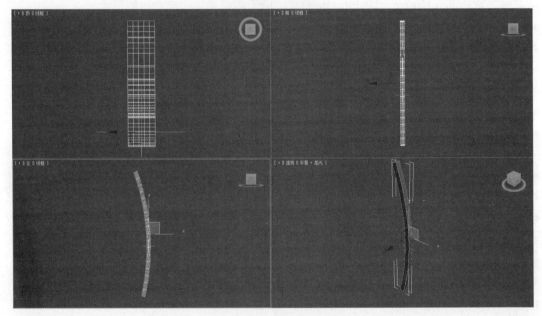

图 4-26　椅脚弯曲效果

（3）单击自由变形对象 FFD（Box）按钮，设置控制点数 4×4×6，在修改器堆栈中使用控制点，调节前（Front）视图中控制点的位置使椅脚向外弯曲，如图 4-27 所示。

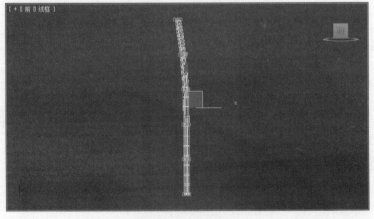

图 4-27　调节控制点

（4）在前（Front）视图中，沿 X 轴"镜像"（Mirror）复制。

（5）在前（Front）视图中，创建一个 135×415×20 的长方体（Rectangle），并设置对应的分段值分别为 10、10 和 1。

（6）在前（Front）视图中，创建一个 33×35×60 的小长方体，并沿 X 轴复制 5 个。位置如图4-28 所示。

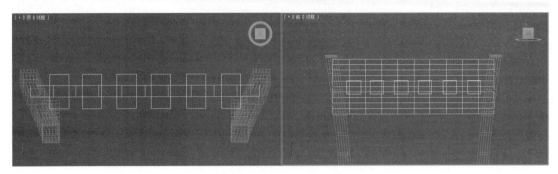

图 4-28　小长方体位置

（7）选择一个小长方体，在堆栈中右击选择"可编辑网格"（Editable Mesh）命令，将其塌陷为网格物体。

（8）在视图中单击"附加"（Attach）按钮，将 6 个小长方体都结合成一个物体。

（9）确认已选择了合并后的物体，单击"创建"命令面板下拉列表中的"复合对象"（Compound Object）选项，单击"布尔"（Boolean）按钮，单击"差集（B-A）"（Subtraction（B-A））选项，单击"拾取操作对象"（Pick Operand（B））按钮，在视图中拾取创建的小长方体，进行布尔运算。

（10）单击自由变形对象 FFD（4×4×4）按钮，调整控制点后的物体位置如图 4-29 所示。

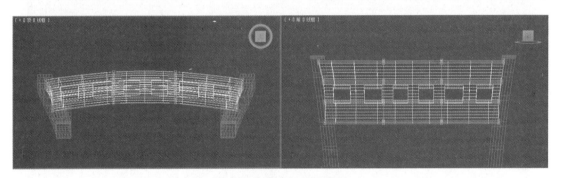

图 4-29　椅背框架控制点

（11）在左（Left）视图中用"线"（Line）创建一个闭合图形。

（12）单击挤出（Extrude）按钮，设置挤出"数量"值为 36，得到扶手如图 4-30 所示。

（13）在顶（Top）视图中，单击自由变形对象 FFD（4×4×4）按钮，调整控制点，如图 4-31 所示。

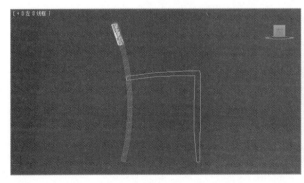

图 4-30　闭合图形

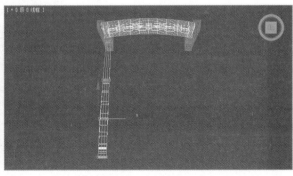

图 4-31　调节扶手

（14）在前（Front）视图中，沿 X 轴"镜像"（Mirror）复制扶手。

3. 创建软靠背与坐垫

（1）在顶（Top）视图中创建一个 460×440×120×14 的切角长方体（ChamferBox）。

（2）在顶（Top）视图中，单击自由变形对象 FFD（2×2×2）按钮，调整控制点如图 4-32 所示。

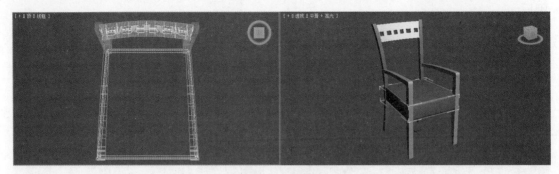

图 4-32　坐垫调节

（3）用同样的方法在前（Front）视图中，创建一个 363×363×20×6 的切角长方体（ChamferBox），并设置对应分段值分别为 8、8、3 和 3。单击自由变形对象 FFD（4×4×4）按钮，调整控制点如图 4-33 所示。

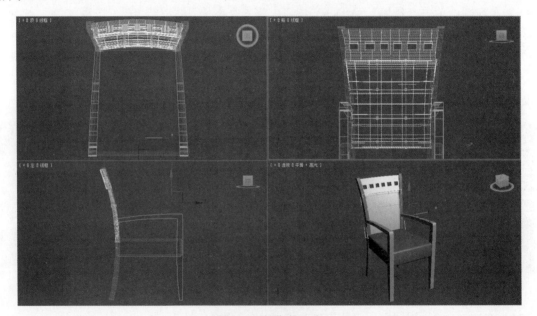

图 4-33　软靠背调节

（4）完成扶手椅的建模，赋予材质，渲染后效果如图 4-34 所示。

图 4-34　渲染效果

4. 小结

大家做这个练习的时候可能得到的效果不尽相同，这是因为在建模过程中需要精细进行控制点的微调。通过本节练习掌握了自由变形对象（FFD）建模功能。希望大家在本节练习之后能使用以上的方法制作出如沙发、枕头之类形状的物体。

4.3.2　办公桌实例制作

学习目的：综合运用"编辑样条线"（Edit Spline）、"倒角"（Bevel）等命令建模。

1. 单位设置

（1）单击"自定义"（Customize）菜单>"单位设置">"系统单位设置"按钮，将系统单位设置为毫米（Millimeter）。

（2）在"单位设置"对话框中的"显示单位比例"设为"公制"（Metric）选项下的毫米。

2. 创建办公桌框架

（1）在顶（Top）视图中，单击"创建"面板>"图形">"线"（Line）按钮创建如图 4-35 所示的封闭曲线。

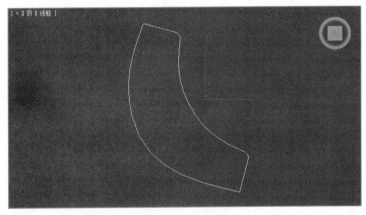

图 4-35　封闭曲线

（2）在"修改"面板的"修改器列表"下拉列表中单击"倒角"（Bevel）选项，在"倒角值"卷帘窗中，将其参数设置如图 4-36 所示。

图 4-36　参数设置

（3）在前（Front）视图创建一个 700×400×25 的长方体（Box），旋转并调整位置，将其作为桌面的支撑。

（4）在顶（Top）视图中，单击"线"（Line）按钮创建如图 4-37 所示的闭合图形。

（5）在"修改"面板中单击"挤出"（Extrude）按钮，设置挤出"数量"值为 34，作为小台面支撑。

（6）在前（Front）视图中，创建一个 480×200 的矩形（Rectangle）。

（7）在"修改"面板中单击"编辑样条线"（Edit Spline）按钮，进入"分段"（Segment）次物体级，删除矩形两条边，效果如图 4-38 所示。

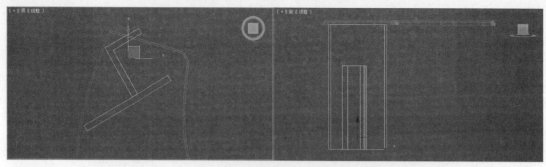

图 4-37　小台面支撑

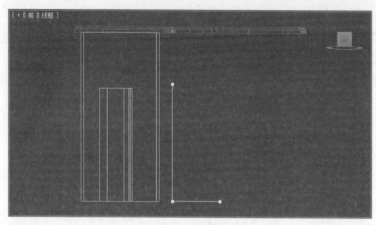

图 4-38　删除矩形两边

（8）进入"样条线"（Spline）次物体级，设置"轮廓"（Outline）值为 20。

（9）单击"挤出"（Extrude）按钮，设置"数量"值为 200，旋转并调整位置。

（10）在顶（Top）视图中，单击"线"（Line）按钮创建如图 4-39 所示的封闭曲线。

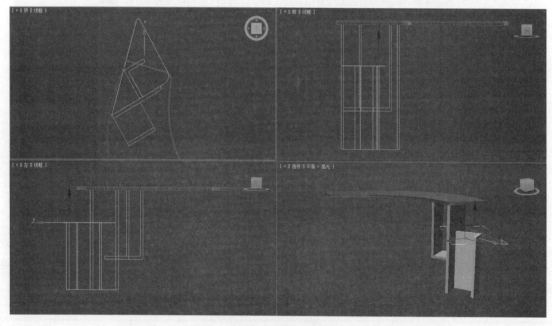

图 4-39　封闭曲线

（11）在"修改"面板中单击"倒角"（Bevel）按钮，将其参数设置同前。

（12）在前（Front）视图创建两个矩形（Rectangle），参数分别为 300×2、2×20，调整位置如图 4-40 所示。

图 4-40　矩形摆放位置

（13）选择小矩形，沿 Y 轴向下拷贝（Copy）复制 14 个。

（14）选择大矩形，单击"编辑样条线"（Edit Spline），单击"附加"（Attach）拾取得到的所有小矩形。

（15）单击"挤出"（Extrude）按钮，设置"数量"值为 200，旋转并调整位置。

（16）"镜像"（Mirror）复制，调整位置，得到 CD 架，如图 4-41 所示。

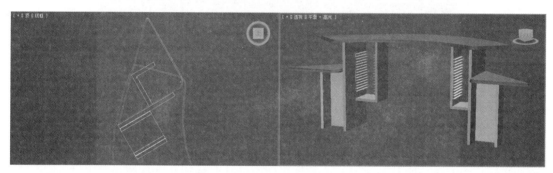

图 4-41　CD 架

（17）选择桌面下所有物体，"镜像"（Mirror）复制，完成办公桌建模。

（18）赋予材质，设置灯光后，渲染效果如图 4-42 所示。

图 4-42　渲染效果

3. 小结

通过本节练习应能熟练掌握徒手绘制封闭曲线的技巧，掌握使用二维高级修改工具"编辑样条线"（Edit Spline）命令中的"附加"（Attach）、"轮廓"（Outline）等进行复杂的编辑。

4.3.3 吊灯实例制作

学习目的：掌握"弯曲"（Bend）、"车削"（Lathe）、"阵列"（Array）等命令建模的方法。

1. 单位设置

（1）单击"自定义"（Customize）菜单>"单位设置">"系统单位设置"按钮，将"系统单位比例"设为毫米（Millimeter）。

（2）在"单位设置"对话框中将"显示单位比例"设为"公制"（Metric）选项下的毫米。

2. 创建吊灯吊链

（1）在前（Front）视图中，在"创建">"图形"面板中单击"线"（Line）按钮创建如图 4-43 所示的曲线。

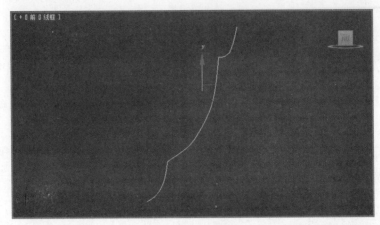

图 4-43　绘制曲线

（2）在"修改"面板下拉列表中单击"车削"（Lathe）选项，选择合适的对齐方式，完成灯座建模。

（3）用同样的方法，单击"线"（Line）按钮创建如图 4-44 所示的曲线，单击"车削"（Lathe）按钮完成建模。

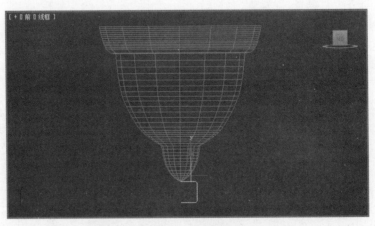

图 4-44　绘制线段

（4）在前（Front）视图中，单击"圆环"（Torus）按钮，设置参数如图 4-45 所示，完成连接件建模。

（5）在左（Left）视图中，单击"矩形"（Rectangle）按钮，设置参数如图 4-46 所示。

（6）在"修改"命令面板堆栈编辑器上右击，然后在快捷菜单中选择"可编辑网格"（Editable Mesh）选项，将其塌陷为网格物体。

（7）激活透视图，单击"阵列"（Array）按钮，弹出"阵列"面板，设置其参数如图 4-47 所示。

图 4-45 圆环参数

图 4-46 矩形参数

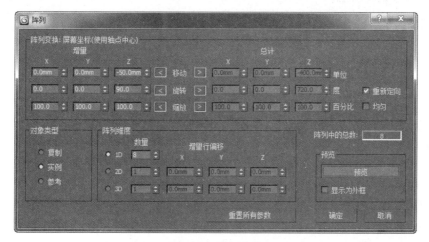

图 4-47 阵列参数

（8）单击"附加"（Attach）按钮，选择所有阵列出的物体将它们都结合成一个物体。

（9）在前（Front）视图中，"镜像"（Mirror）复制链接件，调整位置如图 4-48 所示，完成吊灯吊链建模。

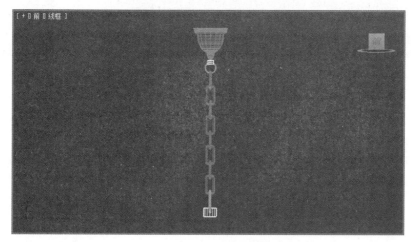

图 4-48 吊灯吊链

3．创建骨架

（1）在顶（Top）视图中，在"创建"面板中单击"圆柱体"（Cylinder）按钮，创建半径为8，高度为680的圆柱，完成吊杆建模。

（2）在前（Front）视图中，单击"线"（Line）按钮创建如图4-49所示的封闭曲线。

（3）进入"样条线"（Spline）次物体级，设置"轮廓"（Outline）值为2。

（4）单击"倒角"（Bevel）按钮，将其参数设置如图4-50所示。

图4-49　封闭曲线　　　　　　　　　　　　　　　　　　图4-50　倒角参数

（5）在物体上右击选择"克隆"（Clone），在堆栈编辑修改器中，进入"样条线"（Spline）次物体级，删除内轮廓，单击"挤出"（Extrude），设置参数值为1，完成上半部分装饰部件建模。

（6）单击"线"（Line）按钮创建如图4-51所示的封闭曲线。

（7）进入"样条线"（Spline）次物体级，设置"轮廓"（Outline）值为2。单击"倒角"（Bevel）按钮，设置参数如图4-52所示。方法同上，完成下半部分装饰部件建模。

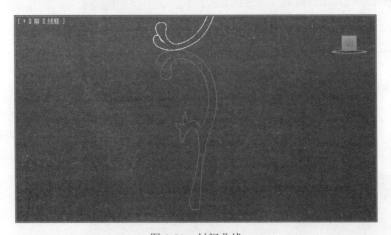

图4-51　封闭曲线　　　　　　　　　　　　　　　　　　图4-52　倒角参数

（8）单击"组"（Group）菜单，将上下两部分装饰部件成组，设置组名为装饰部件。

（9）进入"层次"命令面板，单击"仅影响轴"（Affect Pivot Only）按钮，将装饰部件轴心对齐到吊灯吊杆的中心位置。

（10）激活顶（Top）视图，右击"旋转"（Rotate）工具，在弹出的"旋转变换输入"对话框中，设置参数如图4-53所示。

（11）单击"阵列"（Array）按钮，在弹出的"阵列"面板中将"旋转"（Rotate）值设置为90，1D值设置为4，阵列后效果如图4-54所示。

（12）在前（Front）视图中，单击"线"（Line）按钮创建如图4-55所示的曲线。

（13）单击"车削"（Lathe）按钮完成建模。

图 4-53　旋转变换参数设置

图 4-54　阵列效果

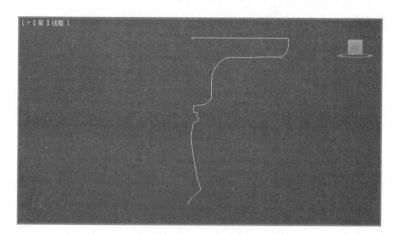

图 4-55　创建曲线

（14）在前（Front）视图中，单击"线"（Line）按钮创建如图 4-56 所示的封闭曲线。

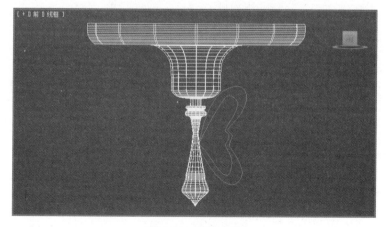

图 4-56　封闭曲线

（15）单击"挤出"（Extrude）按钮，设置"数量"值为 5。

（16）单击自由变形对象 FFD（4×4×4）按钮，调整控制点后的物体位置如图 4-57 所示。

（17）将调整控制点后的物体旋转、阵列，方法同（9）、（10），如图 4-58 所示。

（18）在前（Front）视图中，单击"线"（Line）按钮创建如图 4-59 所示的曲线。在顶（Top）

视图中，创建半径为 6 的圆（Circle）。

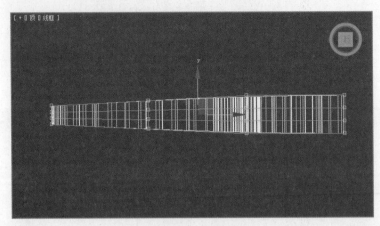

图 4-57　调节控制点

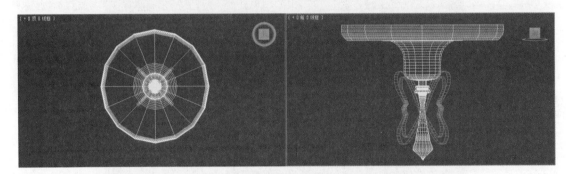

图 4-58　阵列效果

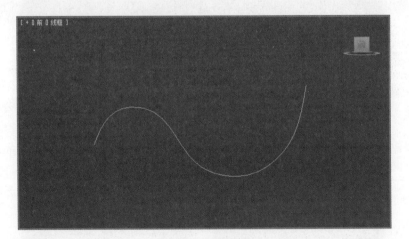

图 4-59　创建曲线

（19）选择曲线，单击"创建"命令面板下拉列表中的"复合对象"（Compound Object）选项，单击"放样"（Loft）按钮，单击"获取图形"（Get Shape）选项，单击拾取圆，得到放样物体。

（20）在顶（Top）视图中，单击"圆柱体"（Cylinder）按钮，创建半径为 24，高度为 5 的圆柱，调整至合适位置。

（21）在前（Front）视图中，单击"线"（Line）按钮创建如图 4-60 所示的曲线。

（22）单击"车削"（Lathe）按钮完成建模。

（23）在前（Front）视图中，单击"线"（Line）按钮创建如图 4-61 所示的曲线。

（24）单击"车削"（Lathe）按钮完成建模。

（25）在前（Front）视图中，创建一个半径为 2，高度为 150 的圆柱（Cylinder）。

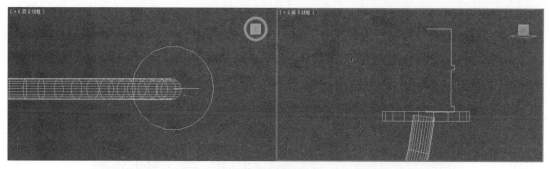

图 4-60　创建曲线

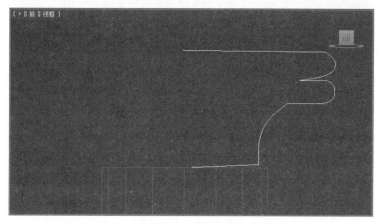

图 4-61　创建曲线

（26）在顶（Top）视图中，调整圆柱位置，旋转（Rotate）复制后效果如图 4-62 所示。

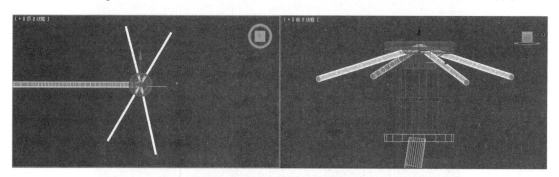

图 4-62　旋转复制后圆柱位置

（27）在前（Front）视图中，单击"线"（Line）按钮创建如图 4-63 所示的曲线。

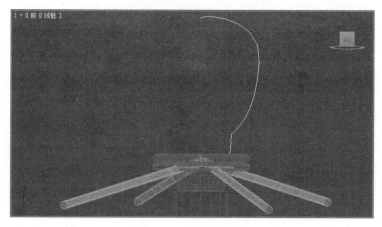

图 4-63　创建灯泡曲线

（28）单击"车削"（Lathe）按钮完成灯泡建模。

4．创建灯罩

（1）在前（Front）视图中，单击"线"（Line）按钮创建如图4-64所示的封闭曲线。

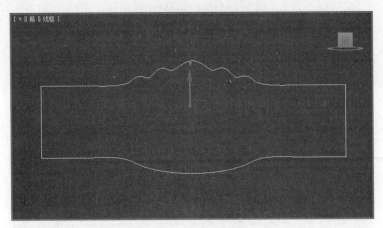

图4-64　灯罩封闭曲线

（2）进入"样条线"（Spline）次物体级，设置"轮廓"（Outline）值为-12。

（3）单击"挤出"（Extrude）按钮，设置"数量"值为5，完成灯罩装饰边建模。

（4）在物体上右击选择"克隆"（Clone）选项，在堆栈编辑修改器中，进入"样条线"（Spline）次物体级，删除内轮廓，单击"挤出"（Extrude）按钮，设置参数值为1，完成灯罩建模。

（5）为了方便对灯罩、灯罩装饰边进行弯曲，分别进入两者堆栈修改器"顶点"（Vertex）次物体级，单击"优化"（Refine）按钮添加节点，如图4-65所示。

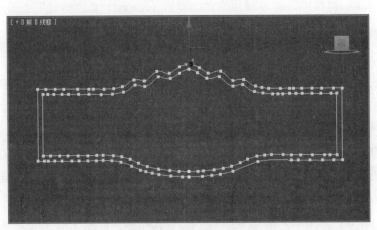

图4-65　添加节点

（6）在顶（Top）视图中，对灯罩进行"弯曲"（Bend），设置弯曲角度为297，弯曲轴为X轴。进入"弯曲"修改器堆栈线框（Gizmo），使用缩放（Scale）工具对线框进行修改，效果如图4-66所示。

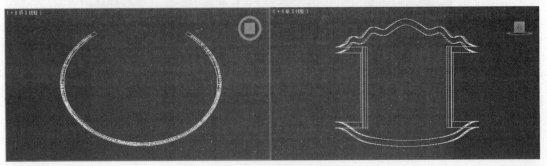

图4-66　缩放线框

（7）单击"组"（Group）菜单，将灯罩、灯罩装饰边成组，设置组名为"灯罩"。

（8）选中"灯罩"组，单击旋转（Rotate）工具，调整灯罩位置如图4-67所示。

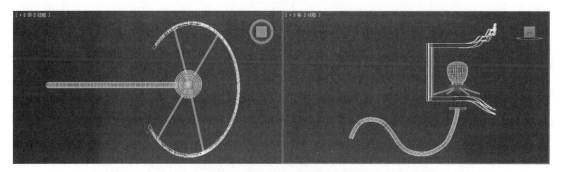

图4-67 灯罩位置

（9）将灯罩及其连接部件轴心（Pivot）对齐（Align）至灯杆中心。

（10）激活顶（Top）视图，单击"阵列"（Array）按钮，在弹出的"阵列"面板中将"旋转"（Rotate）值设置为60，1D值设置为6，完成吊灯建模。

（11）赋予材质，设置灯光后，渲染效果如图4-68所示。

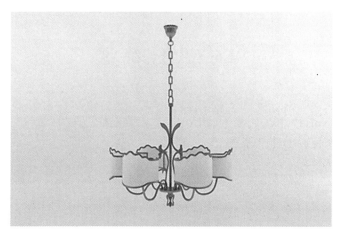

图4-68 渲染效果

5. 小结

主要通过"车削"（Lathe）命令来创建模型，使用"弯曲"（Bend）堆栈修改器中的"线框"（Gizmo）来控制灯罩的曲度。

4.4 本章小结

在本章中学习了对三维对象进行变形处理的工具，这些工具可以用来制作各种复杂的模型，弯曲（Bend）、锥化（Taper）、扭曲（Twist）、噪波（Noise）、拉伸（Stretch）、挤压（Squeeze）、和自由变形对象（FFD）、置换（Displace）是常规建模经常用到的工具。

4.5 上机实战

在本章练习的基础上，结合所学建模工具，做出如图4-69所示的餐桌模型。

图 4-69　餐桌效果

4.6　思考与练习

（1）制作弧形墙体一般常用哪个命令？

（2）用"噪波"（Noise）和"置换"（Displace）工具制作地形。

（3）用自由变形对象 FFD 制作靠垫。

第五章　网格建模

5.1　网格建模工具

在 3D Studio Max 中，网格建模是针对三维对象进行操作的修改命令，同时也是修改功能非常强大的命令。网格建模的最大优势是可以用来创建个性化模型，并辅助其他修改工具，适合创建表面复杂而无需精确建模的场景对象。

5.2　"编辑网格"修改器

编辑网格（Edit Mesh）修改功能中包含许多有用的工具，使用编辑网格修改功能可以用来转换并编辑参数化物体、面片物体、放样物体等。编辑网格提供了以下四种功能：

（1）转换：当指定一个编辑网格修改功能时，如果该物体不是一个多边形网格物体，就会被转换为此类型。这种转换可以为物体提供编辑时所需的面、节点和边。物体的原始特性则被保存在堆栈中。

（2）编辑：在编辑网格的"编辑几何体"（Edit Geometry）卷帘窗中提供了许多的编辑工具，使用它们可以对物体的组成部分进行编辑。

（3）表面编辑：在面的等级中，可以设定面的识别号或为次物体赋予材质，改变光滑组以及翻转平面的法向量。

（4）选择：编辑网格的选择具有双重的功能。在选择次物体后，既可以对选择集使用网格修改功能工具，也可以将次物体选择集送到堆栈修改器中，使后面的修改只对该选择集起作用。

5.2.1　顶点级别修改

顶点级别选项介绍如下。

顶点（Vertex）：以对象的顶点为最小单位进行选择，也可用框选的方式选中多个点。

- 忽略背面（Ignore Backfacing）：激活此选项，则移动点不连带背面上点运动。
- 隐藏（Hide）：用于将选中的点隐藏起来。
- 全部取消隐藏（Unhide All）：用于使被隐藏的点重新显示。
- 软选择（Soft Selection）：用于使被选择节点具有连带功能，移动一点时周围一定范围内的点会相关联地运动。
- 影响背面（Affect Backfacing）：激活后背面的节点会一起移动。
- 衰减（Falloff）：用于设置控制点对周围影响范围的大小。
- 收缩（Pinch）和膨胀（Bubble）：用于调整曲线的形状。
- 创建（Create）：用于设置创建单个节点，然后在面修改器级别中创建面片。
- 删除（Delete）：用于删除被选择点。
- 分离（Detach）：用于将点所在的面分离出对象而成为独立的场景对象。
- 焊接（Weld）：该选项组主要用于合并两个或多个节点。
- 选定项（Selected）：这部分功能用于将已选择的点焊接在一起，被选择的点能否被焊接要取决于焊接阈值（Weld Threshold）的大小，如果阈值过小，屏幕上会出现"提高阈值，再次焊接"的警告框。
- 目标（Target）：用于将选择点拖动至另一目标点并与其焊接为一点。
- 塌陷（Collapse）：用于将选中的点合并为一点，有点像焊接（Weld）方式，但不受选择范围的限制。

下面通过制作一个五角星来说明点级别修改的部分功能及应用，操作步骤如下：

（1）在顶（Top）视图中，创建一个半径分别为 100 和 45，点为 5 的星形（Star）。

（2）单击"挤出"（Extrude）按钮，设置"数量"值为 30。

（3）单击"编辑网格"（Edit Mesh）按钮，进入顶点（Vertex）级别修改，在前（Front）视图中，选中上层所有点，单击"塌陷"（Collapse）按钮，修改结果如图 5-1 所示。

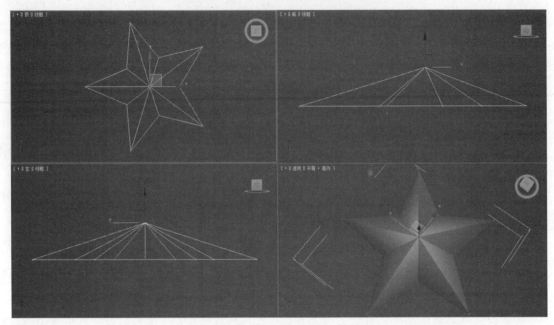

图 5-1 修改结果

5.2.2 边级别修改

边（Edge）：以面或多边形的边为最小单位进行选择，可用框选的方式选中多条边。

切角（Chamfer）：该按钮对顶点（Vertex）和边（Edge）次对象层次都有效。使用此功能，可将选定的顶点或边界对象创建一个斜面，如图 5-2 所示。

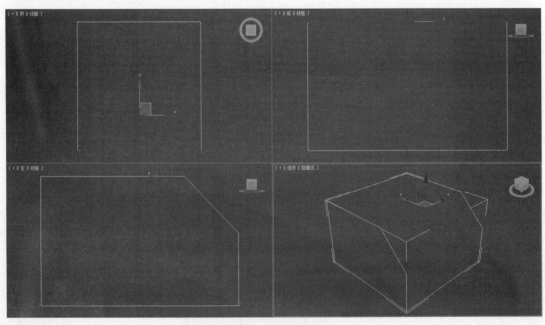

图 5-2 切角结果

切割（Cut）：该按钮对除顶点（Vertex）以外的所有次对象层次都有效。使用该功能可以在各个连续的表面上交互地绘制新的边。用户可以在边界上的任意点处切割边，以产生多条新边，如图5-3 所示。

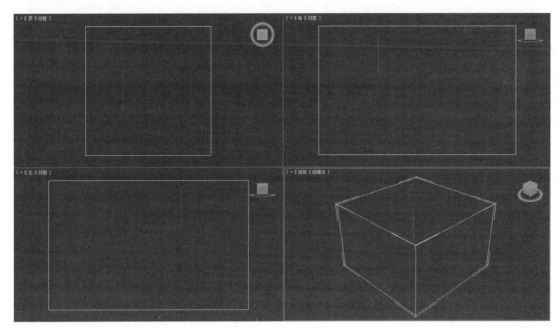

图 5-3　切割结果

5.2.3　面级别修改

面的选择分为三个级别：

（1）面（Face）：以三角面为最小单位进行选择，也可用框选的方式选中多个面。

（2）多边形（Polygon）：每次选择的是四边形面，也可用框选的方式选中多个多边形。一般情况下，多边形就是可见的线框边界所组成的那部分区域。

（3）元素（Element）：以所有相邻的面组成的元素为最小单位进行选择。在三维对象相互合并或分离时非常有用。

面级别选项介绍如下。

- 挤出（Extrude）：用于将被选择面向外挤出，每次挤出都会增加新的面片，这个命令与"修改"面板"修改器列表"中的"挤出"（Extrude）工具有相似之处。

下面通过制作一把凳子来说明上述面级别修改的部分功能及应用。操作步骤如下：

（1）在顶（Top）视图中，创建一个 200×300×10 的长方体（Box），并设置对应分段值分别为5、5 和 1。

（2）单击"编辑网格"（Edit Mesh）按钮，进入顶点（Vertex）级别修改，在顶（Top）视图中，调整部分点的位置。

（3）进入多边形（Polygon）级别，在顶（Top）视图中，选中如图 5-4 所示面，激活前（Front）视图，减选上层所选面。

（4）将选择的面赋予"挤出"（Extrude），数值设为 200，得到凳腿部分，如图 5-5 所示。

- 细化（Tessellate）：用于对选中的面进行细化处理。
- 边（Edge）：选中此单选按钮，则将选择的面依据其边界产生面片分裂，以达到细化的目的，如图 5-6 所示。
- 张力（Tension）：该值决定新产生的点向外"膨胀"或向内"收缩"，影响边的分裂方式。
- 面中心（Face Center）：选中该单选按钮，将以三角面的中心点为基础来产生新的面，不对周围面产生影响，如图 5-7 所示。

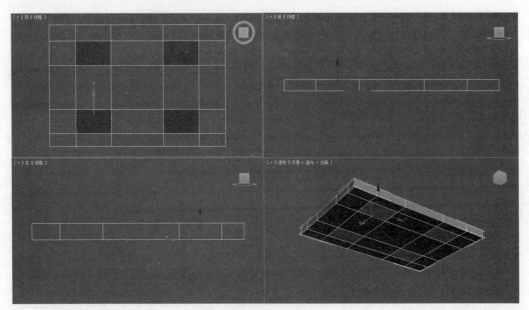

图 5-4　选择面

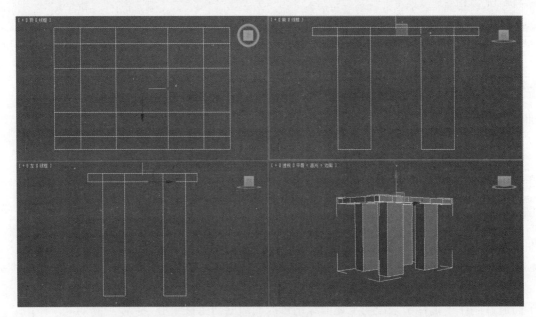

图 5-5　挤压面

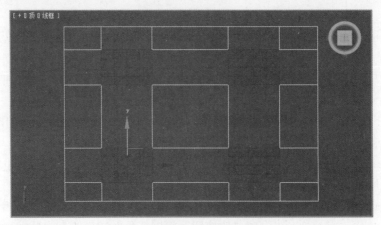

图 5-6　细化面

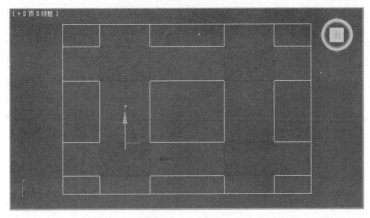

图 5-7　细化中心

- 炸开（Explode）：用于对选择的面进行分离。
- 角度阈值（Angle Threshold）：提供一个角度限制，所选择的面中，面与面之间角度若大于阈值设置的角度值，则进行炸开分离。
- 对象（Object）：选中该单选按钮时，炸开分离的面独立成为场景对象，彻底与当前对象分离。
- 元素（Element）：选中该单选按钮时，炸开分离的面变为元素，各元素仍为当前对象的一个组件，只是各元素之间相对独立。

5.3　"编辑多边形"修改器

"编辑多边形"（Edit Poly）命令是在"编辑网格"（Edit Mesh）命令的基础上，吸收了"编辑网格"命令的优势整合出来的，是应用较为广泛的修改命令，其特点如下。

（1）编辑多边形对象包括顶点、边、边界、多边形、元素 5 个次对象级别，可以在任意一个次对象级别深层地加工对象形态。

（2）可以执行移动、旋转、缩放等基本的修改变动。

（3）在堆栈编辑器中应用次对象选择，可对该次对象应用多重的标准修改命令。

5.3.1　选择次对象级别

1. 选择（Selection）

顶点（Vertex）：用于以顶点为最小单位进行选择。

边（Edge）：用于以边为最小单位进行选择。

边界（Border）：用于选择开放的边。

多边形（Polygon）：用于以四边形为最小单位进行选择。

元素（Element）：用于以元素为最小单位进行选择。

按顶点（By Vertex）：不激活此项时，单击表面某处即可选择所在面，激活时，必须选择顶点才能将其四周的面选择。

忽略背面（Ignore Backfacing）：由于场景对象法线的原因，在当前视角中看不见的面不被显示，但不激活此选项而进行框选就会将看不见的面也选择上，激活此选项再进行选择，看不见的面将不被选择。

按角度（By Angle）：激活此选项后，系统会通过所设角度值来选择相邻的多边形。

收缩（Shrink）：用于通过取消选择最外部的子对象减小子对象的选择区域。

扩大（Grow）：用于对当前选择的子对象进行外围方向的扩大选择。

环形（Ring）：用于选择与当前选择边平行的边。

循环（Loop）：用于在选择的边对齐的方向尽可能远地扩展当前选择。

获取堆栈选择（Get Stack Selection）：使用在堆栈中向上传递的子对象选择替换当前选择，然后可以使用标准方法修改此选择。

2. 软选择（Soft Selection）

边距离（Edge Distance）：通过设置衰减区域内边的数目控制受到影响的区域。

影响背面（Affect Backfacing）：激活后背面的节点会一起移动。

衰减（Falloff）：用于控制点对周围影响范围的大小。

收缩（Pinch）和膨胀（Bubble）：用于调整曲线的形状。

使用软选择功能后的效果如图 5-8 所示。

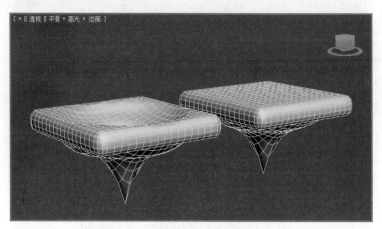

图 5-8　使用软选择功能后的效果

5.3.2　顶点级别修改

顶点级别选项介绍如下。

- 移除（Remove）：用于移除当前选择的顶点。
- 断开（Break）：用于在选择点的位置创建更多的顶点，选择点周围的表面不再共享同一顶点，每一个多边形表面在此位置会拥有独立的顶点。
- 挤出（Extrude）：用于挤出点的同时创建出新的多边形表面。
- 焊接（Weld）：用于顶点之间的焊接操作。
- 目标焊接（Target Weld）：用于将选择的点拖动至要焊接的顶点上进行自动焊接。
- 切角（Chamfer）：用于对选中的顶点进行切角处理，如图 5-9 所示。

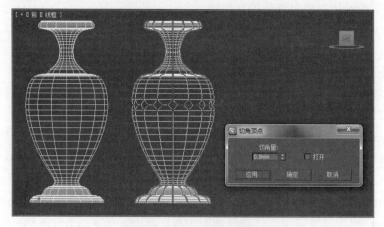

图 5-9　顶点切角后的形态

- 连接（Connect）：用于在选中的顶点之间创建新的边（选中操作的顶点之间不能存在交叉连线）。
- 移除孤立顶点（Remove Isolated Vertices）：用于移除所有孤立的点，无论是否选择该点。

- 移除未使用的贴图顶点（Remove Unused Map Vertex）：用于自动移除不能用于贴图的贴图顶点。

5.3.3 边级别修改

边级别选项介绍如下。

- 插入顶点（Insert Vertex）：该功能用于在边上手动添加顶点。
- 分割（Split）：用于沿选择边分离网格。这个命令的效果不能直接显示出来，只有在移动分割后的边时才能看到。
- 桥（Bridge）：使用该工具用于连接对象上的两个边或多个边，如图 5-10 所示，"桥边"对话框中各命令解释如下。

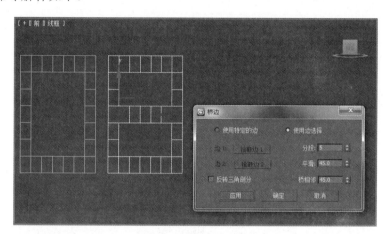

图 5-10　桥接后的形态

- ◆ 使用特定的边（Bridge Specific Edge）：选中该单选按钮，使用"拾取边 1"和"拾取边 2"按钮为桥接指定边。
- ◆ 使用边选择（Use Edge Selection）：选中该单选按钮，将选中的一个或多个相对边连接。
- ◆ 分段（Segments）：用于设置沿桥接后连续的边的长度指定新产生的多边形上的分段数。
- 连接（Connect）：用于在每对选定边之间创建新边，如图 5-11 所示，单击"连接"按钮右侧的■按钮，打开"连接边"对话框。"连接边"对话框中各命令解释如下。

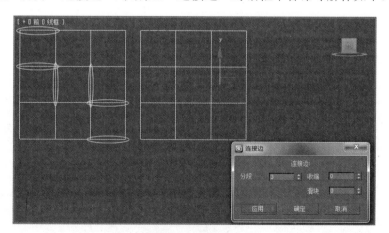

图 5-11　连接效果

- ◆ 分段（Segments）：该功能用于控制所创建新边的数量。
- ◆ 收缩（Pinch）：用于控制所创建新边之间的距离。
- ◆ 滑块（Slide）：用于控制所创建新边的位置。
- 创建图形（Creat Shape）：选择一个或多个边，用于将边创建出平滑或线形的曲线。"创建图形"对话框各命令解释如下。

◆ 图形名（Shape Name）：为新图形命名。

◆ 平滑（Smooth）：用于将强制选择的边产生的新线段变成光滑的曲线，但仍和顶点呈相切状态。

◆ 线性（Linear）：用于将产生的线段顶点之间以直线连接，拐角处没有平滑过渡。

● 编辑三角剖分（Edit Triangulation）：该功能用于将隐藏边以虚线的形式显示出来。

● 旋转（Turn）：通过单击虚线形式的对角线来改变多边形的细分方式。

5.3.4 边界级别修改

边界（Border）的各卷帘窗中的大部分选项与边相同，在此就不再重复讲述了，其中"封口"命令是边界级别所特有的。

封口（Cap）：该功能能用于使选中的开放边界成为封闭实体，如图 5-12 所示。

图 5-12　封口前后的对比效果

5.3.5 多边形级别修改

多边形级别选项介绍如下。

● 挤出（Extrude）：用于挤出点的同时创建出新的多边形表面。"挤出多边形"对话框中选项介绍如下。

◆ 组（Group）：选中该单选按钮，挤出的多边形将沿着它们的平均法线方向移动，如图 5-13 所示。

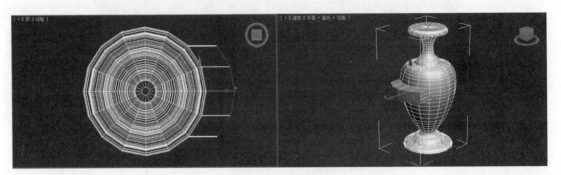

图 5-13　按"组"方式挤出的多边形

◆ 局部法线（Local Normal）：选中该单选按钮，挤出的多边形将沿着自身法线的方向移动，如图 5-14 所示。

◆ 按多边形（By Polygon）：选中的多边形将单独被挤出或倒角，如图 5-15 所示。

● 倒角（Bevel）：用于在挤出多边形的基础上产生倒角。

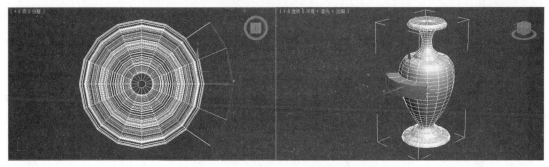

图 5-14 按局部法线方式挤出的多边形

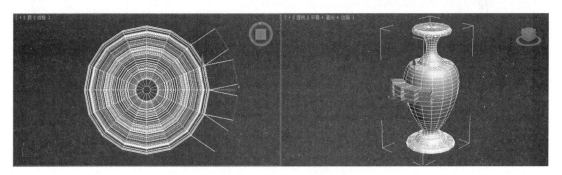

图 5-15 按多边形方式挤出的多边形

- 轮廓（Outline）：用于增加或减小轮廓边的尺寸来调整挤出或倒角面。
- 插入（Insert）：该功能为选择的多边形插入新的轮廓边从而产生新的面。
- 翻转（Flip）：用于翻转选择多边形的法线方向。
- 从边旋转（Hinge From Edge）：该命令为选中的多边形沿选定的边旋转并产生新的多边形。"从边旋转多边形"对话框中的选项介绍如下。
  - ◆ 角度（Angle）：用于设置旋转的角度。
  - ◆ 分段（Segments）：用于设置可旋转出边的细分数量。
  - ◆ 当前转枢（Current Hinge）：激活"拾取转枢"（Pick Hinge）按钮，可以在视图中选取一条边作为中心旋转。
- 沿样条线挤出（Extrude Along Spline）：用于沿样条线挤出当前选择的多边形。"沿样条线挤出多边形"对话框中的选项介绍如下。
  - ◆ 拾取样条线（Pick Spline）：用于在视图中拾取作为挤出路径的样条线。
  - ◆ 对齐到面法线（Align to face normal）：激活该选项时，将沿着面法线方向进行挤出。
  - ◆ 旋转（Rotation）：用于对挤出后的多边形进行旋转。
  - ◆ 分段（Segments）：用于设置挤出多边形的分段数。
  - ◆ 锥化量（Taper Amount）：用于设置沿路径挤出的多边形尺寸的增大或减小。
  - ◆ 锥化曲线（Taper Curve）：用于设置锥化多边形的弯曲程度。
  - ◆ 扭曲（Twist）：用于对挤出后的多边形进行扭曲处理。

5.3.6 "编辑几何体"卷帘窗

"编辑几何体"卷帘窗中参数介绍如下。

- 重复上一个（Repeat Last）：用于重复上一次使用的命令。
- 约束（Constraints）：将当前所选子对象的变换约束在指定的对象上。
- 保持 UV（Preserve UVs）：激活的情况下，编辑对象的多边形或元素不会影响到对象的 UV 贴图。
- 创建（Create）：该命令用于创建单个的顶点、多边形或元素。

- 附加（Attach）：用于将单击后的外部对象合并到当前对象中或通过对话框按名称选择进行附加。
- 塌陷（Collapse）：用于将选择的顶点、线、面、多边形或元素删除，留下一个顶点与四周的面连接，产生新的表面。
- 分离（Detach）：用于将当前选择的次物体级别分离，成为一个独立的对象或者成为原对象的一个元素。
    - 分离到元素（Detach To Element）：用于将分离的对象作为原始对象的一部分，变成一个新的元素。
    - 分离为克隆（Detach As Clone）：用于将分离的对象作为原始对象的一个备份分离出去，原始对象不受影响。
- 切片平面（Slice Plane）：用于通过一个方形的平面切割所选的多边形，其中方形平面的位置可通过移动或旋转来调整，确定位置后，通过"切片"（Slice）按钮即可对所选多边形进行切割。
- 重置平面（Reset Plane）：用于将切割平面的方形平面恢复为默认的位置及方向。
- 快速切片（Quick Slice）：用于通过在选中的多边形上单击分别作为起点与末端点的两点，得到两点连线，从而对原始多边形进行剪切。
- 切割（Cut）：用于通过在边上添加点来细分次物体。
- 网格平滑（MSmooth）：使用当前的光滑设置对选择的次物体进行光滑处理。"网络平滑选择"对话框中的选项介绍如下。
    - 平滑度（Smoothness）：用于控制新增表面与原表面折角的光滑度。
    - 平滑组（Smoothing Groups）：用于阻止平滑群组在分离边上建立新面。
    - 材质（Material）：用于阻止在具有分离的材质 ID 号的边的建立新面。
- 细化（Tessellate）：用于对选择的次物体进行细化分处理。"细化选择"对话框中的各选项介绍如下。
    - 边（Edge）：用于从每一条边的中心点处开始分裂产生新的面。
    - 面（Face）：用于从每一个面的中心点处开始分裂产生新的面。
    - 张力（Tension）：用于设置细化分后的表面凸凹状态。
- 平面化（Make Planar）：用于将所有选中的次物体强制压成一个平面。
- 视图对齐（View Align）：用于将选中的多边形与当前激活视图置于同一平面且相互平行。
- 栅格对齐（Grid Align）：用于将选中的次物体与激活视图的栅格置于同一平面且相互平行。
- 松弛（Relax）：用于将选中的多边形朝着相邻对象的平均位置移动每个顶点。"松弛"对话框中各选项介绍如下。
    - 数量（Amount）：用于控制每个顶点对于每一次迭代所移动的距离。
    - 迭代次数（Iterations）：每次迭代都会重新计算平均距离，再将松弛量重新应用于每个顶点。
    - 保留边界点（Hold Boundary Points）：用于控制是否移动开放网格的边界顶点。
    - 保留外部点（Hold Outer Points）：用于保留距离所选对象中心最远顶点的原始位置。

5.3.7 分配 ID 号

ID 是 Identity Define 的缩写，原意为身份确定，此处的 ID 号即为面的"身份号"。一般情况下，一个场景对象只能接受一种材质，如果需要同时把多个材质赋予给场景对象，必须将场景对象的所有面片分成多个面片集来接受不同的材质。ID 号就是用来将各种不同的次材质准确地赋予各个面片级，ID 号就是一个面片选择集的编号，与 ID 号码一致的次材质将会对号赋予各面片。

- 设置 ID（Set ID）：在此为选择的表面指定新的材质 ID，如果对象使用多维材质，将会按照材质 ID 分配材质。

- 选择 ID（Select ID）：用于选择所有与当前 ID 相同的表面。
- 清除选择（Clear Selection）：激活时，用新选择的 ID 或材质名称替代原来选定的所有面或元素。不激活时，会在原有选择的内容基础之上累加新内容。

下面通过设置一个彩陶罐的材质来说明分配 ID 号的规则。操作步骤如下：

（1）在前（Front）视图中，单击"线"（Line）按钮绘制一条曲线。进入样条线（Spline）编辑次物体，单击"轮廓"按钮，如图 5-16 所示。

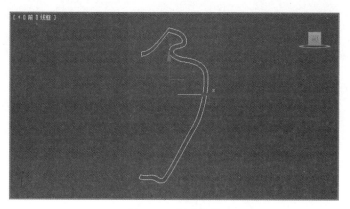

图 5-16　创建曲线

（2）单击"车削"（Lathe）按钮，进行部分参数设置，完成陶罐模型。

（3）单击"编辑多边形"（Edit Poly）按钮，进入多边形（Polygon）修改级别，选中陶罐口，如图 5-17 所示。

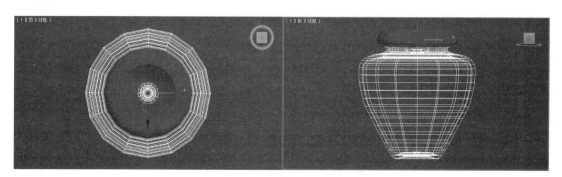

图 5-17　选取陶罐口

在"设置 ID"文本框中键入 1，此时 ID1 包含陶罐口处所有面片，材质 ID 设置如图 5-18 所示。

图 5-18　分配 ID1

（4）方法同上，分 4 次框选陶罐口以下至陶罐底部分面片，分别在"设置 ID 栏"文本框中依次键入 2、3、4、5。

（5）单击"渲染"菜单>"材质编辑器"选项，打开"材质编辑器"（Material Editor）对话框，选中一个示例球，单击"材质类型"（Standard）按钮，打开"材质/贴图浏览器"（Material/Map Browser）对话框，选中"多维/子对象"（Mult/Sub-Object）选项，单击"设置数量"（Set Number）按钮，在"材质数量"文本框中键入 5，分别在 5 个材质的色块上单击并设置颜色，将材质赋予陶罐，此时陶罐外观呈 5 色条纹状，如图 5-19 所示。说明 ID 号已经起到了引导次材质赋予各个不同面片的作用。

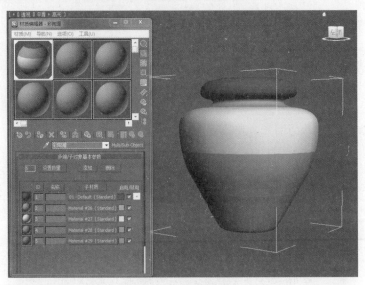

图 5-19　设置材质

5.3.8　平滑多边形

平滑（Smooth）功能拥有强大且灵活设置面片光滑的能力，达到对面片表面进行"抛光"处理的效果。

- 按平滑组选择（Select By SG）：用于选择所有具有当前平滑组号的表面。
- 清除全部（Clear All）：删除对面片对象指定的平滑组。
- 自动平滑（Auto Smooth）：根据阈值进行表面自动平滑处理。
- 阈值（Threshold）：用于确定由多少个面进行自动平滑处理，值越大，进行平滑处理的表面就越多。

下面通过改变一个八棱柱的平滑设置来说明平滑多边形的效果，操作步骤如下：

（1）在顶（Top）视图中，单击"多边形"（NGon）按钮，创建一个半径为 50，边数为 8 的八边形。

（2）在"修改"命令面板中单击"挤出"（Extrude）按钮，设置挤出值为 240，分段为 3。单击"编辑多边形"（Edit Poly）按钮，进入次物体级别修改。在前（Front）视图中，进行边级别修改，调整分段边的位置，在顶（Top）视图中，进行顶点级别修改，分别针对上层节点和底层节点进行选择并均匀缩放（Select and Uniform Scale），如图 5-20 所示。

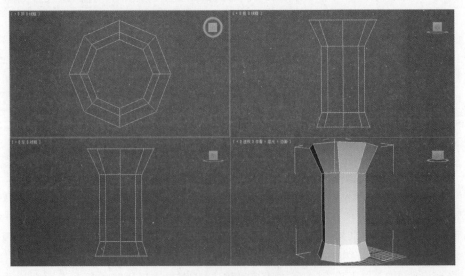

图 5-20　修改八棱柱

（3）平滑八棱柱，进入多边形级别修改，选中八棱柱下端所有面片，如图 5-21 所示。

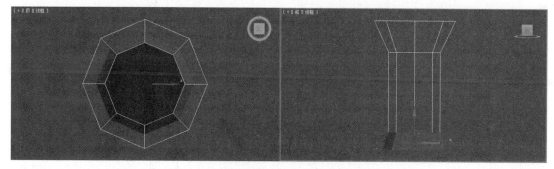

图 5-21 选中八棱柱下端面片

在平滑组号码中任选其一并单击，如图 5-22 所示。

图 5-22 任选平滑组号码

此时八棱柱下端已被平滑处理，效果如图 5-23 所示。

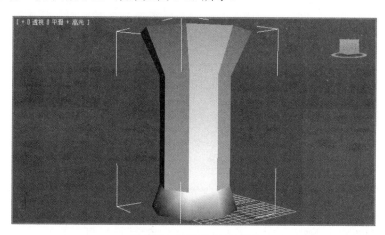

图 5-23 平滑八棱柱下端

5.4 网格平滑

决定模型是否逼真，除材质、灯光等因素外，模型的细节尤为重要，因为三维建模的对象棱角分明，特别是在面与面的折角处，生硬的棱角使得最终渲染的结果缺乏自然的视觉效果。

"网格平滑"（Mesh Smooth）是专门用来给简单的三维模型增添细节的专用命令。通过在"修改"命令面板中单击"网络平滑"按钮使用，其包含的具体功能解释如下。

- 四边形输出（Quad Output）：用于以四边形面片的形式输出平滑后的表面，这种输出结果比较光滑，也是常用选项。
- 应用于整个网格（Apply to Whole Mesh）：激活后，将会把平滑的效果应用于整个场景对象，而不考虑上一步次对象的编辑。
- 迭代（Iterations）次数：用于设置场景对象表面平滑次数。

"平滑参数"（Smooth Parameters）组：用于定义平滑对象表面程度。

- 强度（Strength）：用于控制对象表面增加面片的大小，如图 5-24 所示，从左至右强度分别为 0、0.3、0.6 时场景平滑对象的效果。

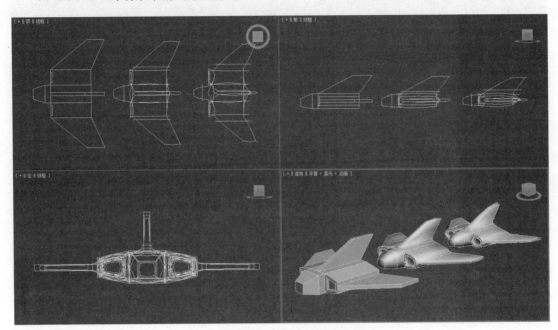

图 5-24　强度对平滑的影响

- 松弛（Relax Value）：网格平滑场景对象时，用于控制各对象点的收缩程度。

"曲面参数"（Surface Parameters）组：用于控制平滑对象表面的光滑效果。

- 平滑结果（Smooth Result）：用于控制增加面片平滑效果的同时赋予场景对象同一平滑组。
- 材质（Material）：激活时，不在原有 ID 号边界处加入面片，以此来保持对象原 ID 号分界边外轮廓线不变。
- 平滑组（Smooth Group）：激活时，根据原有平滑组的分配来产生新面。
- 操作于（Operate On）：用于控制平滑对象表面是何种形式的面片结构。
    - 三角形（Triangle）：用于以三角形面为平滑基础，产生较多的细节和面片。
    - 多边形（Polygons）：用于以多边形面片为平滑基础，对场景对象表面的多边形进行光滑处理，产生结果较光滑，且面片较少。

"更新选项"（Update Options）组：用于设置视图显示结果更新的情况。

- 始终（Always）：选中该单选按钮，视窗显示结果与参数变化同步。
- 渲染时（When Rendering）：选中该单选按钮，只有每次渲染结果时，才更新平滑效果。
- 手动（Manual）：选中该单选按钮，通过更新随时手动更新视窗。

5.5　优化

在二维建模中，"优化"（Optimize）命令通过对曲线上各点间的步数修改进行优化。在三维模型中，"优化"命令用来简化三维对象的段数，有助于简化模型，加快渲染，提高建模效率。

"详细信息级别"（Level Of Detail）组：用于定义渲染和视窗显示的细节级别。

- 渲染器（Renderer）、视口（Viewports）：用于控制显示类型，其中 L1 和 L2 分别代表等级 1、2。如果两者都选择 L1 或 L2，则说明渲染结果与视窗所显示的结果一致。若一个选择 L1 一个选择 L2，则意味着渲染和视窗显示结果的等级不同。对于结构复杂的场景对象，在视窗显示时可以用低级别显示以加快显示的速度。

"优化"（Optimize）组：该选项组用于节省大量的点、面数。

- 面阈值（Face Thresh）：用于优化对象面阈值角度。值越大，优化后的对象越简单；反之，优化后的对象细节保留越多，如图 5-25 所示。

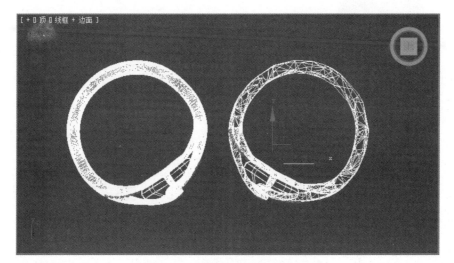

图 5-25　面阈值优化前、后的比较

- 边阈值（Edge Thresh）：将共享边界面的法线与该阈值相比，小于该值就进行优化。
- 偏移（Bias）：用于控制对象表面大小。
- 自动边（Auto Edge）：用于使法线角度小于边阈值的边不可见，这一项不会影响对象点、面结构的变化。

"更新"（Update）组：用于设置视图显示结果更新的情况。

- 顶点（Vertices）、面数（Face）：用于显示优化前与优化后点、面数量的变化。

5.6　本章实例

5.6.1　足球实例制作

学习目的：掌握"编辑网格"（Edit Mesh）、"网格平滑"（Mesh Smooth）修改器。

1. 单位设置

（1）单击"自定义"（Customize）菜单>"单位设置"选项，在"单位设置"对话框中单击"系统单位设置"按钮，将系统单位设置为毫米（Millimeter）。

（2）在"单位设置"对话框的"显示单位比例"选项组的公制（Metric）选项下选择"毫米"，单击"确定"按钮。

2. 创建足球模型

（1）在顶（Top）视图中，创建一个参数如图 5-26 所示的异面体（Hedra）。

（2）单击"编辑网格"（Edit Mesh）按钮，进入多边形（Polygon）级别修改，框选所有面，按元素（Element）方式"炸开"（Explode），对所选中的面进行分离，如图 5-27 所示。

（3）单击"面挤出"（Face Extrude）按钮，设置挤出数量为 3，比例为 90。

（4）单击"网格平滑"（Mesh Smooth）按钮，将细分方法设置为"四边形输出"（Quad Output），迭代（Iterations）次数设为 2，强度（Strength）设为 0.2。

（5）在"修改"命令面板中单击"球形化"（Spherify）按钮，将百分比（Percent）设为 50。

（6）赋予材质，效果如图 5-28 所示。

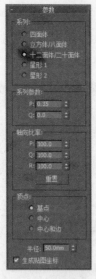

图 5-26　异面体参数设置

图 5-27　参数设置

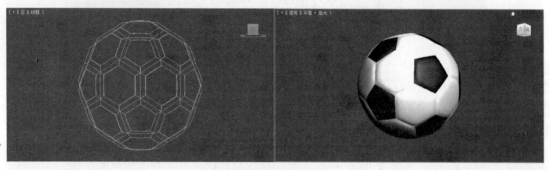

图 5-28　足球效果

3. 小结

通过建立足球模型，了解异面体工具，理解并熟练掌握分裂物体面、挤出面及平滑物体的方法。

5.6.2　洗漱柜实例制作

学习目的：综合运用编辑多边形（Edit Poly）、挤出（Extrude）、车削（Lathe）、布尔（Boolean）、网格平滑（Mesh Smooth）、自由变形对象 FFD（Box）等命令建模。

1. 单位设置

（1）单击"自定义"（Customize）菜单>"单位设置">"系统单位设置"按钮，将系统单位设置为毫米（Millimeter）。

（2）在"单位设置"对话框中的"显示单位比例"选项组的公制（Metric）选项下选择"毫米"，单击"确定"按钮。

2. 创建防雾镜

（1）在前（Front）视图中，创建一个 1000×1800 的矩形（Rectangle）。在"修改"命令面板中单击"编辑样条线"（Edit Spline）按钮，进入分段次物体级别，框选矩形两条纵边，单击"拆分"（Divide）按钮，设置拆分值为 1，进入顶点次物体级别，调整节点位置。单击"挤出"（Extrude）按钮，将挤出数量设为 5。

（2）在前（Front）视图中，创建一个半径为 11，高度为 102 的圆柱（Cylinder），拷贝复制出 3 个，作为膨胀螺栓，如图 5-29 所示。

（3）在顶（Top）视图中，创建一个半径为 2，高度为 60 的圆柱（Cylinder），拷贝复制出 1 个作为灯杆。

图 5-29　防雾镜形状及膨胀螺栓位置

（4）在左（Left）视图中，绘制一条如图 5-30 所示的曲线（Line）作为灯罩截面；进入线段次物体级别，选择纵向两边，单击"拆分"（Divide）按钮，设置拆分值为 10，如图 5-31 所示；进入样条线次物体级别，单击"轮廓"按钮，设置轮廓值为-3。单击"挤出"（Extrude）按钮，将挤出数量设为 360。单击自由变形对象 FFD（4×4×4）按钮，调整控制点位置，如图 5-32 所示。

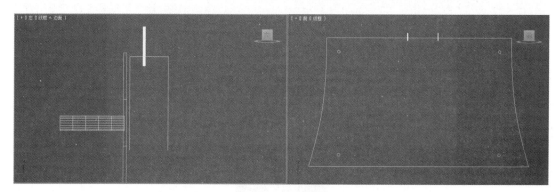

图 5-30　绘制曲线

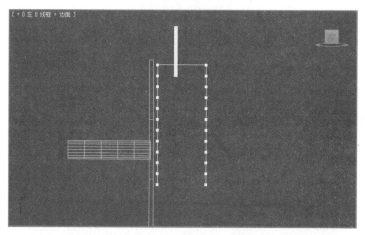

图 5-31　拆分效果

（5）在左（Left）视图中，绘制一条如图 5-33 所示的曲线（Line）作为遮光罩，进入样条线次物体级别，单击"轮廓"（Outline）按钮，设置轮廓值为 1。单击"挤出"（Extrude）按钮，将挤出数量设为 295。

（6）在前（Front）视图中，创建一个半径为 11.6 的球体（Sphere），设置其切除半球（Hemisphere）值为 0.785，拷贝复制出 1 个，作为螺帽。

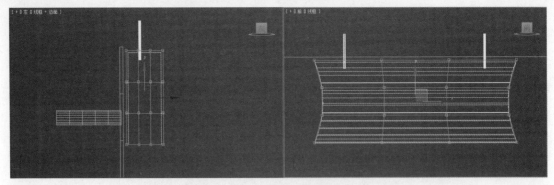

图 5-32　调节灯罩

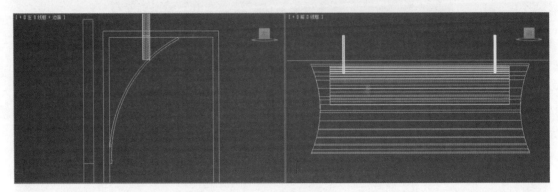

图 5-33　遮光罩位置

（7）在左（Left）视图中，创建一个半径为 15，高度为 54 的圆柱（Cylinder），拷贝复制出 1 个作为灯槽；创建一个参数如图 5-34 所示的管状体（Tube）作为灯管。

图 5-34　灯管参数

（8）灯槽、灯管组合效果如图 5-35 所示。

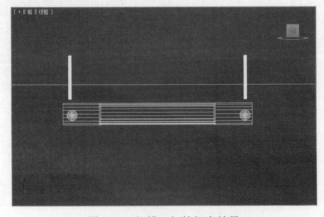

图 5-35　灯槽、灯管组合效果

（9）在前（Front）视图中，创建一个半径为 11 的球体（Sphere）。在顶（Top）视图中，创建一个半径为 1.5，高度为 1000 的圆柱（Cylinder），调整位置使其穿过一侧膨胀螺栓，完成防雾镜建模，如图 5-36 所示。

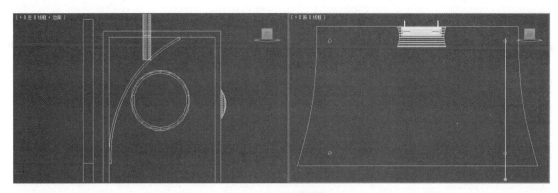

图 5-36　防雾镜效果

3. 创建洗面台

（1）在前（Front）视图中，创建一条曲线（Line），进入样条线次物体级别，单击"轮廓"（Outline）按钮，设置轮廓值为 5，如图 5-37 所示。在"修改"命令面板中，单击"车削"（Lathe）按钮完成洗面盆建模。

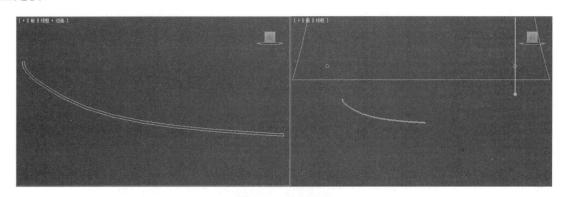

图 5-37　绘制曲线

（2）在顶（Top）视图中，单击自由变形对象 FFD（Box）按钮，设置点数为 5×5×5，调整控制点位置，如图 5-38 所示。

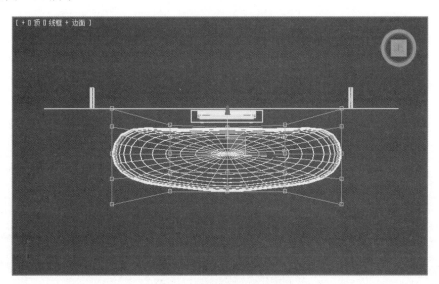

图 5-38　调整控制点位置

（3）在顶（Top）视图中，创建一条封闭曲线（Line），单击"挤出"（Extrude）按钮，设置挤出值为 20，作为台面。

（4）在顶（Top）视图中，选中台面右击，在快捷菜单中单击"克隆"（Clone）选项，进入堆栈编辑修改器，在线段次物体级别中，删除位于上方的横向线段，样条线次物体级别中，单击"轮廓"（Outline）按钮，设置轮廓值为-5，回到"挤出"（Extrude）命令中，挤出值不变，完成台面封边建模，如图 5-39 所示。

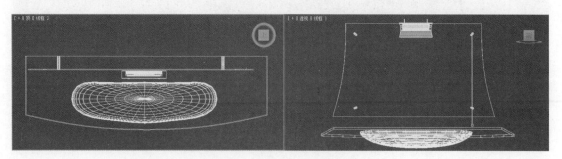

图 5-39　台面及台面封边效果

（5）在前（Front）视图中，选中洗面盆右击，在快捷菜单中单击"克隆"（Clone）选项，进入堆栈编辑修改器，节点次物体级别中，调整点的位置，如图 5-40 所示，回到自由变形对象 FFD（Box）命令。

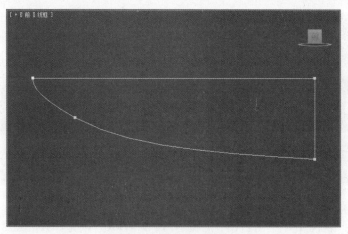

图 5-40　调整节点位置

（6）确定选中当前物体，单击"布尔"（Boolean）命令按钮，选择"差集"（Subtraction B-A），单击"拾取操作对象"（Pick Operand）按钮，在视图中单击台面，得到运算后的台面模型。

（7）在前（Front）视图中，创建一条曲线（Line），进入样条线次物体级别，单击"轮廓"（Outline）按钮，设置轮廓值为 2，如图 5-41 所示。单击"车削"（Lathe）按钮，沿 Y 轴拷贝复制 2 个，完成装饰品建模。

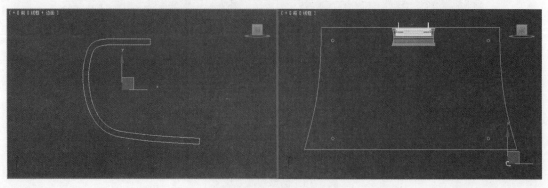

图 5-41　创建曲线

（8）在左（Left）视图中，创建一条曲线（Line），如图 5-42 所示，单击"车削"（Lathe）按钮。

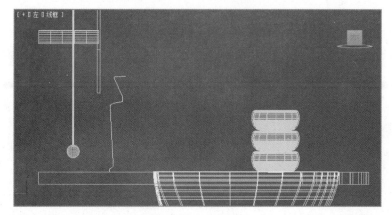

图 5-42   创建曲线

（9）在前（Front）视图中，创建一个半径为 11，高度 135，高度分段为 18 的圆柱（Cylinder）。在左（Left）视图中，单击"弯曲"（Bend）按钮，进入堆栈编辑修改器中心子对象层级中，将圆柱弯曲中心调整至如图 5-43 所示位置，并设置弯曲参数如图 5-44 所示，完成水龙头建模，并复制出另一侧水龙头。

图 5-43   调整弯曲中心

图 5-44   设置弯曲参数

（10）在左（Left）视图中，分别创建两条曲线（Line），如图 5-45 所示。单击"车削"（Lathe）按钮，完成下水口建模。

（11）在前（Front）视图中，创建一个 75×75×40，长、宽、高度分段分别为 5、5、5 的长方体（Box）。

（12）在左（Left）视图中，单击"编辑多边形"（Edit Poly）按钮，进入多边形次物体级别，激活"窗口/交叉"（Window/Crossing）工具选中右侧所有多边形，结合"挤出"（Extrude）命令、"旋转"

（Rotate）工具逐层挤出、旋转多边形，进入顶点次物体级别，选中左下角顶点移除（Remove），调整效果如图 5-46 所示。

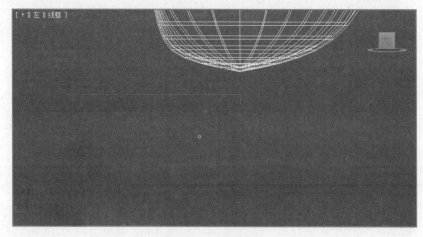

图 5-45　下水口线条

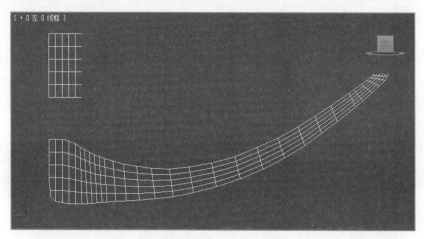

图 5-46　编辑多边形调整

（13）方法同上，结合"挤出"（Extrude）命令、"旋转"（Rotate）工具逐层挤出、旋转多边形，完成支架部件建模，如图 5-47 所示。

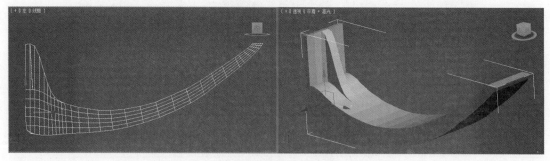

图 5-47　支架模型

（14）单击"网格平滑"（Mesh Smooth）按钮，完成对支架部件的细节添加。单击自由变形对象 FFD（Box）按钮，设置点数为 4×4×4，调整控制点位置，如图 5-48 所示。

（15）在顶（Top）视图中，单击"圆柱体"（Cylinder）按钮，创建半径为 10、高度为 40，半径为 9.2、高度为 7 的两个小圆柱作为支架部件与台面间的连接杆，如图 5-49 所示。

（16）在左（Left）视图中，单击"圆环"（Torus）按钮，创建半径 1 为 7，半径 2 为 2 的小圆环；单击"线"（Line）按钮，绘制如图 5-50 所示曲线，参数如图 5-51 所示。

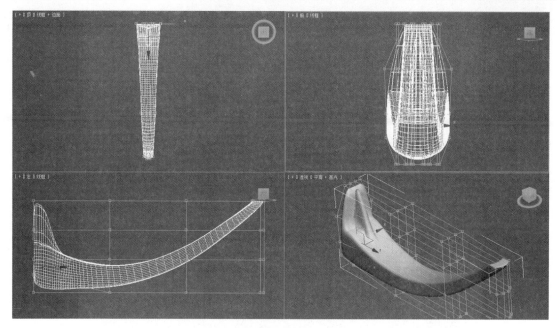

图 5-48　调整控制点位置

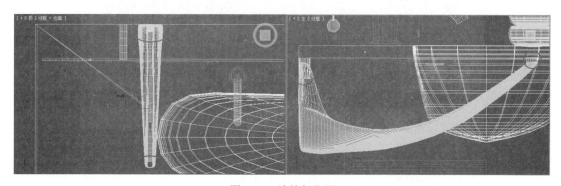

图 5-49　连接杆位置

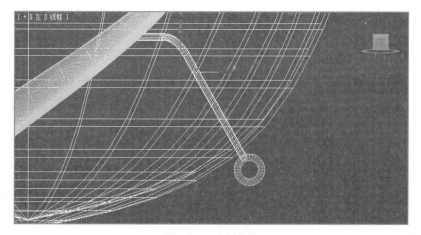

图 5-50　绘制曲线

（17）将支架部件、台面连接杆、曲线及圆环拷贝复制出 1 组，放置洗面盆另一侧。

（18）在左（Left）视图中，创建一个半径为 5，高度为 1260 的圆柱（Cylinder），作为毛巾杆穿过两侧小圆环，完成洗面台建模。

4. 创建洗漱柜

（1）在前（Front）视图中，单击"线"（Line）按钮，创建如图 5-52 所示的封闭曲线。

图 5-51　参数设置

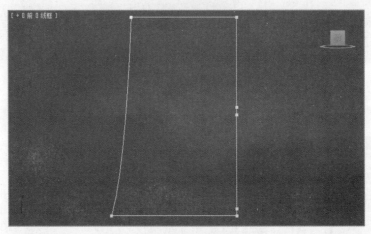

图 5-52　封闭曲线

（2）单击"挤出"（Extrude）按钮，设置挤出值为 6。

（3）单击"编辑多边形"（Edit Poly）按钮，进入多边形次物体级别，在前（Front）视图中，选中面，单击"倒角"（Bevel）按钮，设置轮廓量-6。选中轮廓，单击"挤出"（Extrude）按钮，设置挤出高度为 445。

（4）在前（Front）视图中，在多边形次物体级别中，分别选中如图 5-53 所示多边形，并分别赋予"挤出"（Extrude）命令，设置挤出值为 200、350，完成柜体建模。

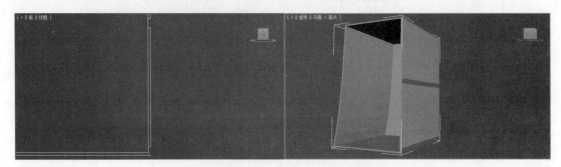

图 5-53　选中多边形

（5）在前（Front）视图中，选中所创建物体右击，在快捷菜单中单击"克隆"（Clone）选项，进入堆栈编辑修改器，删除"编辑多边形"命令，完成柜门建模。

（6）在顶（Top）视图中，创建一个 35×35×120 的长方体（Box），单击自由变形对象 FFD（Box）按钮，设置点数为 4×4×4，调整控制点位置，如图 5-54 所示。结合"镜像"（Mirror）工具，复制出另外 3 个洗漱柜腿。

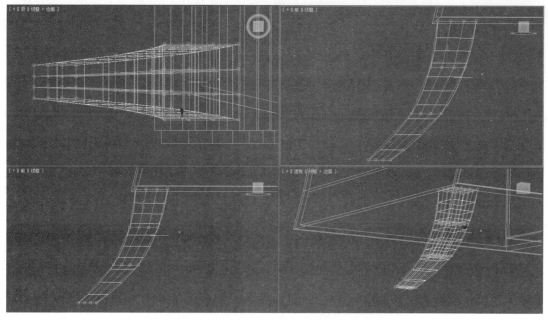

图 5-54　调整控制点位置

（7）方法同上，创建出柜门把手如图 5-55 所示。选中柜体、柜门、洗漱柜腿及柜门把手镜像（Mirror）复制出 1 组，放置在洗面盆的另一侧，完成洗漱柜建模。

图 5-55　柜门把手

（8）赋予材质，设置灯光后，渲染效果如图 5-56 所示。

图 5-56　渲染效果

5．小结

（1）主要讲解使用常用的三维物体修改工具制作复杂的造型。

（2）通过本节练习能够熟练地掌握"编辑多边形"（Edit Poly）、"布尔"（Boolean）等三维物体修改命令。

5.7　本章小结

　　"编辑网格"（Edit Mesh）、"编辑多边形"（Edit Poly）是常用建模修改工具，通过对点，面的移动、修改、缩放可以任意改变三维模型，从而编辑复杂的场景对象。

　　ID 号可以将一个场景对象划分若干个面片级，系统根据 ID 号将各种不同的次材质准确地赋予给各个面片级。

　　"网格平滑"（Mesh Smooth）是用来给简单的三维模型增添细节的专用命令。

　　"优化"（Optimize）用来简化三维对象的段数，有助于简化模型，加快渲染，提高建模效率。

5.8　上机实战

　　综合运用本章所学习到的网格建模修改命令，做出如图 5-57 所示的计算器模型效果。

图 5-57　计算器效果

5.9　思考与练习

　　（1）"编辑网格"（Edit Mesh）和"可编辑网格"（Editable Mesh）在用法上有何异同？

　　（2）"编辑多边形"（Edit Poly）有哪些次对象层次？

　　（3）"网格平滑"（Mesh Smooth）的主要作用是什么？

第六章　材质渲染和灯光摄像机

材质像颜料一样。利用材质，可以使苹果显示为红色而桔子显示为橙色。可以为铬合金添加光泽，为玻璃添加抛光。通过应用贴图，可以将图像、图案，甚至表面纹理添加至对象。材质可使场景看起来更加真实，如图 6-1 所示。

图 6-1　渲染效果图

贴图是一种将图片信息（材质）投影到曲面的方法。这种方法很像使用包装纸包裹礼品，不同的是它使用修改器将图案以数学方法投影到曲面，而不是简单地捆在曲面上。

3ds Max 提供了两个渲染器，即默认扫描线渲染器和 mental ray 渲染器，每个渲染器都具有与众不同的功能。最好使用特定渲染器设计材质，主要考虑是否希望渲染效果在物理上达到精确的程度进行选择。如果不关心物理精度，可以使用扫描线渲染器和标准材质，以及其他非光度学材质，这样可产生多种物理效果。还可以借助光能传递，使用扫描线渲染器来产生精确的照明效果。在这种情况下，建议使用建筑材质。使用光能传递时，还有另一种可选方案，那就是用标准材质设置场景，但随后需用高级照明覆盖材质更改它们的物理特性。

mental ray 渲染器会假定照明效果在物理上是精确的。它还可以产生扫描线渲染器所不能产生的一些效果。使用精确的单位、光度学灯光和 mental ray 材质对场景进行建模时，mental ray 渲染器可产生最佳效果，如图 6-2 所示。

图 6-2　mental ray 渲染效果

本章中将着重讲述材质和贴图的调节以及配合默认扫描线渲染器和 mental ray 渲染器的应用。

6.1 材质编辑器

每种材质都属于一种类型。通常，根据要尝试建模的内容和希望获得的模型精度（在真实世界、物理照明方面）来选择材质类型。在材质中，贴图可以模拟纹理、应用设计以及创建反射、折射和其他效果。（贴图也可以用作环境和投射灯光）而"材质编辑器"是用于创建、改变和应用场景中的材质的对话框。

6.1.1 "材质编辑器"面板

1. 打开"材质编辑器"面板

打开"材质编辑器"面板的方法有以下三种：

（1）单击主工具栏上的"材质编辑器"按钮 ⚎ 。

（2）单击"渲染"菜单 > "材质编辑器"选项。

（3）使用快捷键 M。

"材质编辑器"提供创建和编辑材质以及贴图的功能。

材质使场景更加具有真实感。材质详细描述对象如何反射或透射灯光。材质属性与灯光属性相辅相成，明暗处理或渲染将两者合并，用于模拟对象在真实世界设置下的情况。

可以将材质应用到单个的对象或选择集，一个的场景可以包含许多不同的材质。

2. "材质编辑器"面板

"材质编辑器"面板由顶部的菜单栏、菜单栏下面的示例窗（球体）和示例窗底部和侧面的工具栏组成。"材质编辑器"面板还包括多个卷帘窗，其内容取决于活动的材质（单击材质的示例窗可使其处于活动状态）。每个卷帘窗包含标准控件，如下拉列表、复选框、带有微调按钮的数值框和色样，如图 6-3 所示。

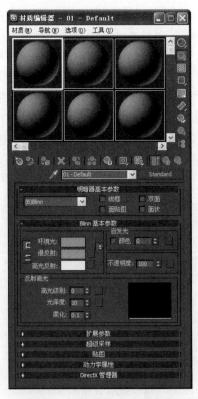

图 6-3 "材质编辑器"面板

　　在很多情况下，控件有一个关联的（通常位于其右侧）贴图快捷按钮：小的空白的方形按钮，单击它可以将贴图应用于该控件。如果已经将一个贴图指定给控件，则该按钮显示字母 M。大写的 M 表示已指定和启用对应贴图，如图 6-4 所示。小写的 m 表示已指定该贴图，但它处于非活动状态（禁用）。用"贴图"卷帘窗上的复选框启用和禁用贴图。还可以右击贴图的快捷按钮来访问复制和粘贴这些功能。

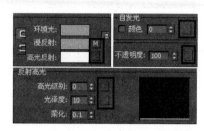

图 6-4　添加贴图按钮

3. 示例窗

　　使用示例窗可以保持和预览材质和贴图。每个窗口可以预览单个材质或贴图。使用"材质编辑器"控件可以更改材质，还可以把材质应用于场景中的对象。要做到这点，最简单的方法是将材质从示例窗拖动到视图中的对象。

　　"材质编辑器"一次编辑不能超过 24 种材质，但场景可包含不限数量的材质。如果要彻底编辑一种材质，并已将其应用到场景中的对象，则可以使用示例窗从场景中获取其他材质（或创建新材质），然后进行编辑。

　　示例窗可以显示在独立的窗口中。这样做可以使示例窗增大，更容易预览材质。可以重新设置放大窗口的大小，使其更大。想要放大相应示例窗，双击该示例窗，或先右击，然后从弹出的快捷菜单中选择"放大"选项。材质编辑器有 24 个示例窗。可以一次查看所有示例窗，或一次查看 6 个（默认）或 15 个。当一次查看的窗口少于 24 个时，拖动滚动条可以在示例窗之间移动。窗口中的材质显示在采样对象上，默认情况下，对象是一个球体，如图 6-5 所示。

　　默认情况下，窗口中的独立贴图会充满整个窗口。只有当独立贴图在树的顶端，并且窗口中仅显示一个贴图时，才是上述情况；当将贴图指定给材质时，窗口会将它作为材质的一部分显示，映射到采样对象上，如图 6-6 所示。"材质编辑器"只能渲染当前帧中活动的示例球。

图 6-5　示例窗显示材质　　　　　　　　　图 6-6　示例窗显示贴图

4. 热材质和冷材质

　　当示例窗中的材质指定给场景中的一个或多个曲面时，示例窗是"热"的。当使用"材质编辑器"调整热示例窗时，场景中的材质也会同时更改。

　　示例窗的拐角处表明材质是否是热材质：

　　（1）没有三角形：说明是场景中没有使用的材质，是冷材质。

　　（2）轮廓为白色三角形：说明此材质是热的。换句话说，它已经在场景中实例化。在示例窗中对材质进行更改，也会更改场景中显示的材质。

　　（3）实心白色三角形：说明此材质不仅是热的，而且已经应用到当前选定的对象上。如图 6-7 所示，图中左图是"热"材质且应用于当前选定的对象，中图是"热"材质，已指定给场景，但没有指定给当前选定的对象，右图是"冷"材质，处于活动状态，但没有指定给场景。

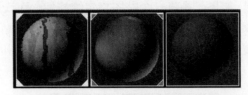

图 6-7　热材质和冷材质

如果材质没有应用于场景中的任何对象，就称它是"冷"的。要使热示例窗冷却，单击"生成材质副本"按钮。这个操作会将示例窗中的材质复制到其自身上方，之后场景中就不再使用。可以在多个示例窗内，显示同样的材质（有同样名称），但是包含该材质的示例窗中只能有一个是热的。如果每个示例窗中有不同的材质，那么可以有多个热示例窗。如果从一个热示例窗拖动复制材质到另一个示例窗，则目标窗口是冷的，原始窗口仍然是热的。

5．示例窗右击菜单

当右击活动示例窗时，会弹出一个菜单。对于暂未选中的示例窗，要先单击或右击一次选中它，然后右击，才能使用弹出式菜单。在放大的示例窗口中，弹出式菜单也是可用的，如图 6-8 所示。

弹出式菜单有以下选项：

● 拖动/复制。用于将拖动示例窗设置为复制模式。启用此选项后，拖动示例窗时，材质会从一个示例窗复制到另一个，或者从示例窗复制到场景中的对象，或复制到材质按钮。

图 6-8　示例窗右击弹出菜单

● 拖动/旋转。用于将拖动示例窗设置为旋转模式。启用此选项后，在示例窗中进行拖动将会旋转采样对象，这样就能预览材质。在对象上进行拖动，使它绕自己的 X 或 Y 轴旋转；在示例窗的角落进行拖动，能使对象绕它的 Z 轴旋转。另外，如果先按 Shift 键，然后在中间拖动，那么旋转就限制在水平或垂直轴，具体取决于初始拖动的方向。如果使用三键鼠标，并在 Windows NT 系统下，那么在拖动/复制模式时，单击鼠标中键还可以旋转采样对象。

● 重置旋转。用于将采样对象重置为它的默认方向。

● 渲染贴图。用于渲染当前贴图，创建位图或 AVI 文件（如果位图有动画的话）。渲染的只是当前贴图级别。即渲染显示的是当禁用"显示最终结果"时的图像。如果处在材质级别，而不是贴图级别，那么这个菜单项不可使用。

● 选项。用于显示"材质编辑器选项"对话框。这相当于单击"选项"按钮。

● 放大。用于生成当前示例窗的放大视图。放大的示例显示在单独、浮动（无模式）的窗口中。最多可以显示 24 个放大窗口，但是不能同时用多于一个放大窗口显示相同的示例窗。可以调整放大窗口的大小。单击放大窗口也激活示例窗口，反之亦然。

放大示例窗的快捷方式为双击需放大的示例窗，放大窗口如图 6-9 所示。

放大窗口的标题栏显示材质名称字段的内容，字段是可编辑。它取决于材质活动的级别。放大窗口中有两个选项，分别为"自动"和"更新"，具体介绍如下。

◆ 自动。禁用之后，放大窗口不能自动更新。这样可以节省渲染时间，尤其是将放大窗口增大时。默认设置为启用。

◆ 更新。单击可以将放大窗口更新。如果不禁用"自动"，这个按钮是不可选的。

图 6-9　放大窗口

将另外的示例窗拖动到放大窗口中，会改变放大窗口的内容。

● 按材质选择。用于根据示例窗中的材质选择对象。

除非活动示例窗包含场景中使用的材质，否则此选项不可用。

- 在 ATS 对话框中高亮显示资源。如果活动材质使用的是已跟踪的资源（通常为位图纹理）的贴图，则打开"资源跟踪"对话框，同时资源高亮显示。

如果此材质没有贴图，或者它所用的贴图未受追踪，则此选项不可用。

"材质编辑器"始终有 24 个示例窗可用。可以选择以较大的尺寸显示较少的示例窗。执行操作时，滚动条用于在示例窗间来回移动。

- 3×2 示例窗。以 3×2 阵列显示示例窗（默认值：6 个窗口）。
- 5×3 示例窗。以 5×3 阵列显示示例窗（15 个窗口）。
- 6×4 示例窗。以 6×4 阵列显示示例窗（24 个窗口），如图 6-10 所示。

6. 材质编辑器工具

材质编辑器工具位于示例窗的下面和右侧，用于管理和更改贴图及材质的按钮和其他控件，如图 6-11 所示。

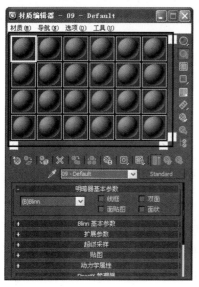

图 6-10　24 个示例窗

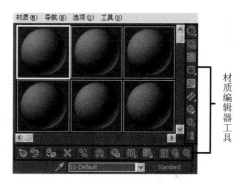

图 6-11　材质编辑器工具

（1）"采样类型"按钮。

使用"采样类型"弹出按钮可以选择要显示在活动示例中的几何体。

此弹出按钮有三个按钮：

- 球体（默认设置）：用于显示球体上的材质，如图 6-12 所示。
- 圆柱体：用于显示圆柱体上的材质，如图 6-13 所示。
- 立方体：用于显示立方体上的材质，如图 6-14 所示。

（2）"背光"按钮。

启用"背光"将背光添加到活动示例窗中。默认情况下，此按钮处于启用状态。

通过示例球体更容易看到效果，其中背光高亮显示在球的右下方边缘，如图 6-15 所示，左图是启用背光的效果，右图是禁用背光的效果。

图 6-12　球体示例　　　　图 6-13　圆柱体示例　　　　图 6-14　立方体示例

无论何时创建金属和 Strauss 材质，背光都特别有用。使用背光可以查看和调整由掠射光创建的反射高光，此高光在金属上更亮。

（3）示例窗"背景"按钮。

启用背景将多颜色的方格背景添加到活动示例窗中。如果要查看不透明度和透明度的效果，该图案背景很有帮助。如图 6-16 所示左图是启用背景的效果，右图是禁用背景的效果。

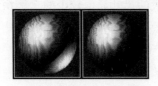

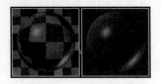

图 6-15　开启背光和未开启背光示例球　　　　　　图 6-16　开启背景和未开启背景示例球

（4）"将材质指定给选定对象"按钮。

使用"将材质指定给选定对象"可将活动示例窗中的材质应用于场景中当前选定的对象。同时，示例窗将成为热材质。如果将具有贴图的材质应用于禁用了"生成贴图坐标"选项的参数化对象，则 3ds Max 将在渲染时自动启用贴图坐标。此外，如果在视图中显示贴图处于活动状态时，将贴图材质应用于参数对象，则在必要时启用对象的"生成贴图坐标"选项。

"在视图中显示贴图"标记随单个材质一同保存，因此将贴图材质从无模式浏览器拖到场景中的对象上时，贴图将显示在视图中。"撤消"命令可用于材质指定。

要将材质应用到场景中的对象，执行以下操作：

1）选择包含所应用材质的示例窗。

2）选择要应用材质的对象。

3）执行下列任一操作：

● 从示例窗拖到对象上。如果选中多个对象，则会询问是要应用于整个对象还是应用于整个选择。

● 在"材质编辑器"工具栏上单击将材质指定给选定对象。

另外值得注意的是将材质应用于对象或选定对象时，该材质将成为热材质。在更改材质的属性时，会立即更新场景，以反映这些更改。采用该材质的任意对象都将更改其外观，而不仅仅是当前选定的对象发生变化。当材质是热材质时，其示例窗将显示白色尖括号，如图 6-17 所示。

（5）"重置贴图/材质为默认设置"按钮。

使用"重置贴图/材质为默认设置"用于重置活动示例窗中的贴图或材质的值。移除材质颜色并设置灰色阴影。将光泽度、不透明度等重置为其默认值。移除指定给材质的贴图。如果处于贴图级别，该按钮重置贴图为默认值。只有当此名称在场景中命名材质时，使用"重置"可以更改名称。

（6）"材质 ID 通道"弹出按钮。

"材质 ID 通道"弹出按钮上的按钮将材质标记为 Video Post 效果或渲染效果，或存储以 RLA 或 RPF 文件格式保存的渲染图像的目标（以便通道值可以在后期处理应用程序中使用），如图 6-18 所示。

默认值零（0）表示未指定材质 ID 通道。范围从 1 到 15 之间的值表示将使用此通道 ID 的 Video Post 或渲染效果应用于该材质。例如，可能需要材质在场景中出现的位置出现光晕。材质位于"材质编辑器"中，而光晕则来自渲染效果。首先，添加发光渲染效果，然后设置此效果，从而使其应用于 ID1。使用"材质 ID 通道"为材质分配一个 ID 号 1，然后以常规方式将材质应用于场景中的对象。

图 6-17　带尖括号的热材质　　　　　　　图 6-18　"材质 ID 通道"面板

（7）"显示最终结果"按钮 。

使用"显示最终结果"按钮可以查看所处级别的材质，而不查看所有其他贴图和设置的最终结果。当此按钮处于禁用状态时，示例窗只显示材质的当前层级。使用复合材质时，此工具非常有用。如果不能禁用其他级别的显示，将很难精确地看到特定级别上创建的效果。

（8）"转到父对象"按钮 。

使用"转到父对象"按钮用于在当前材质中向上移动一个层级。仅当不在复合材质的顶级时，该按钮才可用。该按钮不可用时用于告知该材质正处于顶级，并且在编辑字段中的名称与在"材质编辑器"标题栏中的名称相匹配，通常情况下是拥有"漫反射"贴图的材质。材质层级是父级并且"漫反射"贴图是子级。在"漫反射"贴图层级"转到父对象"按钮变为可用。

（9）"转到下一个同级项"按钮 。

使用"转到下一个同级项"按钮将移动到当前材质中相同层级的下一个贴图或材质。当不在复合材质的顶级并且有多个贴图或材质时，该按钮才可用。通常情况是拥有"漫反射"贴图、"凹凸"贴图和"光泽度"贴图的材质。材质层级是父级，"漫反射"贴图、"凹凸"贴图和"光泽度"贴图是其子级。在子对象层级"转到下一个同级项"变为可用，并且可以从一个转到另一个。

（10）"从对象拾取材质（滴管）"按钮 。

使用"从对象拾取材质"按钮用于从场景中的一个对象选择材质。单击"从对象拾取材质"按钮，然后将滴管光标移动到场景中的对象上。当滴管光标位于包含材质的对象上时，滴管充满"墨水"并且弹出对象名称的工具提示。单击对象，此材质会出现在活动示例窗中。如果该材质已在活动示例窗中，则滴管没有效果。如果滴管光标位于可编辑网格上并且在子对象层级选定了面，且网格具有应用到它的"多维/子对象"材质，则滴管拾取该子材质。然而，如果选定的面具有多个指定的子材质，则滴管拾取整个"多维/子对象"材质。

（11）名称字段（材质和贴图）。

名称字段 用于显示材质或贴图的名称。默认材质名是"01 - Default"依此类推，数字变化反映材质的示例窗。贴图命名为"Map #1"等，依此类推。

在"名称字段"文本框中可以编辑更改活动实例窗中材质的名称，还可以编辑以贴图或材质层次较低层级指定的贴图和子材质的名称。材质的名称不是文件名，其可以包含空格、数字和特殊字符，并且长度可随意。

此字段还可以作为下拉列表。处于顶级时，其只显示材质名或贴图名。在较低层级，下拉列表即可查看贴图或材质的祖先名称。顶级位于列表的顶部，当前层级位于底部，中间层次位于两者之间。

（12）"类型（材质和贴图）"按钮 。

单击"类型"按钮可显示"材质/贴图浏览器"对话框，并选择要使用的材质类型或贴图类型。更改材质类型时，除非选择复合材质，此时将显示"替换材质"对话框，否则原始材质类型将被替换。"替换材质"对话框用于在丢弃原始材质或在新材质中将其作为子材质之间进行选择。

对于独立贴图（位于顶级的贴图），单击"类型"按钮可更改贴图类型，而不是材质类型。然而，不能将此按钮用于使贴图独立。要使贴图独立，必须单击获取材质，并从其显示的浏览器中选择贴图。更改独立贴图的类型时，将显示"替换贴图"对话框。"替换贴图"对话框用于在丢弃原始贴图或在新贴图中将其作为子贴图之间进行选择。

6.1.2 常用材质类型

单击"材质编辑器"对话框中"类型"按钮 会弹出材质类型面板，在面板中提供了20 种材质类型，接下来着重介绍几种常用的材质类型。

1. 标准材质

标准材质类型为表面建模提供了非常直观的方式。在现实世界中，表面的外观取决于它如何反射光线。在 3ds Max 中，标准材质模拟表面的反射属性。如果不使用贴图，标准材质会为对象提供单一的颜色，如图 6-19 所示。

图 6-19　用标准材质渲染的蜻蜓

（1）"明暗器基本参数"卷帘窗。

"明暗器基本参数"卷帘窗用于选择要用于标准材质的明暗器类型。某些附加的控件将影响材质的显示方式。"明暗器基本参数"卷帘窗界面如图 6-20 所示。

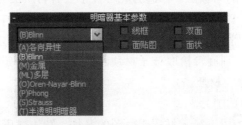

图 6-20　"明暗器基本参数"卷帘窗

明暗器下拉列表中有七种不同的明暗器。选择一个明暗器，材质的"基本参数"卷帘窗可更改为显示所选明暗器的控件。默认明暗器为 Blinn。明暗器一部分根据其作用命名；其余以它们的创建者命名。以下是基本的材质明暗器：

- 各向异性。用于创建带有非圆、"各向异性"高光的曲面；适用于对头发、玻璃或金属建模。
- Blinn。用于创建带有一些发光度的平滑曲面，这是一种通用的明暗器。
- 金属。用于创建有光泽的金属效果。
- 多层。通过层级的两个各向异性的高光，创建比各向异性更复杂的高光。不可用于光线跟踪材质。
- Oren-Nayar-Blinn。用于创建平滑的无光曲面，如织物或陶瓦；类似于 Blinn。
- Phong。用于创建带有一些发光度的平滑曲面；与 Blinn 类似，但是也不处理高光（特别是掠射高光）。
- Strauss。用于创建非金属和金属曲面；拥有一组简单的控件。不可用于光线跟踪材质。
- 半透明。半透明明暗类似于 Blinn 明暗，但是其还可用于指定半透明度，光线将在穿过该材质时散射。可以使用半透明来模拟被霜覆盖的和被侵蚀的玻璃。

卷帘窗里的右侧是四个复选框，作用分别介绍如下：

- 线框。勾选时将以线框模式渲染材质，可以在扩展参数上设置线框的大小。
- 双面。用于使材质成为双面，将材质应用到选定面的双面。
- 面贴图。用于将材质应用到几何体的各面。如果材质是贴图材质，则不需要贴图坐标，贴图会自动应用到对象的每一面。
- 面状。就像表面是平面一样，渲染表面的每一面。

（2）"基本参数"卷帘窗（标准材质）。

标准材质的"基本参数"卷帘窗包含一些控件，用来设置材质的颜色、反光度、透明度等，并指定用于材质各种组件的贴图。如图 6-21 所示为 Blinn 明暗器的"基本参数"卷帘窗。"基本参数"卷帘窗因所选的明暗器而异。其变化取决于在明暗器基本参数中选择的明暗器种类。

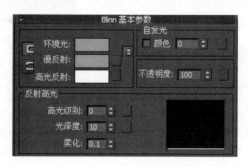

图 6-21　Blinn 明暗器的"基本参数"卷帘窗

"单一"颜色的表面通常反射许多颜色。标准材质通常使用四色模型来模拟这种情况。（可能发生变化，具体情况取决于使用哪一个明暗器。）

● 环境光颜色是指对象在阴影中的颜色。

● 漫反射颜色是对象在直接"良好"的光照条件下的颜色。

● 高光是发光高光的颜色。一些明暗器会产生高光颜色，而无需选择高光。

● 过滤色是光线透过对象所透射的颜色。除非材质的不透明性小于 100%，否则过滤色组件不可见。

提及对象的颜色时，通常指的是漫反射颜色。环境光颜色的选择取决于灯光的种类。对于适度的室内灯光，环境光颜色可能是较暗的漫反射颜色，但是对于明亮的室内灯光和日光，其可能是主（主要）光源的补充。高光颜色应该与主要光源的颜色相同，或者是高值、低饱和度的漫反射颜色。

"基本参数"卷帘窗的第一个部分包含用于整个材质组件的控件。将在以下主题中加以介绍：

● 高光级别通过数值控制高光的强度。

● 光泽度用于控制高光区域的大小。

● 柔化用于控制高光区域边缘的过渡程度。

● 各向异性用于控制各向异性明暗器和多层明暗器的高光形状的长宽比。

● 方向用于改变各向异性明暗器和多层明暗器的高光方向。

● 颜色控件用于选择材质的颜色组件或用贴图替换它们。

● 自发光用于使材质从自身发光。自发光不可用于 Strauss 明暗器。

● 不透明度用于控制材质是不透明还是透明。

● 漫反射级别用于控制漫反射颜色组件的亮度。漫反射级别只能用于各向异性、多层和 Oren-Nayar- Blinn 明暗器。

● 粗糙度用于控制漫反射组件混合到环境光组件的速度快慢。粗糙度只能用于多层和 Oren-Nayar- Blinn 明暗器。

（3）"扩展参数"卷帘窗（标准材质）。

"扩展参数"卷帘窗对于标准材质的所有着色类型来说都是相同的。它具有与透明度和反射相关的控件，还有"线框"模式的选项。其界面如图 6-22 所示。

● "高级透明度"组：该组控件影响透明材质的不透明度衰减。

● "线框"组：用于设置线框模式中线框的大小。可以按像素或当前单位进行设置。

● "反射暗淡"组：该组控件用于使阴影中的反射贴图显得暗淡。

（4）"贴图"卷帘窗（标准材质）。

材质的"贴图"卷帘窗用于访问并为材质的各个组件指定贴图，其界面如图 6-23 所示。

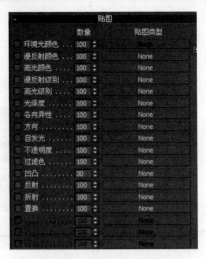

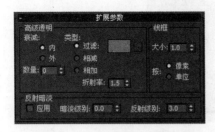

图 6-22　"扩展参数"卷帘窗　　　　　　　图 6-23　"贴图"卷帘窗

从大量的贴图类型中挑选，要找到有关这些类型以及如何设置它们的参数的说明。在某些情况下，将同一贴图指定给不同的参数很有用。例如，如果对自发光且不透明的贴图应用一个图案，则该图案将带有光晕并悬停在空间中。

在贴图标量分量时（如高光级别、光泽度、自发光和不透明度），"基本参数"卷帘窗中的分量值与"贴图"卷帘窗中它的关联贴图量相混合。例如，当"不透明度"微调器设置为 0 时，贴图中相应的"数量"微调器完全控制不透明度。也就是说，降低这个"量"值会增加整个表面的透明性。另一方面，当"不透明度"为 100 时，降低贴图的"数量"值会提高整个曲面的不透明度。调整"不透明度"贴图，使不透明区域保持不透明，而透明区域变为半透明。其他标量分量具有相似行为。将贴图的"数量"设置为 100 可应用所有贴图，将"数量"设置为 0 相当于禁用贴图，中间的"数量"值与标量分量的值相组合。

当把旧版的 3ds Max 文件，或以前的材质由"浏览器"装载到"材质编辑器"中时，为了保持相同的材质效果，可以根据需要，改变"不透明度"，"高光级别"，"光泽度"和"自发光"这四个微调值。

（5）"动力学属性"卷帘窗。

"动力学属性"卷帘窗用于指定影响对象的动画与其他对象碰撞时的曲面属性。如果模拟中没有碰撞，则这些设置无效。动力学属性由动力学工具使用。

由于"动力学属性"卷帘窗位于所有材质（包括子材质）的顶层，所以可以为对象的每个面指定不同的曲面动力学属性。也可使用"动态"工具中的控件调整对象级别的曲面属性，但只有通过使用多维/子对象材质，"材质编辑器"才可以改变子对象级别的曲面属性。作为"动力学属性"卷帘窗中的默认值，提供类似于用特氟纶喷涂的硬质钢的曲面。

2．混合材质

混合材质用于在曲面的单个面上将两种材质进行混合。混合具有可设置动画的"混合量"参数，该参数可以用来绘制材质变形功能曲线，以控制随时间混合两种材质的方式。混合材质可以组合砖和灰泥，其效果如图 6-24 所示。

（1）创建混合材质，请执行以下操作：

● 激活"材质编辑器"中的某个示例窗。

● 单击"类型"按钮。

● 在"材质/贴图浏览器"对话框中，选择"混合"然后单击"确定"按钮。

此时显示"替换贴图"对话框。此对话框询问是要丢弃示例窗中的原始材质，还是将它保留为子材质。混合材质的控件与混合贴图的控件相类似。

图 6-24　混合材质效果

- 指定组件材质可以在"混合基本参数"卷帘窗中，单击两个材质按钮中的一个。将显示子材质的参数。默认情况下，子材质是带有 Blinn 明暗处理的标准材质。
- 在"基本参数"卷帘窗中，调整"混合量"的值用于控制混合参数。也可以通过使用贴图来控制混合量。如图 6-25 所示为用于显示灰泥下面砖的贴图。

图 6-25　显示灰泥下面砖的贴图

- 使用贴图控制混合量，在"基本参数"卷帘窗中，单击"遮罩"旁边的贴图按钮。

显示"浏览器"，可以从中选择贴图类型，使用混合贴图的像素强度控制混合。当强度接近 0 时，组件中的一种颜色或贴图可见；当接近最大强度时，另一个组件可见。

（2）界面。

混合材质界面如图 6-26 所示。

图 6-26　混合材质界面

在界面中各个选项和按钮的功能如下：

- 材质 1/材质 2。用于设置两个用以混合的材质。单击复选框来启用和禁用材质。
- 交互式。用于选择由交互式渲染器显示在视图中对象曲面上的两种材质。

如果一种材质启用在视图中显示贴图，该材质将优先于"交互式"设置。一次只能在视图中显示一个贴图。

- 遮罩。用于设置用作遮罩的贴图。两种材质之间的混合度取决于遮罩贴图的强度。遮罩的明亮（较白的）区域显示的主要为"材质1"，而遮罩的黑暗（较黑的）区域显示的主要为"材质2"。单击复选框可启用或禁用该遮罩贴图。
- 混合量。用于确定混合的比例（百分比）。0 表示只有"材质1"在曲面上可见；100 表示只有"材质2"可见。如果已指定遮罩贴图，并且启用"遮罩"的复选框，则该参数不可用。

可以为此参数设置动画。创建材质预览非常适用于测试效果。

- 使用曲线。用于确定"混合曲线"是否影响混合。只有指定并激活遮罩，该控件才可用。
- 转换区域。"上部"、"下部"的值分别用于调整"上限"和"下限"的级别。如果这两个值相同，那么两个材质会在一个确定的边上接合。较大的范围能产生从一个子材质到另一个子材质更为平缓的混合。混合曲线实时显示更改这些值的效果。

3. 双面材质

使用双面材质可以向对象的前面和后面指定两种不同的材质。如图 6-27 右侧的图所示，双面材质可以为茶壶的内部创建一个图案。

图 6-27　双面材质应用效果

（1）创建双面材质，可执行以下操作：

- 激活"材质编辑器"中的某个示例窗。
- 单击"类型"按钮。
- 在"材质/贴图浏览器"对话框中选择"双面"，然后单击"确定"按钮。

弹出"替换贴图"对话框。此对话框询问是要丢弃示例窗中的原始材质，还是将它保留为子材质。双面材质控件用于选择两个材质，以及设置整个材质的半透明度。

- 选择外部材质可单击标记为"正面材质"的按钮，将显示子材质的参数。默认情况下，子材质是带有 Blinn 明暗处理的标准材质。
- 选择内部材质可以转回到父级材质（双面材质的参数）。

在"双面基本参数"卷帘窗上，单击标记为"背面材质"的按钮，将显示子材质的参数。默认情况下，子材质是带有 Blinn 明暗处理的标准材质。

- 要使材质半透明，请执行以下操作：将"半透明"设置为大于 0 的值。"半透明"控件影响两个材质的混合。"半透明"为 0 时，没有混合；"半透明"为 100 时，可以在内部面上显示外部材质，并在外部面上显示内部材质。设置为中间的值时，内部材质指定的百分比将下降，并显示在外部面上。

（2）界面。

双面材质卷帘窗界面如图 6-28 所示。

图 6-28　双面材质基本参数

在界面中各个选项和按钮的功能如下：

● 半透明。用于设置一个材质通过其他材质显示的数量。这是范围从 0.0 到 100.0 的百分比。设置为 100 时，可以在内部面上显示外部材质，并在外部面上显示内部材质。设置为中间的值时，内部材质指定的百分比将下降，并显示在外部面上。默认设置为 0.0。

● 正面材质/背面材质。单击此按钮可显示"材质/贴图浏览器"对话框，用于选择一面或另一面使用的材质。

4. 多维/子对象材质

使用多维/子对象材质可以为几何体的子对象级别分配不同的材质。创建多维材质，将其指定给对象并使用"网格选择"修改器选中面，然后选择多维材质中的子材质指定给选中的面，其效果如图 6-29 所示。

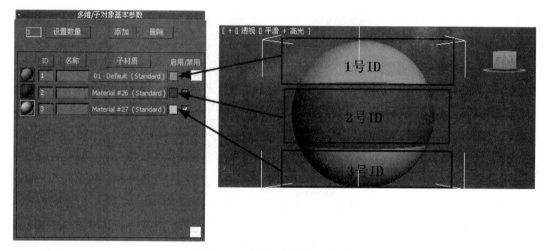

图 6-29　多维子材质应用效果

如果该对象是可编辑网格，可以拖放材质到面的不同选中部分，并随时构建一个多维/子对象材质。请参见拖放子对象材质指定。也可以通过将其拖动到已被"编辑网格"修改器选中的面来创建新的多维/子对象材质。子材质 ID 不取决于列表的顺序，可以输入新的 ID 值。在"材质编辑器"中的"使唯一"按钮允许将一个实例子材质构建为一个唯一的副本。在多维/子对象材质级别上，示例窗的示例对象显示子材质的拼凑。在编辑子材质时，示例窗的显示取决于在"材质编辑器选项"对话框中对"在顶级以下简化多维/子对象材质显示"复选框勾选与否进行切换。

（1）创建多维/子对象材质可以执行以下操作。

● 激活"材质编辑器"中的某个示例窗。

● 单击"类型"按钮。

● 在"材质/贴图浏览器"对话框中选择"多维/子对象"，然后单击"确定"按钮。将显示"替换贴图"对话框。此对话框用于询问是要丢弃示例窗中的原始材质，还是将它保留为子材质。

● 在"多维/子对象基本参数"卷帘窗上，单击"子材质"按钮。此时将出现子材质的参数。默认情况下，子材质是带有 Blinn 明暗处理的标准材质。

- 在"多维/子对象基本参数"卷帘窗上，单击与"子材质"按钮相邻的色样。在"颜色选择器"对话框中选择颜色，该方法对修改子材质的色样是一种快捷方式。这些色样指定对子材质的"漫反射"组件所选择的颜色。
- 选中该对象并对其指定多维/子对象材质。
- 单击"修改" 按钮，在"修改"面板上，对该对象应用"网格选择"。
- 单击子对象并将面选为子对象类别。
- 选中所要指定子材质的面。
- 应用"材质"修改器，将材质 ID 值设为要指定的子材质的数目。视图显示更新为指定给选中的面的子材质。在多维子对象材质中的材质 ID 值与"面选择"卷帘窗中的材质 ID 数目相对应。如果将此 ID 设为与多维/子对象材质中的材质不一致的数，面将渲染为黑色。
- 单击"添加"按钮。将新的子材质添加于列表末端。默认情况下，新的子材质的 ID 数要大于使用中的 ID 的最大值。
- 在"多维/子对象基本参数"卷帘窗中单击子材质的最小示例球来将其选中。此示例球由黑白边界包围以显示此子材质被选中。如果子材质的列表长于卷帘窗的容量，可以拖动右边的滚动条来显示列表的其他部分。
- 单击"删除"按钮。子对象将被移除。删除子对象是不可撤销的操作。

（2）界面。

"多维/子对象基本参数"卷帘窗界面如图 6-30 所示。

图 6-30　多维/子对象基本参数界面

多维/子对象基本参数界面中常用功能如下：

- 数量。此字段显示包含在多维/子对象材质中的子材质的数量。
- 设置数量。用于设置构成材质的子材质的数量。在多维/子对象材质级别上，示例窗的示例对象显示子材质的拼凑。（在编辑子材质时，示例窗的显示取决于在"材质编辑器选项"对话框中的"在顶级下仅显示次级效果"复选框勾选与否。）

通过减少子材质的数量将子材质从列表的末端移除。在使用"设置数量"按钮删除材质时可以撤销。

- 添加。用于将新子材质添加到列表中。默认情况下，新的子材质的 ID 数要大于使用中的 ID 的最大值。
- 删除。用于从列表中移除当前选中的子材质。删除子材质可以撤销。
- 小示例球。小示例球是子材质的"微型预览"。单击它来选中子材质。在删除子材质前必须将其选中。
- ID。用于显示指定于此子材质的 ID 数。可以编辑此字段来改变 ID 数。如果给两个子材质指定相同的 ID，会在卷帘窗的顶部出现警告消息。当将多维/子对象材质应用于对象时，指定相同材质 ID 数的对象的面将通过此子材质渲染。可以单击"按 ID 排序"对子材质列表按这个值从低到高排序。

- 名称。用于为材质输入自定义名称。当在子材质级别操作时，在名称字段中会显示子材质的名称。该名称同时在浏览器和导航器中出现。
- 子材质。单击"子材质"按钮创建或编辑一个子材质。每个子材质对其本身而言是一个完整的材质，可以包含所需的大量贴图和级别。默认情况下，每个子材质都是一个标准材质，它包含 Blinn 明暗处理。
- 色样。单击"子材质"按钮右边的色样可以显示"颜色选择器"并为子材质选择漫反射颜色。
- 启用/禁用。用于启用或禁用子材质。禁用子材质后，在场景中的对象上和示例窗中会显示黑色。默认设置为启用。

6.1.3　常用贴图类型

使用贴图通常是为了改善材质的外观和真实感。也可以使用贴图创建环境或者创建灯光投射。贴图可以模拟纹理、应用设计、创建反射、折射以及其他的一些效果。与材质一起使用，贴图将为对象几何体添加一些细节而不会增加它的复杂度（位移贴图却会增加复杂度）。接下来着重介绍一些常用贴图。

1. 位图 2D 贴图

位图是由彩色像素的固定矩阵生成的图像，如马赛克。位图可以用来创建多种材质，从木纹和墙面到蒙皮和羽毛。也可以使用动画或视频文件替代位图来创建动画材质。3ds Max "材质编辑器"的位图支持以下文件格式：AVI 文件、BMP 文件、CIN（Kodak Cineon）文件、DDS 文件、GIF 文件、HDRI 文件（.hdr 和 .pic 文件）、IFL 文件、JPEG 文件、MOV（QuickTime 电影）文件、MPEG 文件、OpenEXR 文件、PNG 文件、PSD 文件、RGB 文件（原有 SGI 格式）、RLA 文件、RPF 文件、Flight Studio 的 SGI 图像文件（RGB、RGBA、ATTR、INT 和 INTA 文件）、TGA（Targa）文件、TIFF 文件、YUV 文件。值得注意的是如果场景中包含动画位图（包括材质、投影灯、环境等），则每个帧将一次重新加载一个动画文件。如果场景使用多个动画，或者动画本身是大文件，则这样做将降低渲染性能。

（1）"坐标"卷帘窗。

"坐标"卷帘窗界面如图 6-31 所示。

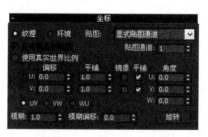

图 6-31　"坐标"卷帘窗

下列控件显示在如"位图"、"漩涡"、"渐变"、"渐变坡度"等贴图的"坐标"卷帘窗上。

- 纹理：用于将该贴图作为纹理应用于表面。从"贴图"列表中选择坐标类型。
- 环境：使用贴图作为环境贴图。从"贴图"列表中选择坐标类型。
- 贴图：列表条目因选择纹理贴图或环境贴图而异。
- 在背面显示贴图：启用此选项后，平面贴图（"对象 XYZ"中的平面，或者带有"UVW 贴图"修改器）将被投影到对象的背面，并且能对其进行渲染。禁用此选项后，不能在对象背面对平面贴图进行渲染。默认设置为启用。只有在两个维度中都禁用"平铺"时，才能使用此切换。只有在渲染场景时，才能看到它产生的效果。
- 使用真实世界比例：启用此选项之后，使用真实"宽度"和"高度"值而不是 UV 值将贴图应用于对象。默认设置为禁用。

- 偏移：用于在 UV 坐标中更改贴图的位置。移动贴图以符合它的大小。例如，如果希望将贴图从原始位置向左移动其整个宽度，并向下移动其一半宽度，在"U 偏移"数值框中输入-1，在"V 偏移"数值框中输入 0.5。
- UV/VW/WU：用于更改贴图使用的贴图坐标系。默认的 UV 坐标将贴图作为幻灯片投影到表面。VW 坐标与 WU 坐标用于对贴图进行旋转使其与表面垂直。
- 平铺：用于决定贴图沿每根轴平铺（重复）的次数。
- 镜像：用于设置从左至右（U 轴）或从上至下（V 轴）进行镜像贴图。

（2）"位图参数"卷帘窗。

"位图参数"卷帘窗如图 6-32 所示。

图 6-32   "位图参数"卷帘窗

其常用功能简介如下：

- 位图：使用标准文件浏览器选择位图。选中之后，此按钮上显示完整的路径名称。
- 重新加载：用于对使用相同名称和路径的位图文件进行重新加载。在绘图程序中更新位图后，无需使用文件浏览器重新加载该位图。单击重新加载场景中任意位图的实例可在所有示例窗中更新贴图。
- RGB 强度：选中该单选按钮，使用贴图的红、绿、蓝通道的强度。忽略像素的颜色，仅使用像素的值或亮度。颜色作为灰度值计算，其范围是 0（黑色）到 255（白色）之间。
- Alpha：选中该单选按钮，使用贴图的 Alpha 通道的强度。
- "RGB 通道输出"组：使用"RGB 通道输出"确定输出 RGB 部分的来源。此组中的控件仅影响显示颜色的材质组件的贴图：环境光、漫反射、高光、过滤色、反射和折射。
- "Alpha 来源"组：此组中的控件根据输入的位图确定输出 Alpha 通道的来源。

2. 棋盘格贴图

在"材质编辑器"对话框中单击"类型"按钮，在弹出的"材质/贴图浏览器"中选择"棋盘格"选项，调出棋盘格贴图。

棋盘格贴图将两色的棋盘图案应用于材质。默认方格贴图是黑白方块图案。棋盘格贴图是 2D 程序贴图。组件方格既可以是颜色，也可以是贴图。如图 6-33 所示是用于桌布及（在合成中）用于冰激凌商店地板的方格贴图。棋盘格贴图的参数面板如图 6-34 所示。

"棋盘格参数"卷帘窗中各个功能简介如下：

- 柔化：用于模糊方格之间的边缘。很小的柔化值就能生成很明显的模糊效果。
- 交换：用于切换两个方格的位置。
- 颜色 #1：用于设置一个方格的颜色。单击可显示颜色选择器。
- 颜色 #2：用于设置一个方格的颜色。单击可显示颜色选择器。
- 贴图：选择要在方格颜色区域内使用的贴图。例如，可以在一个方格颜色内放置其他的棋盘

图 6-33　棋盘格贴图效果　　　　　　　　图 6-34　"棋盘格参数"卷帘窗

3. 渐变贴图

在"材质编辑器"对话框中单击"类型"按钮，在弹出的"材质/贴图浏览器"中选择"渐变"选项，调出渐变贴图。

渐变是指从一种颜色到另一种颜色进行明暗处理后的效果。为渐变指定两种或三种颜色，3ds Max将插补中间值。渐变贴图当颜色 2 位置值为 0.5 时效果如图 6-35 所示。

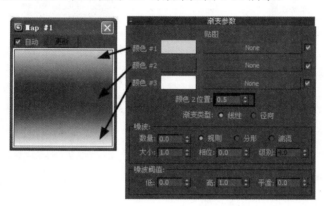

图 6-35　渐变贴图

"渐变参数"界面主要功能简介如下：

- 颜色 #1~#3：用于设置渐变在中间进行插值的三个颜色。单击色样显示"颜色选择器"。可以将颜色从一个色样中拖放到另一个色样中。

- 贴图：用于显示贴图而不是颜色。贴图采用与渐变混合颜色相同的方式来混合到渐变中替代原有颜色。可以在每个窗口中添加嵌套程序渐变以生成 5 色、7 色、9 色渐变，或更多色的渐变。复选框能够启用或禁用相关联的贴图。

- 颜色 2 位置：用于控制中间颜色的中心点。位置介于 0 和 1 之间。为 0 时，颜色 2 会替换颜色 3；为 1 时，颜色 2 会替换颜色 1。

- 渐变类型：线性渐变基于垂直位置（V 坐标）插补颜色，而径向渐变则基于距贴图中心的距离插补颜色（中心为：U=0.5，V=0.5）。对于这两种类型，都可以使用"坐标"下可设置动画的角度参数来旋转渐变。

- 数量：当该值为非零时（范围为 0 到 1），应用噪波效果。它使用 3D 噪波函数，并基于 U、V 和相位来影响颜色插值参数。例如，给定像素在第一个颜色和第二个颜色的中间（插值参数为 0.5）。如果添加噪波，插值参数将会扰动一定的数量，它可能变成小于或大于 0.5。

- 规则：用于生成普通噪波。这类似于"级别"设置为 1 的"分形"噪波。噪波类型设置为"规则"时，会禁用"级别"微调器（因为"规则"不是分形函数）。

- 分形：使用分形算法生成噪波。"层级"选项设置分形噪波的迭代数。

- 湍流：用于生成应用绝对值函数来制作故障线条的分形噪波。要查看湍流效果，噪波量必须大于 0。
- 大小：缩放噪波功能。此值越小，噪波碎片也就越小。
- 相位：用于控制噪波函数的动画速度。3D 噪波函数用于噪波。前两个参数是 U 和 V，第三个参数是相位。
- 级别：用于设置湍流（作为一个连续函数）的分形迭代次数。
- "噪波阈值"组：如果噪波值高于"低"阈值并低于"高"阈值，动态范围会拉伸到填满 0 到 1。这样，阈值过渡时的中断会更小，潜在的锯齿也会变得更少。

4. 渐变坡度贴图

在"材质编辑器"对话框中单击"类型"按钮，在弹出的"材质/贴图浏览器"中选择"渐变坡度"选项，调出渐变坡度贴图。

"渐变坡度"贴图是与"渐变"贴图相似的贴图。它从一种颜色到另一种进行着色。在这个贴图中，可以为渐变指定任何数量的颜色或贴图，如图 6-36 所示。它有许多用于高度自定义渐变的控件。几乎任何"渐变坡度"参数都可以设置动画。"渐变坡度参数"界面如图 6-37 所示。

图 6-36　渐变坡度效果

图 6-37　"渐变坡度参数"卷帘窗

"渐变坡度参数"界面主要功能简介如下：

- 渐变栏：用于显示正被创建的渐变的可编辑状态。渐变的效果从左（始点）移到右（终点）。默认情况下，三个标志沿着红/绿/蓝渐变的底边出现。每个标志控制一种颜色（或贴图）。当前所选的标志呈绿色，其 RGB 值和在渐变中的位置（范围为 0 到 100）显示在渐变栏的上方。每个渐变可以有任意数目的标志。渐变栏有以下功能：单击沿着底边的任何位置，可以创建附加的标志。拖动任何一个标志，可以在渐变内调整它的颜色（或贴图）的位置。不可以移动起始标志和结束标志（0 处的标志#1 和 100 处的标志#2）。但其他标志可以占用这些位置，而且仍然可以移动。对于一个给定的位置，可以有多个标志占用。如果在同一个位置上有两个标志，那么在两种颜色之间会出现轻微边缘。如果同一个位置上有三个或更多的标志，边缘就为实线。

渐变栏的右击选项介绍如下：

- 重置：用于将渐变栏还原为默认设置。
- 加载渐变：用于将现有的渐变（DGR）文件载入渐变栏中。
- 保存渐变：用于将当前的渐变栏作为 DGR 文件进行加载。
- 复制、粘贴：复制渐变并将其粘贴到另一个"渐变坡度"贴图中。
- 标志模式：用于切换标志的显示。

标志的右击选项：右击任一标志以显示带有以下选项的菜单：

- 复制和粘贴：复制当前的关键点并将其粘贴以替换另一个关键点。另一个关键点可以在另一个"渐变坡度"中，也可以在当前的"渐变坡度"中。

◆ 编辑属性：选择此选项以显示"标志属性"对话框。

◆ 删除：用于删除标志。

● 渐变类型：用于选择渐变的类型。以下"渐变"类型可用。这些类型影响整个渐变。

● 插值：用于选择插值的类型。以下"插值"类型可用。这些类型影响整个渐变。插值列表中的各种类型介绍如下：

◆ 自定义：用于为每个标志设置各自的插值类型。右击标志，在弹出的快捷菜单中选择"编辑属性"，可显示"标志属性"对话框并设置该标志插值。

◆ 缓入：与当前标志相比，加权更朝向下一个标志。

◆ 缓入缓出：与下一个标志相比，加权更朝向当前标志。

◆ 缓出：与下一个标志相比，加权更朝向上一个标志。

◆ 线性：从一个标志到另一个标志的常量。（默认设置）

◆ 实体：无插值。变换是清晰的线条。

● 源贴图：单击可将贴图指定给贴图渐变。单击复选框可启用或禁用贴图。仅当选择渐变类型后，"源贴图"控件才可用。

5. 漩涡贴图

漩涡是一种 2D 程序的贴图，它生成的图案类似于两种口味冰淇淋的外观。如同其他双色贴图一样，任何一种颜色都可用其他贴图替换，所以举例来说，大理石与木材也可以生成漩涡。漩涡用于创建涡流，其效果如图 6-38 所示。

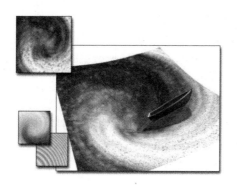

图 6-38　涡流效果

（1）创建漩涡贴图的材质，可执行以下操作：

● 打开"材质编辑器"对话框，选择未使用的示例窗。

● 折叠"基本参数"卷帘窗，展开"贴图"卷帘窗。

● 勾选"漫反射颜色"复选框。单击它的"贴图"按钮以显示"材质/贴图浏览器"对话框。

● 在"浏览器"列表中，单击"漩涡"，贴图会出现在浏览器窗口的左上角，单击"确定"按钮。当"材质/贴图浏览器"对话框关闭时，会将"漩涡"贴图应用到示例窗。

● 在"材质编辑器"中的工具栏下，指定材质名称以标识它在场景中的用途。

（2）"漩涡参数"卷帘窗界面。

"漩涡参数"卷帘窗界面如图 6-39 所示。其基本功能简介如下：

● 基本：漩涡效果的基础层。单击色样以更改该颜色。单击 None 按钮指定贴图以替换颜色。单击右侧的复选框启用或禁用贴图。

● 漩涡：与基础颜色或贴图混合，生成漩涡效果。单击色样以更改该颜色。单击 None 按钮指定贴图以替换颜色。

● 交换：用于反转"基本"和"漩涡"的颜色或贴图指定。

● 颜色对比度：用于控制基础和漩涡之间的对比度。值为 0 时，漩涡很模糊。值越高，对比度越大，直到所有颜色都变为黑色和白色（即使"漩涡强度"和"漩涡量"都非常高）。范围为 0.0 至 4.0；默认设置为 0.4。

图 6-39 "漩涡参数"卷帘窗

- 漩涡强度：用于控制漩涡颜色的强度。值越高，生成的混合颜色越生动。值为 0 时，漩涡效果消失。范围在-10.0 到 10.0 之间；默认设置为 2.0。
- 漩涡量：用于控制混合到基本颜色的漩涡颜色的数量。如果设置为 0，则只使用基本颜色。范围为 0.0 至 3.0；默认设置为 1.0。
- 扭曲：用于更改漩涡效果中的螺旋数。值越高，螺旋数量越多。负值会更改扭曲效果的方向。值为 0 时，颜色会随机分布，没有漩涡。范围在-20.0 到 20.0 之间；默认设置为 1.0。
- 恒定细节：用于更改漩涡内细节的级别。值越低，漩涡内的细节级别越少。值为 0 时，所有细节都丢失。值越高，细节越多，直至漩涡效果消失。值为整数，范围为 0 至 10；默认设置为 4。

6. 细胞贴图

细胞贴图是一种程序贴图，用于生成各种视觉效果的细胞图案，包括马赛克瓷砖、鹅卵石表面甚至海洋表面，其贴图展开效果如图 6-40 所示。

在"材质编辑器"对话框中单击"类型"按钮，在弹出的"材质/贴图浏览器"中选择"细胞"选项，调出细胞贴图。

"细胞参数"卷帘窗界面如图 6-41 所示，其功能简介如下。

图 6-40 细胞贴图

图 6-41 "细胞参数"卷帘窗

- "细胞颜色"组功能：
  - 色样：单击该色样显示"颜色选择器"，为细胞选择一种颜色。
  - 贴图按钮：用于将贴图指定给细胞，而不使用实心颜色。

◆ 复选框：启用此选项后，启用贴图；禁用此选项后，禁用贴图（细胞颜色恢复为色样中指定的颜色）。

◆ 变化：通过随机改变 RGB 值而更改细胞的颜色。变化越大，随机效果越明显。此百分比值可介于 0 到 100 之间。值为 0 时，色样或贴图可完全确定细胞颜色。默认设置为 0。

● "分界颜色"组：这些控件用于指定细胞间的分界颜色。细胞分界是两种颜色或两个贴图之间的斜坡。

● "细胞特性"组功能：

◆ 圆形/碎片：用于选择细胞边缘外观。选择"圆形"时，细胞为圆形。这提供一种更为有机或泡状的外貌。选择"碎片"时，细胞具有线性边缘。这提供一种更为零碎或马赛克的外观。默认设置为"圆形"。

◆ 大小：用于更改贴图的总体尺寸。调整此值使贴图适合几何体。默认设置为 127.0。

◆ 扩散：用于更改单个细胞的大小。默认设置为 0.5。

◆ 凹凸平滑：将细胞贴图用作凹凸贴图时，在细胞边界处可能会出现锯齿效果。如果发生这种情况，应增加该值。默认设置为 0.1。

◆ 分形：用于将细胞图案定义为不规则的碎片图案，因此能够产生以下三种其他参数。默认设置为禁用状态。

◆ 迭代次数：用于设置应用分形函数的次数。注意：增大此值将增加渲染时间。默认设置为 3.0。

◆ 自适应：启用此选项后，分形迭代次数将自适应地进行设置。也就是说，几何体靠近场景的观察点时，迭代次数增加；而几何体远离观察点时，迭代次数降低。这样可以减少锯齿并节省渲染时间。默认设置为启用。

◆ 粗糙度：将细胞贴图用作凹凸贴图时，此参数控制凹凸的粗糙程度。"粗糙度"为 0.0 时，每次迭代均为上一次迭代强度的一半，大小也为上一次的一半。随着"粗糙度"的增加，每次迭代的强度和大小都更加接近上一次迭代。当"粗糙度"为最大值 1.0 时，每次迭代的强度和大小均与上一次迭代相同。实际上，这样便禁用了"分形"。迭代次数如果小于 0.0，那么"粗糙度"没有任何效果。默认设置为 0.0。

● "阈值"组：这些控件影响细胞和分界的相对大小。它们表示为默认算法指定大小的规格化百分比（0 到 1）。

7. 凹痕贴图

凹痕是 3D 程序贴图。扫描线渲染过程中，"凹痕"根据分形噪波产生随机图案。图案的效果取决于贴图类型，如图 6-42 所示左图为凹痕贴图，右图为凹痕贴图添加在凹凸通道上材质球的效果。

在"材质编辑器"对话框中单击"类型"按钮，在弹出的"材质/贴图浏览器"中选择"凹痕"选项，调出凹痕贴图。

"凹痕参数"卷帘窗界面如图 6-43 所示，其基本功能简介如下：

● 大小：用于设置凹痕的相对大小。随着大小的增加，其他设置不变时凹痕的数量将减少。默认设置为 5080。减小"大小"将创建间距相当均匀的微小凹痕。效果与"沙覆盖"的表面相似。增加"大小"在表面上创建明显的凹坑和沟壑。效果有些时候呈现"坚硬的火山岩"容貌。

● 强度：用于决定两种颜色的相对覆盖范围。值越大，颜色 #2 的覆盖范围越大；而值越小，颜色 #1 的覆盖范围越大。默认设置为 20。将"凹痕"用作凹凸贴图时，增加的"强度"值通常会使凹痕更深。

● 迭代次数：用于设置创建凹痕的计算次数。默认设置为 2。凹痕基于分形噪波方程式。在渲染过程中，凹痕表面经过一次或多次计算来产生最终效果，每次计算过程称为一次迭代。计算表面时，每次迭代添加最终表面凹痕的数量、复杂性以及随机性（凹痕变得凹陷）。"凹痕"

纹理需要大量的计算，尤其迭代次数较高时。这样将减少很多渲染时间。

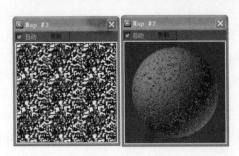

图 6-42　凹痕贴图

图 6-43　"凹痕参数"卷帘窗

- 交换：用于反转颜色或贴图的位置。
- 颜色：在相应的颜色组件（如"漫反射"）中允许选择两种颜色。默认设置为："颜色 #1"为黑色；"颜色 #2"为白色。凹痕可以在对象表面上创建图案，也可以在其表面上创建图案。通过将"凹痕"用作漫反射颜色贴图，影响整个表面。
- 贴图：用于在凹痕图案中用贴图替换颜色。单击右侧复选框可启用或禁用相关贴图。可以将贴图指定给一个或两个凹痕颜色示例窗。可以使用任何种类的贴图，包括凹痕在内。贴图覆盖指定的颜色，使其不产生任何效果。

8. 衰减贴图

衰减贴图基于几何体曲面上面法线的角度衰减来生成从白到黑的值。"衰减"贴图可以创建半透明的外观，其效果如图 6-44 所示。

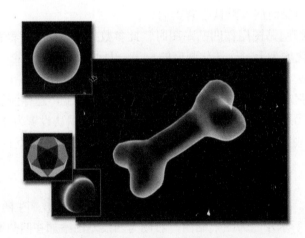

图 6-44　衰减贴图半透明效果

用于指定角度衰减的方向会随着所选的方法而改变。然而，根据默认设置，贴图会在法线从当前视图指向外部的面上生成白色，而在法线与当前视图相平行的面上生成黑色。与标准材质"扩展参数"卷帘窗的"衰减"设置相比，衰减贴图提供了更多的不透明度衰减效果。可以将衰减贴图指定为不透明度贴图。但是，为了获得特殊效果也可以使用"衰减"，如彩虹色的效果。

在"材质编辑器"对话框中单击"类型"按钮，在弹出的"材质/贴图浏览器"中选择"衰减"选项，调出衰减贴图。

（1）使用衰减贴图控制不透明度，需执行以下操作：

- 将衰减贴图指定为不透明度贴图。
- 渲染以查看效果。
- 调整衰减参数来改变效果。

（2）"衰减参数"卷帘窗界面如图 6-45 所示。

图 6-45   "衰减参数"卷帘窗

其基本功能简介如下：

● 前:侧：默认情况下，"前:侧"是位于该卷帘窗顶部的组的名称。前:侧面表示"垂直/平行"
衰减。该名称会因选定的衰减类型而改变。在任何情况下，左边的名称是指顶部的那组控件，
而右边的名称是指底部的那组控件。

● 衰减类型：用于选择衰减的种类。有以下五个可用选项：

①垂直/平行：在与衰减方向相垂直的面法线和与衰减方向相平行的法线之间设置角度衰减范围。
衰减范围为基于面法线方向改变 90 度（默认设置）。

②朝向/背离：在面向（相平行）衰减方向的面法线和背离衰减方向的法线之间设置角度衰减范
围。衰减范围为基于面法线方向改变 180 度。

③Fresnel：基于折射率（IOR）的调整。在面向视图的曲面上产生暗淡反射；在有角的面上产生
较明亮的反射，创建就像在玻璃面上一样的高光。

④阴影/灯光：基于落在对象上的灯光在两个子纹理之间进行调节。

⑤距离混合：基于"近端距离"值和"远端距离"值在两个子纹理之间进行调节。用途包括减少
大地形对象上的抗锯齿和控制非照片真实级环境中的明暗处理。

● 衰减方向：用于选择衰减的方向。有以下五个可用选项：

①查看方向（摄影机 Z 轴）。用于设置相对于摄影机（或屏幕）的衰减方向。更改对象的方向不
会影响衰减贴图（默认设置）。

②摄影机 X/Y 轴。类似于摄影机 Z 轴。例如，对"朝向/背离"衰减类型使用"摄影机 X 轴"
会从左（朝向）到右（背离）进行渐变。

③对象。是指使用其位置能确定衰减方向的对象。单击"模式特定参数"组中"对象"旁边的宽
按钮，然后在场景中拾取对象。衰减方向就是从进行明暗处理的那一点指向对象中心的方向。朝向对
象中心的侧面上的点获取"朝向"值，而背离对象的侧面上的点则获取"背离"值。

④局部 X/Y/Z 轴。将衰减方向设置为其中一个对象的局部轴。更改对象的方向会更改衰减方向。

⑤世界 X/Y/Z 轴。将衰减方向设置为其中一个世界坐标系轴。更改对象的方向不会影响衰减贴图。

（3）"混合曲线"卷帘窗。

使用"混合曲线"卷帘窗上的图形，可以精确地控制由任意衰减类型所产生的渐变。可以在图形
下方的栏中查看渐变的效果，如图 6-46 所示。

"移动"按钮：用于将一个选中的点向任意方向移动，在每一边都会被非选中的点所限制。

"缩放点"按钮：用于在选定点的渐变范围内对其进行缩放。在 Bezier 角点上，这种控制与
垂直移动一样有效。在 Bezier 平滑点上，可以缩放该点本身或任意的控制柄。通过这种移动控制，缩
放每一边都被非选中的点所限制。

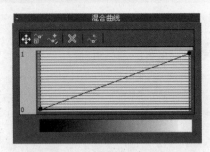

图 6-46　"混合曲线"卷帘窗

"添加点"按钮：用于在图形线上的任意位置添加一个 Bezier 角点。该点在移动时构建一个锐角。

"删除点"按钮：用于删除选定的点。

"重置曲线"按钮：用于将图返回到默认状态，介于 0 和 1 之间的直线。

9. 遮罩贴图

使用遮罩贴图，可以在曲面上通过一种材质查看另一种材质。遮罩控制应用到曲面的第二个贴图的位置。遮罩贴图将标签应用于灭火器，其效果如图 6-47 所示。

图 6-47　遮罩贴图将标签应用于灭火器效果

在"材质编辑器"对话框中单击"类型"按钮，在弹出的"材质/贴图浏览器"中选择"遮罩"选项，调出遮罩贴图。

默认情况下，浅色（白色）的遮罩区域为不透明，显示贴图。深色（黑色）的遮罩区域为透明，显示基本材质。可以勾选"反转遮罩"复选框来反转遮罩的效果。"遮罩参数"卷帘窗界面比较简单，如图 6-48 所示。

图 6-48　"遮罩参数"卷帘窗

遮罩贴图的控件如下：

- 贴图：用于选择或创建要通过遮罩查看的贴图。
- 遮罩：用于选择或创建用作遮罩的贴图。
- 反转遮罩：用于反转遮罩的效果。

10. 混合贴图

通过混合贴图可以将两种颜色或材质合成在曲面的一侧。也可以将"混合数量"参数设为动画然后画出使用变形功能曲线的贴图，来控制两个贴图随时间混合的方式。混合贴图使用反射的场景混合头骨和交叉腿骨如图 6-49 所示。

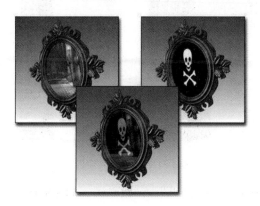

图 6-49 混合贴图混合头骨和交叉腿骨效果

在"材质编辑器"对话框中单击"类型"按钮，在弹出的"材质/贴图浏览器"中选择"混合"选项，调出混合贴图。

混合贴图中的两个贴图都可以在视图中显示。对于多个贴图显示，显示驱动程序必须是 OpenGL或者 Direct3D。软件显示驱动程序不支持多个贴图显示。"混合参数"卷帘窗界面如图 6-50 所示，其主要功能简介如下：

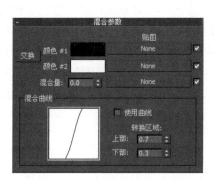

图 6-50 "混合参数"卷帘窗

- 交换：用于交换两种颜色或贴图。
- 颜色#1、颜色#2：用于显示"颜色选择器"来选中要混合的两种颜色。
- 贴图：用于选中或创建要混合的位图或者程序贴图来替换每种颜色。右侧的复选框能够启用或禁用相关联的贴图。贴图中的黑色区域显示颜色#1，而白色区域显示颜色 #2。灰度值表示中度混合。
- 混合量：用于确定混合的比例。其值为 0 时意味着只有颜色 1 在曲面上可见，其值为 1 时意味着只有颜色 2 为可见。也可以使用贴图而不是混合值。两种颜色会根据贴图的强度以大一些或小一些的程度混合。

11. 输出贴图

使用输出贴图，可以将输出设置应用于没有这些设置的程序贴图，如方格或大理石。

在"材质编辑器"对话框中单击"类型"按钮，在弹出的"材质/贴图浏览器"中选择"输出"选项，调出输出贴图。

12. 灰泥贴图

灰泥贴图是一个 3D 贴图，它生成一个表面图案，该图案对于凹凸贴图创建灰泥表面的效果非常有用。在"材质编辑器"对话框中单击"类型"按钮，在弹出的"材质/贴图浏览器"中选择"灰泥"选项，调出灰泥贴图。灰泥贴图用于创建涂抹灰泥的墙，其效果如图 6-51 所示。

图 6-51　灰泥的墙效果

其他常用贴图还有如木材贴图、斑点贴图、波浪贴图、烟雾贴图、合成贴图等，其功能和效果和以上贴图类似，这里就不一一介绍了。

6.1.4　"UVW 贴图"修改器

通过将贴图坐标应用于对象，"UVW 贴图"修改器用于控制在对象曲面上如何显示贴图材质和程序材质。贴图坐标指定如何将位图投影到对象上。UVW 坐标系与 XYZ 坐标系相似。位图的 U 轴和 V 轴对应于 X 轴和 Y 轴。对应于 Z 轴的 W 轴一般仅用于程序贴图。可在"材质编辑器"中将位图坐标系切换到 VW 或 WU，在这些情况下，位图被旋转和投影，以使其与该曲面垂直。

默认情况下，基本体对象（如球体和长方体）与放样对象和 NURBS 曲面一样，具有贴图坐标。扫描、导入或手动构造的多边形或面片模型不具有贴图坐标系，直到应用了"UVW 贴图"修改器。

如果对具有内置贴图坐标的对象应用"UVW 贴图"修改器，那么如果使用"UVW 贴图"修改器中的贴图通道 1，所应用的坐标优先。默认情况下，在创建基本体过程中可用的"生成贴图坐标"选项使用贴图通道 1。

1．"UVW 贴图"修改器

使用"UVW 贴图"修改器可执行以下操作：

（1）对指定贴图通道上的对象应用七种贴图坐标之一。贴图通道 1 上的漫反射贴图和贴图通道 2 上的凹凸贴图可具有不同的贴图坐标，并可以使用修改器堆栈中的两个"UVW 贴图"修改器单独控制。

（2）将七种贴图坐标中的一种应用于对象。

（3）变换贴图 Gizmo 以调整贴图置换。具有内置贴图坐标的对象缺少 Gizmo。

（4）对不具有贴图坐标的对象（如导入的网格）应用贴图坐标。

（5）在子对象层级应用贴图。

2．"UVW 贴图"修改器界面

（1）修改器堆栈。

在 Gizmo 子对象层级，启用 Gizmo 变换。在此子对象层级，可以在视图中移动、缩放和旋转 Gizmo 以定位贴图。在"材质编辑器"对话框中，启用"在视口中显示标准贴图"选项以便在着色视图中显示贴图，变换 Gizmo 时贴图在对象表面上移动，如图 6-52 所示为"UVW 贴图"修改器常用功能界面。

（2）"贴图"组。

确定所使用的贴图坐标的类型。通过贴图在几何上投影到对象上的方式以及投影与对象表面交互的方式，来区分不同种类的贴图。

- 平面。从对象上的一个平面投影贴图，在某种程度上类似于投影幻灯片。在需要贴图对象的一侧时，会使用平面投影。它还用于倾斜地在多个侧面贴图，以及用于贴图对称对象的两个侧面。如图 6-53 所示为平面贴图投影。

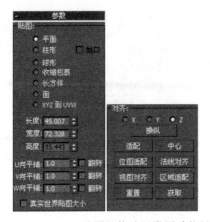

图 6-52 "UVW 贴图"修改器常用功能界面

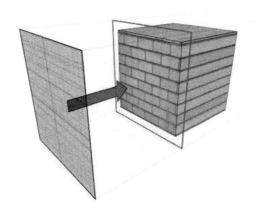

图 6-53 平面贴图投影

- 柱形。从圆柱体投影贴图，使用它包裹对象。位图接合处的缝是可见的，除非使用无缝贴图。圆柱形投影用于基本形状为圆柱形的对象，如图 6-54 所示为圆柱形贴图投影。

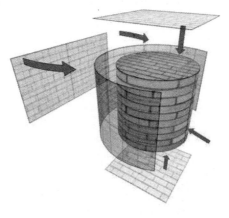

图 6-54 圆柱形贴图投影

- 封口。对圆柱体封口应用平面贴图坐标。如果对象几何体的两端与侧面没有成正确角度，"封口"投影将扩散到对象的侧面上。
- 球形。通过从球体投影贴图来包围对象。在球体顶部和底部，位图边与球体两极交汇处会看到缝和贴图奇点。球形投影用于基本形状为球形的对象，如图 6-55 所示为球形贴图投影。
- 收缩包裹。使用球形贴图，但是它会截去贴图的各个角，然后在一个单独极点将它们全部结合在一起，仅创建一个奇点。收缩包裹贴图用于隐藏贴图奇点，如图 6-56 所示为收缩包裹投影。

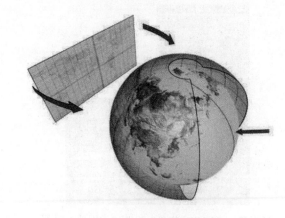

图 6-55　球形贴图投影

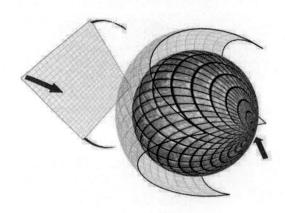

图 6-56　收缩包裹投影

- 长方体。从长方体的六个侧面投影贴图。每个侧面投影为一个平面贴图，且表面上的效果取决于曲面法线。从其法线几乎与其每个面的法线平行的最接近长方体的表面贴图每个面，如图 6-57 所示为长方体投影（显示在长方体和球体上）。

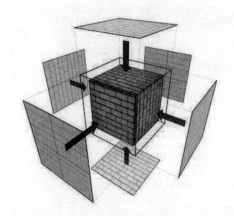

图 6-57　长方体投影

- 面。对对象的每个面应用贴图副本，如图 6-58 所示为面投影。
- XYZ 到 UVW。将 3D 程序坐标贴图到 UVW 坐标。这会将程序纹理贴到表面。如果表面被拉伸，3D 程序贴图也被拉伸。对于包含动画拓扑的对象，请结合程序纹理（如细胞）使用此选项。当前，如果选择了 NURBS 对象，那么"XYZ 到 UVW"不能用于 NURBS 对象且不可用。

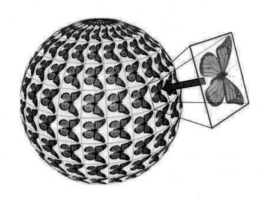

图 6-58　面投影

- 长度、宽度、高度。用于指定"UVW 贴图"Gizmo 的尺寸。在应用修改器时，贴图图标的默认缩放由对象的最大尺寸定义。可以在 Gizmo 层级设置投影的动画。请注意有关这些微调器的下列事项：

尺寸基于 Gizmo 的边界框。"高度"尺寸对于平面 Gizmo 不适用：它没有深度。同样，"柱形"、"球形"和"收缩包裹"贴图的尺寸都显示它们的边界框而不是它们的半径。对于"面"贴图没有可用的尺寸：几何体上的每个面都包含完整的贴图。当加载在 Autodesk VIZ 或更早版本的 3ds Max 中创建的文件时，这三个尺寸根据贴图类型和尺寸设置为 1 或 2（这样可保持与先前版本文件的兼容性，在先前版本的文件中，Gizmo 的刻度不是统一的，以便可以调整它们的尺寸）。

实际上，尺寸成为缩放因数而不是测量值。通过单击"拟合"或"重置"按钮可重置尺寸的值，这会丢失原来的非均匀缩放。

- U 向平铺、V 向平铺、W 向平铺。用于指定 UVW 贴图的尺寸以便平铺图像。这些是浮点值；可设置动画以便随时间移动贴图的平铺。
- 翻转。用于绕给定轴反转图像。

（3）"对齐"组。

- X/Y/Z。选择其中之一，可翻转贴图 Gizmo 的对齐，用于指定 Gizmo 的哪个轴与对象的局部 Z 轴对齐。
- 适配。用于将 Gizmo 适配到对象的范围并使其居中，以使其锁定到对象的范围。在启用"真实世界贴图大小"时不可用。
- 中心。移动 Gizmo，使其中心与对象的中心一致。
- 位图适配。单击该按钮，显示标准的位图文件浏览器，用于拾取图像。在启用"真实世界贴图大小"时不可用。对于平面贴图，贴图图标被设置为图像的纵横比。对于柱形贴图，高度（而不是 Gizmo 的半径）被缩放以匹配位图。为获得最佳效果，首先使用"拟合"按钮以匹配对象和 Gizmo 的半径，然后使用"位图拟合"。
- 法线对齐。单击并在要应用修改器的对象曲面上拖动。Gizmo 的原点放在曲面上光标所指向的点；Gizmo 的 XY 平面与该面对齐。Gizmo 的 X 轴位于对象的 XY 平面上。"法线对齐"考虑了平滑组并使用插补法线，这基于面平滑。因此，可将贴图图标定向至曲面的任意部分，而不是令其捕捉到面法线。
- 视图对齐。用于将贴图 Gizmo 重定向为面向活动视图。图标大小不变。
- 区域适配。激活一个模式，从中可在视图中拖动以定义贴图 Gizmo 的区域。不影响 Gizmo 的方向。在启用"真实世界贴图大小"时不可用。

● 重置。用于删除控制 Gizmo 的当前控制器，并插入使用"拟合"功能初始化的新控制器。所有 Gizmo 动画都将丢失。就像所有对齐选项一样，可通过单击"撤消"来重置操作。

6.2 渲染器

6.2.1 默认扫描线渲染器

3ds Max 附带三种渲染器。其他渲染器可作为第三方插件组件提供。3ds Max 附带的渲染器如下：

（1）默认扫描线渲染器。

默认情况下，扫描线渲染器处于活动状态。该渲染器以一系列水平线来渲染场景。可用于扫描线渲染器的"全局照明"选项包括光跟踪和光能传递。扫描线渲染器也可以渲染到纹理（"烘焙"纹理），其特别适用于为游戏引擎准备场景。

（2）mental ray 渲染器。

还可以使用由 mental images 创建的 mental ray 渲染器。该渲染器以一系列方形"渲染块"来渲染场景。mental ray 渲染器不仅提供了特有的全局照明方法，而且还能够生成焦散照明效果。在"材质编辑器"中，各种 mental ray 明暗器可以提供只有 mental ray 渲染器才能显示的效果。

（3）VUE 文件渲染器。

VUE 文件渲染器是一种特殊用途的渲染器，可以生成场景的 ASCII 文本说明。视图文件可以包含多个帧，并且可以指定变换、照明和视图的更改。

1．使用默认扫描线渲染静态图像

使用默认扫描线渲染静态图像，请执行以下操作：

（1）激活要进行渲染的视图。

（2）单击"渲染设置"按钮 ，或单击"渲染"菜单>"渲染设置"选项打开"渲染设置"对话框，其中"公用"面板处于活动状态。

（3）在"公用参数"卷帘窗上，在"时间输出"组中，选择"单帧"单选按钮。

（4）在"输出大小"组中，设置其他渲染参数或使用默认参数。

（5）单击该对话框底端的"渲染"按钮。默认情况下，渲染输出会显示在"渲染帧窗口"。

2．使用默认扫描线渲染动画

使用默认扫描线渲染动画，请执行以下操作：

（1）激活要进行渲染的视图。

（2）单击"渲染设置"按钮 ，或单击"渲染"菜单>"渲染设置"选项将打开"渲染设置"对话框，其中"公用"面板处于活动状态。

（3）在"公用参数"卷帘窗上，在"时间输出"组中，选中"范围"单选按钮并设置时间范围。

（4）在"输出大小"组中，设置其他渲染参数或使用默认参数。

（5）在"渲染输出"组中，单击"文件"按钮。

（6）在"渲染输出文件"对话框中，指定动画文件的位置、名称和类型，然后单击"保存"按钮。通常将显示一个对话框，用于配置所选文件格式。更改设置或接受默认值，然后单击"确定"按钮继续执行操作。将启用"保存文件"复选框。

（7）单击"渲染设置"对话框底端的"渲染"按钮。如果已设置一个时间范围，但是未指定保存到的文件，则只将动画渲染到该窗口。这可能是一个耗费时间的错误操作，因此将就此发出一条警告。一旦采用这种方式渲染动画，无需使用对话框，就可以通过单击"渲染"按钮或按 F9 键再次渲染该动画。

3．默认扫描线渲染器渲染设置界面

使用"渲染"可以基于 3D 场景创建 2D 图像或动画。从而可以使用设置的灯光、应用的材质及环境设置（如背景和大气）为场景的几何体着色。"渲染设置"对话框具有多个面板。面板的数量和名称因活动渲染器而异。但是始终显示以下面板如图 6-59 所示，其功能简介如下：

图 6-59　默认扫描线渲染设置面板

- "公用"面板。包含任何渲染器的主要控件，如渲染静态图像或动画，设置渲染输出的分辨率等。
- "渲染器"面板。包含当前渲染器的主要控件。
- Render Elements（渲染元素）面板。包含用于将各种图像信息渲染到单个图像文件的控件。在使用合成、图像处理或特殊效果软件时，该功能非常有用。
- "光线跟踪器"面板。包含光线跟踪贴图和材质的全局控件。
- "高级照明"面板。包含用于生成光能传递和光跟踪器解决方案的控件，其可以为场景提供全局照明。
- "处理"和"间接照明"面板。包含用于 mental ray 渲染器的特殊控件。在"渲染设置"对话框底部有一些控件，它们与"公用参数"卷帘窗中的控件类似，均可应用于所有渲染器。
- 预设。在此下拉列表中，可以选择一组预设渲染参数，或者加载或保存渲染参数设置。请参阅预设渲染选项。
- 视图。用于选择要渲染的视图，默认情况下就是活动视图。可以使用此下拉列表来选择不同的视图。该列表只包含当前显示的视图。
- 锁定视图。启用时，会将视图锁定到"视图"列表中显示的一个视图。从而可以调整其他视图中的场景（这些视图在使用时处于活动状态），然后单击"渲染"按钮即可渲染最初选择的视图。如果禁用此选项，使用"渲染"按钮将始终渲染活动视图。
- 渲染。用于渲染场景。如果渲染的场景包含无法定位的位图，则将打开"缺少外部文件"对话框。使用此对话框可以浏览缺少的贴图，或在不加载这些贴图的情况下继续渲染场景。
- "渲染"对话框。单击"渲染"按钮时，"渲染"对话框将显示所使用的参数，以及一个进度栏。在"渲染"对话框中，"取消"按钮的左边有"暂停"按钮。单击"暂停"按钮后，渲染将暂停，该按钮的标签将更改为"继续"。单击"继续"按钮即可继续进行渲染，其面板如图 6-60 所示。

6.2.2　mental ray 渲染器

1．mental ray 渲染器与默认扫描线渲染器的区别

与默认 3ds Max 扫描线渲染器相比，mental ray 渲染器不用"手工"，通过生成光能传递解决方案来模拟复杂的照明效果。mental ray 渲染器为使用多处理器进行了优化，并为动画的高效渲染而利用增量变化，其渲染效果如图 6-61 所示。

与从图像顶部向下渲染扫描线的默认 3ds Max 渲染器不同，mental ray 渲染器渲染称作渲染的矩形块。渲染的渲染块顺序可能会改变，具体情况取决于所选择的方法。默认情况下，mental ray 使用"希尔伯特"方法，该方法基于切换到下一个渲染块的花费来选择下一个渲染块进行渲染。因为当前对象渲染后可以从内存中丢弃以渲染其他对象，所以避免多次重新加载相同的对象很重要。当启用占位符对象（请参见"处理"面板 > "转换器选项"卷帘窗）时，这一点尤其重要。

图 6-60 "渲染"对话框

图 6-61 mental ray 渲染器渲染效果

如果使用分布式渲染来渲染场景，那么可能很难理解渲染顺序背后的逻辑。在这种情况下，顺序会被优化以避免发出大量数据。当渲染块可用时，每个 CPU 会被指定给一个渲染块，因此，渲染图像中不同的渲染块会在不同的时间出现。

2. 使用 mental ray 渲染器

使用 mental ray 渲染器，请执行以下操作：

（1）选择"渲染"菜单 > "渲染设置"，打开"渲染设置"对话框。

（2）在"公用"面板上，打开"指定渲染器"卷帘窗，然后单击产品级渲染器的"..."按钮。将打开"选择渲染器"对话框。

（3）在"选择渲染器"对话框中，高亮显示 mental ray 渲染器，然后单击"确定"按钮。

6.3 VRay 渲染器

VRay 渲染器是由 Chaos Group 和 Asgvis 公司出品，中国由曼恒公司负责推广的一款高质量渲染软件。VRay 是目前业界最受欢迎的渲染引擎。基于 V-Ray 内核开发的有 VRay for 3ds Max、Maya、Sketchup、Rhino 等诸多版本，为不同领域的优秀 3D 建模软件提供了高质量的图片和动画渲染。除此之外，VRay 也可以提供单独的渲染程序，方便使用者渲染各种图片。VRay 渲染器提供了一种特殊的材质——VrayMtl。在场景中使用该材质能够获得更加准确的物理照明（光能分布）、更快的渲染，反射和折射参数的调节更方便。使用 VrayMtl，可以应用不同的纹理贴图，控制其反射和折射，增加凹凸贴图和置换贴图，强制直接进行全局照明计算，选择用于材质的 BRDF。

6.3.1 VRay 渲染设置部分

1. VRay 渲染器的调用方法

安装完 VRay 渲染器后，按 F10 键，打开"渲染设置"对话框如图 6-62 所示，并打开"指定渲染器"卷帘窗，再单击产品级后的"选择渲染器"按钮 ，在调出的对话框中选择 V-Ray Adv 1.50.SP4a，单击"确定"按钮，如图 6-63 所示，即会调出 VRay 渲染器。

图 6-62　打开"渲染设置"面板

图 6-63　调入 VRay 渲染器

2. VRay 基础设置

（1）V-Ray::Indirect illumination（GI）：全局照明（GI）参数。

On 是全局照明的开关，如图 6-64 所示。在没有勾选时，看不到 V-Ray 的全局光照的特点，渲染场景只会有直接光照，看不到间接光照（即物体与物体之间的反弹光），场景会显得灰暗，不够真实。开启时场景中除了有直接光照，还存在间接光照。

（2）V-Ray::Irradiance map：高级光照贴图。

在 Irradiance map（高级光照贴图）：卷帘窗中选择渲染级别如图 6-65 所示。

Current preset：当前设置。主要用于控制在进行光照计算时的质量级别。分别有以下几种：

● Custom：自定义。可以通过手动调节内部参数。

● Very low：非常低。会由系统自动产生一个非常低的组合。在渲染时可以得到一个速度效果，但质量差一些。

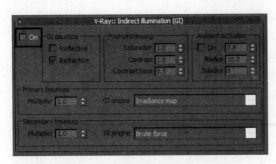

图 6-64　勾选 GI 开关开启全局照明

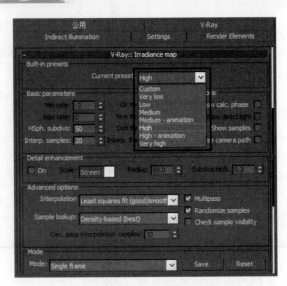

图 6-65　选择渲染效果级别

- Low：低。
- Medium：中等级别。
- Medium-animation：中等级别－动画。适合于动画场景，以免发生闪烁。
- High：高级别。
- High-animation：高级别－动画。
- Very high：非常高。

在 Irradiance map 卷帘窗 Options 选项中打开以下两个开关。

- Show calc.phase：显示计算过程。勾选时，将显示出计算过程，方便根据测试的整体亮度，即时调整灯光效果。取消勾选，不显示计算过程。
- Show direct light：用于显示直接灯光过程。

（3）V-Ray::Environment 环境。

勾选卷帘窗中的 On，用来控制外部环境光的能量。在 V-Ray 中代替了 3ds Max 默认环境光。Color 控制环境光的颜色，如图 6-66 所示。

图 6-66　Environment 环境设置

- Multiplier：强度。提高数值，外部环境光的能量会变强；反之变弱。None：无。单击此按钮可以指定一张贴图。
- Reflection/refraction environment override：反射/折射外部环境选项，在没有勾选 On 时，由 Max 默认的外部环境色控制；勾选 On 后，由当前 Color 颜色控制，由 Multiplier 控制反射/折射强度。也可以单击 None 指定一张贴图。

6.3.2　VRay 常用材质

VRayMtl 材质是 VRay 众多材质中最常用的，也是最出效果的一个材质种类，其 Basic parameters 基本参数卷帘窗如图 6-67 所示。

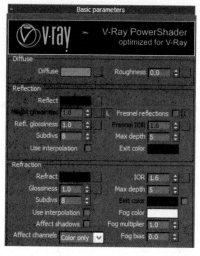

图 6-67　Basic parameters 基本参数卷帘窗

其功能简介如下：

- Diffuse：漫反射。用于控制物体表面的颜色。

- Reflect：反射。通过一旁的颜色来控制反射的强度。颜色越靠近黑色，反射的强度越低；颜色越靠近白色则反射越强烈，同时花费的渲染时间更多一些。

- Fresnel reflection：菲涅尔反射。是一种计算方式。勾选时使物体从中间到边缘过渡得自然一些。常用于如玻璃、瓷器等物体。右边的 L 按钮起着锁定折射率的作用。取消勾选后，可对折射率进行设置。

- Fresnel IOR：反射率。值越大，反射越强。当然值过大，计算后的效果就类似于未开启菲涅尔的效果。一般情况保持默认。

- Hilight glossiness：高光光泽度。首先需单击一旁的 L 按钮方能进行设置。主要用于控制模糊高光。值越低，越模糊；反之，则越清晰。如调节金属材质。

- Refl.glossiness：模糊反射。用于控制在反射时的清晰程度。默认值为 1，即不产生模糊效果。当小于 1 会产生模糊，值越小，相应渲染时间越长。

- Subdivs：细分。用于控制模糊反射的细腻程度，值越低，细腻程度越差，杂点越多，速度会快一些；相反，值越高，细腻程度越好，渲染花费的时间越长。通常控制在 5 左右。

- Use interpolation：使用差值开关。一般保持默认。

- Max depth：最大反射深度。用于控制反射时的次数。一般保持默认。

- Exit color：离开颜色。超出最大反射次数以后的部分而产生的颜色。此参数是根据 Max depth 值来进行控制的。一般最大反射次数值越高此值越不起作用。

- Refract：折射明显程度。通过一旁的颜色进行控制，值越靠近白色，越透明；反之，越不透明。

- IOR：折射率。值越大，折射效果越大。水：1.33；空气：1.003；玻璃：1.5～1.7；钻石：2.419；冰块：1.309。

- Glossiness：模糊折射。默认值为 1，值越低，模糊程度越明显；反之，越清晰。如调节磨砂玻璃材质。

- Subdivs：细分。控制模糊的细腻程度，值越大，越细腻，同时渲染时间会成倍增加；值越小，越粗糙，杂点越多。

- Max depth：最大折射深度。

- Exit color：离开颜色。

- Use interpolation：使用差值开关。

- Fog color：雾色。用于控制过滤的颜色，如制作有色玻璃。颜色不能太饱和，敏感度很强。

- Fog multiplier：雾色强度。用于控制颜色的深浅度。

- Fog bias：雾色偏移。一般保持默认。
- Affect shadows：影响阴影。勾选时，物体所投射的阴影颜色会受到物体**雾色颜色**的影响。
- Affect alpha：影响 alpha 通道。
- Translucency：半透明。

6.4 标准灯光

标准灯光是基于计算机的对象，其模拟灯光，如家用或办公室用灯，舞台和电影工作时使用的灯光设备，以及太阳光本身。不同种类的灯光对象可用不同的方式投影，用于模拟真实世界不同种类的光源。与光度学灯光不同，标准灯光不具有基于物理的强度值。其创建面板如图 6-68 所示。

图 6-68 标准灯光创建面板

6.4.1 标准灯光的种类

1. 聚光灯

聚光灯是像闪光灯一样投影聚焦的光束，就像剧院中或桅灯的光束形状，聚光灯分为目标聚光灯和平行聚光灯。目标聚光灯使用目标对象指向摄像机。

特别值得注意的是当添加目标聚光灯时，3ds Max 将自动为该摄像机指定注**视控制器**，灯光目标对象指定为"注视"目标。可以使用"运动"面板上的控制器将场景中的任何其他**对象**指定为"注视"目标。

（1）要创建目标聚光灯，可执行以下操作：

- 在"创建" 面板上，单击"灯光"按钮 。"标准"是灯光类型的默认选择。
- 在"对象类型"卷帘窗中单击"目标聚光灯"。
- 在视图中拖动。拖动的初始点是聚光灯的位置，释放点就是目标位置。现在灯光成为场景的一部分。
- 设置创建参数。

（2）要调整目标聚光灯，可执行以下操作：

- 选择灯光。
- 使用主工具栏上的"选择并移动"按钮 可以调整灯光。另一种方法是，右击灯光并选择"移动"。

由于聚光灯始终指向其目标，所以不能沿着其局部 X 或 Y 轴进行旋转。但是，可以选择并移动目标对象以及灯光自身。当移动灯光或目标时，灯光的方向改变，所以他始终指向目标。

2. 平行光

当太阳在地球表面上投影（适用于所有实践）时，所有平行光以一个方向投影平行光线。平行光主要用于模拟太阳光。可以调整灯光的颜色和位置并在 3D 空间中旋转灯光。

由于平行光线是平行的，所以平行光线呈圆形或矩形棱柱而不是"圆锥体"。注意当添加目标平行光时，3ds Max 会自动为其指定注视控制器，且灯光目标对象指定为"注视"目标。可以使用"运动"面板上的控制器将场景中的任何其他对象指定为"注视"目标。

（1）要创建目标平行光，可执行以下操作：

- 在"创建" 面板上，单击"灯光"按钮 。"标准"是灯光类型的默认选择。
- 在"对象类型"卷帘窗中单击"目标平行光"。
- 在视图中拖动。拖动的初始点是灯光的位置，释放点就是目标位置。现在灯光成为场景的一部分。
- 设置创建参数。要调整灯光的方向，可移动目标对象。

（2）要将视图更改为灯光视图，可执行以下操作：

- 单击或右击 POV 视图标签。3ds Max 将打开"观察点"视图标签菜单。
- 选择灯光。"灯光"子菜单将显示场景中每个聚光灯或平行光的名称。
- 选择需要的灯光名称。当前视图显示灯光的观察点，使用灯光视图控件调整灯光。

3. 泛光灯

泛光灯从单个光源向各个方向投影光线。泛光灯用于将"辅助照明"添加到场景中，或模拟点光源。

泛光灯可以投影阴影和投影。单个投影阴影的泛光灯等同于六个投影阴影的聚光灯，从中心指向外侧。当设置由泛光灯投影的贴图时（该泛光灯要使用"球形"、"柱形"、"收缩包裹环境"坐标进行投影），投影贴图的方法与映射到环境中的方法相同。当使用"屏幕环境"坐标或"显式贴图通道纹理"坐标时，将以放射状投影贴图的六个副本。

要创建泛光灯，可执行以下操作：

- 在"创建"面板上，单击"灯光"按钮。"标准"是灯光类型的默认选择。
- 在"对象类型"卷帘窗上单击"泛光"灯。
- 单击放置灯光的视图位置。如果拖动鼠标进行放置，则可以在松开鼠标固定其位置之前移动灯光。现在灯光成为场景的一部分。
- 设置创建参数。要调整灯光效果，可以在场景中拥有任何对象时移动该灯光，便可看到灯光产生的不同照射效果。

4. 天光

天光用于建立日光的模型，与光跟踪器一起使用。可以用于设置天空的颜色或将其指定为贴图，对天空建模作为场景上方的圆屋顶。使用单个天光和光跟踪器渲染的模型，如图 6-69 所示。

图 6-69 天光渲染效果

当使用默认扫描线渲染器进行渲染时，天光与高级照明，光跟踪器或光能传递结合使用效果会更佳。

（1）使用带有天光的贴图。

如果使用带有天光的贴图，以下指南可以改善其效果：

- 确保贴图坐标为球形或柱形。
- 对于光跟踪，确保使用足够的采样。一条经验规则是至少使用 1,000 个采样，将"初始采样间距"设置为 8×8 或 4×4，并将"过滤器大小"的值增加到 2.0。
- 使用图像处理应用程序模糊以前使用的贴图。有了模糊的贴图，可以使用较少的采样获得较好的效果。当与"天光"一起使用时，模糊的贴图仍将很好地渲染。

（2）建筑设计中的天光和光能传递。

为了在向场景中添加天光时能正确处理光能传递，需要确保墙壁具有封闭的角落，并且地板和天花板的厚度要分别比墙壁薄和厚。在本质上，构建 3D 模型就应像构建真实世界的结构一样。

如果所构建模型的墙壁是通过单边相连的，或者底板和天花板均为简单的平面，则在添加天光后处理光能传递时，可沿这些边缘以"灯光泄漏"结束。

修复模型防止出现灯光泄漏的方法如下：

1）确保地面和天花板具有一定的厚度。通过挤出子对象层级上的曲面或应用诸如"壳"或"挤出"这样的修改器，可修复此问题。

2）使用 Wall 命令创建墙壁。通过对 Wall 命令进行编程，可确保使用固体对象构建边角，而非保留单个的薄边。

3）确保地板和天花板对象延伸至墙外。地板对象和天花板对象需要分别向墙下和墙上延伸。

通过使用这些准则构建 3D 模型，在向场景中添加天光后处理光能传递时，将不会出现灯光泄漏。

（3）使用天光的渲染元素。

如果使用渲染元素输出场景中天光的照明元素，该场景使用光能传递或光跟踪器，不可以分离灯光的直接、间接和阴影通道。天光照明的所有三个元素输出到"间接光"通道。

（4）要创建"天光"，可执行以下操作：

- 在"创建"面板上，单击"灯光"按钮。"标准"是灯光类型的默认选择。
- 在"对象类型"卷帘窗中，单击"天光"。
- 单击视图。现在灯光成为场景的一部分。
- 设置创建参数。

（5）天光参数界面。

天光参数界面如图 6-70 所示。

- 启用。用于设置启用和禁用灯光。当"启用"复选框处于勾选状态时，使用灯光着色和渲染以照亮场景。当该复选框处于禁用状态时，进行着色或渲染时不使用该灯光。默认设置为启用。

图 6-70　天光参数界面

- 倍增。用于将灯光的功率放大一个正或负的量。例如，如果将倍增设置为 2.0，灯光将亮两倍。默认设置为 1.0。

使用该参数增加强度可以使颜色看起来有"烧坏"的效果。它也可以生成颜色，该颜色不可用于视频中。通常将"倍增"设置为其默认值 1.0，特殊效果和特殊情况除外。

- 使用场景环境。使用"环境"面板设置灯光颜色。除非光跟踪处于活动状态，否则该设置无效。
- 天空颜色。单击色样可显示"颜色选择器"，并选择为天光染色。
- 贴图控件。可以使用贴图影响天光颜色。该按钮用于指定贴图，切换设置贴图是否处于激活状态，微调器用于设置要使用的贴图的百分比（当值小于 100 时，贴图颜色与天空颜色混合）。

要获得最佳效果，可使用 HDR 文件照明。

除非光跟踪处于活动状态，否则该贴图无效。

- 投射阴影。用于使天光投影阴影。默认设置为禁用状态。
- 每采样光线数。用于计算落在场景中指定点上天光的光线数。对于动画，应将该选项设置为较高的值以消除闪烁。值为 30 左右应该可以消除闪烁。
- 光线偏移。对象可以在场景中指定点上投影阴影的最短距离。将该值设置为 0 可以使该点在自身上投影阴影；将该值设置为大的值可以防止点附近的对象在该点上投影阴影。

6.4.2　灯光的属性与参数

1. "常规参数"卷帘窗

此"常规参数"卷帘窗专用于标准灯光。这些控件用于启用和禁用灯光，并且排除或包含场景中的对象。在"修改"面板上，"常规参数"卷帘窗也控制灯光的目标对象并将灯光从一种类型更改为另一种类型。"常规参数"卷帘窗也用于对灯光启用或禁用投影阴影，并且选择灯光使用的阴影类型。

其界面如图 6-71 所示。

图 6-71　常规参数面板

- 启用。（"创建"面板和"修改"面板）用于启用和禁用灯光。当"启用"复选框处于勾选状态时，使用灯光着色和渲染以照亮场景。当"启用"复选框处于非勾选状态时，进行着色或渲染时不使用该灯光。默认设置为启用。

- 灯光类型列表。用于更改灯光的类型。如果选中标准灯光类型，可以将灯光更改为泛光灯、聚光灯或平行光。如果选中光度学灯光类型，可以将灯光更改为点光源、线光源或区域灯光。

- 目标。启用该选项后，灯光将成为目标。灯光与其目标之间的距离显示在此复选框的右侧。对于自由灯光，可以设置该值。对于目标灯光，可以通过禁用该复选框或移动灯光或灯光的目标对象对其进行更改。

- 启用"阴影"。用于决定当前灯光是否投影阴影。默认设置为启用。

- 阴影方法下拉列表。用于决定渲染器是否使用阴影贴图、光线跟踪阴影、高级光线跟踪阴影或区域阴影生成该灯光的阴影。"mental ray 阴影贴图"类型与 mental ray 渲染器一起使用。当选择该阴影类型并启用阴影贴图（位于"渲染设置"对话框的"阴影与置换"卷帘窗上）时，阴影使用 mental ray 阴影贴图算法。如果选中该类型但使用默认扫描线渲染器，则进行渲染时不显示阴影。

- 使用全局设置。启用此选项以使用该灯光投影阴影的全局设置。禁用此选项以启用阴影的单个控件。如果未勾选"使用全局设置"，则必须选择渲染器使用哪种方法来生成特定灯光的阴影。当启用"使用全局设置"后，切换阴影参数显示全局设置的内容。该数据由此类别的其他每个灯光共享。当禁用"使用全局设置"后，阴影参数将针对特定灯光。

- "排除"按钮。用于将选定对象排除于灯光效果之外。单击此按钮可以显示"排除/包含"对话框。排除的对象仍在着色视图中被照亮。只有当渲染场景时排除才起作用。

2. "强度/颜色/衰减"卷帘窗

使用"强度/颜色/衰减"卷帘窗可以设置灯光的颜色和强度，也可以定义灯光的衰减。衰减设置使远处对象更暗，如图 6-72 所示。

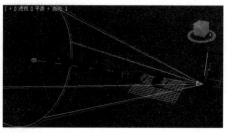

图 6-72　衰减效果

衰减是灯光的强度将随着距离的加长而减弱的效果。在 3ds Max 中可以明确设置衰减值。该效果与现实世界的灯光不同，它使得设计人员可以更直接地对灯光淡入或淡出方式进行控制。如果没有选用衰减，则当对象远离光源时，将荒谬地显示其变得更亮。这是因为随着距离拉大该对象的大多数面的入射角更接近 0 度。

当对于近距衰减设置"使用"时，从 0 到"开始"指定的距离处仍然保留该灯光值。从"开始"

到"结束"指定的距离，其值增加。除了"结束"之外，在颜色和倍增控件指定的值处仍然保留该灯光，除非远距衰减也处于活动状态。不可以设置"近"距衰减和"远"距衰减距离，否则他们将互相覆盖。"强度/颜色/衰减"界面如图 6-73 所示。

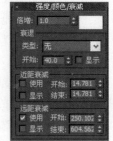

图 6-73　强度/颜色/衰减

- 倍增。用于将灯光的功率放大一个正或负的量。例如，如果将倍增设置为 2.0，灯光将亮两倍。负值可以减去灯光，这对于在场景中有选择地放置黑暗区域非常有用。默认设置为 1.0。使用该参数增加强度可以使颜色看起来有"烧坏"的效果。它也可以生成颜色，该颜色不可用于视频中。通常，将"倍增"设置为其默认值 1.0，特殊效果和特殊情况除外。高"倍增"值会冲蚀颜色。例如，如果将聚光灯设置为红色，之后将其"倍增"增加到 10，则在聚光区中的灯光为白色并且只有在衰减区域的灯光为红色，其中并没有应用"倍增"。负的"倍增"值导致"黑色灯光"。即灯光使对象变暗而不是使对象变亮。

- 颜色样例。用于显示灯光的颜色。单击色样将显示"颜色选择器"，用于选择灯光的颜色。

- 类型。用于选择要使用的衰退类型。有三种类型可选择。无（默认设置）表示不应用衰退。从其源到无穷大灯光仍然保持全部强度，除非启用远距衰减。反向表示应用反向衰退。公式亮度为 R0/R，其中 R0 为灯光的径向源（如果不使用衰减），为灯光的"近距结束"值（如果不使用衰减）。R 为与 R0 照明曲面的径向距离。平方反比表示应用平方反比衰退。该公式为 $(R0/R)^2$。实际上这是灯光的"真实"衰退，但在计算机图形中可能很难查找。这是光度学灯光使用的衰退公式。

衰退开始的点取决于是否使用衰减：如果不使用衰减，则光源处开始衰退。使用近距衰减，则从近距结束位置开始衰退。

建立开始点之后，衰退遵循其公式到无穷大，或直到灯光本身由"远距结束"距离切除。换句话说，"近距结束"和"远距结束"不成比例，否则影响衰退灯光的明显坡度。

- 开始。用于设置灯光开始淡入的距离。

- 结束。用于设置灯光达到其全值的距离。

- 使用近距衰减。用于启用灯光的近距衰减。

- 显示。用于在视图中显示近距衰减范围设置。对于聚光灯，衰减范围看起来好像圆锥体的镜头形部分。对于平行光，范围看起来好像圆锥体的圆形部分。对于启用"泛光化"的泛光灯和聚光灯或平行光，范围看起来好像球形。默认情况下，"近距开始"为深蓝色并且"近距结束"为浅蓝色。

- "远距衰减"组。用于设置远距衰减范围可有助于大大缩短渲染时间。如果场景中存在大量的灯光，则使用"远距衰减"可以限制每个灯光所照场景的比例。例如，办公区域存在几排顶上照明，则通过设置"远距衰减"范围，可在处于渲染接待区域而非主办公区域时，保持无需计算的灯光照明。再如，楼梯的每个台阶上可能都存在隐藏的灯光，如同剧院所布置的一样。将这些灯光的"远距衰减"值设置为较小的值，可在渲染整个剧院时无需计算它们各自（忽略）的照明。

3. "排除/包含"对话框

"排除/包含"对话框用于确定选定的灯光不照亮哪些对象或在无光渲染元素中考虑哪些对象。尽管灯光排除在自然情况下不会出现，但该功能在需要精确控制场景中的照明时非常有用。例如，有时专门添加灯光来照亮单个对象而不是其周围环境，或希望灯光从一个对象（而不是其他对象）投影阴影等，其界面如图 6-74 所示。

"排除/包含"对话框包括以下几个控件：

- 排除/包含。用于确定灯光（或无光渲染元素）是排除还是包含右侧列表中已命名的对象。

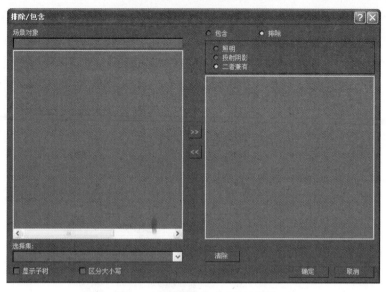

图 6-74　"排除/包含"对话框

- 照明。排除或包含对象表面的照明。
- 投射阴影。排除或包含对象阴影的创建。
- 二者兼有。排除或包含上述两者。
- 场景对象。选中左边场景对象列表中的对象，然后使用箭头按钮将它们添加至右面的扩展列表中。"排除/包含"对话框将一个组视为一个对象。通过选择"场景对象"列表中的组名称排除或包含组中的所有对象。如果组嵌套在另一组中，则该组将不显示在"场景对象"列表中。要排除一个被嵌套的组或该组中的某个对象，必须在使用此对话框之前对它们进行解组。
- 清除。从右边的"排除/包含"列表中清除所有项。

4. "阴影参数"卷帘窗

所有灯光类型（除了"天光"和"IES 天光"）和所有阴影类型都具有"阴影参数"卷帘窗。使用该卷帘窗参数可以设置阴影颜色和其他常规阴影属性，如图 6-75 所示为太阳光投影的桥阴影。

图 6-75　太阳光投影的桥阴影

使用这些控件还可以让大气效果投影阴影，"阴影参数"卷帘窗界面如图 6-76 所示。

- 颜色。用于显示"颜色选择器"以便选择此灯光投影的阴影的颜色。默认颜色为黑色。可以设置阴影颜色的动画。
- 密度。用于调整阴影的密度。增加密度值可以增加阴影的密度（暗度）。减少密度值会减少阴影密度。默认设置为 1.0。密度可以有负值，使用该值可以帮助模拟反射灯光的效果。白色阴影颜色和负"密度"渲染黑色阴影的质量没有黑色阴影颜色和正"密度"渲染的质量好，如图 6-77 所示其阴影密度从左到右增加。

图 6-76 "阴影参数"卷帘窗

图 6-77 阴影密度不同效果

- "贴图"复选框。启用该复选框可以使用"贴图"按钮指定的贴图。默认设置为禁用状态。
- "贴图"按钮。用于将贴图指定给阴影,将贴图颜色与阴影颜色混合起来。默认设置为"无"。
- 灯光影响阴影颜色。启用此选项后,将灯光颜色与阴影颜色(如果阴影已设置贴图)混合起来。默认设置为禁用状态。如图 6-78 所示为方格贴图用于更改钢琴投影的阴影。

5. "添加大气或效果"对话框

添加灯光后,单击"修改"按钮,在下侧的"大气和效果"卷帘窗中单击"添加"按钮,弹出"添加大气或效果"对话框。

对话框中列表只显示与灯光对象相关联的大气和效果,或将灯光对象作为他的装置。其界面如图 6-79 所示。

图 6-78 方格贴图应用效果

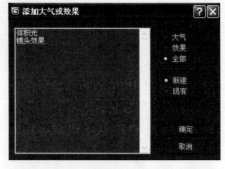

图 6-79 "添加大气或效果"对话框

其主要功能选项简介如下:

- 大气或效果列表。用于显示与灯光相关联的大气或效果。
- 大气。仅列出大气。

- 效果。仅列出渲染效果。
- 全部。列出大气和渲染效果。
- 新建。仅列出新大气或效果。
- 现有。仅列出已指定给灯光的大气或效果。添加现有大气或效果将创建一个新大气或效果，初始设置与以前的大气相同。

6.5 摄像机

摄像机从特定的观察点表现场景。摄像机对象模拟现实世界中的静止图像、运动图片或视频摄像机。

6.5.1 摄像机的简介

在 3ds Max 2010 中存在两种摄像机对象，它们分别是目标摄像机和自由摄像机。目标摄像机用于查看目标对象周围的区域。创建目标摄像机时，看到一个两部分的图标，该图标表示摄像机和其目标（一个白色框）。摄像机和摄像机目标可以分别设置动画，以便当摄像机不沿路径移动时，容易使用摄像机。自由摄像机用于在摄像机指向的方向查看区域。创建自由摄像机时，看到一个图标，该图标表示摄像机和其视野。摄像机图标与目标摄像机图标看起来相同，但是不存在要设置动画的单独的目标图标。当摄像机的位置沿一个路径被设置动画时，更容易使用自由摄像机。

1. 创建和移动摄像机

单击"创建"菜单>"摄像机"，在子菜单中选择单击来创建摄像机，或通过单击"创建"面板上的"摄像机"按钮📷创建摄像机，也可以通过激活"透视"视图，然后选择"视图"菜单>"从视图创建摄像机"选项，创建一个摄像机。

创建一个摄像机之后，可以更改视图以显示摄像机的观察点。当摄像机视图处于活动状态时，导航按钮更改为摄像机导航按钮。可以将"修改"面板与摄像机视图结合使用来更改摄像机的设置。当使用摄像机视图的导航控件时，可以只使用 Shift 键约束移动、平移和旋转运动为垂直或水平。可以移动选定的摄像机，以便其视图与"透视"、"聚光灯"或其他"摄像机"视图的视图相匹配。

如果需要一个动画摄像机来进行上下垂直观看，则使用自由摄像机。如果使用目标摄像机，可能会出现意想不到的问题。3ds Max 约束目标摄像机的向上矢量（其本地正 Y 轴）与世界坐标系正 Z 轴尽可能接近。这样当使用静态摄像机时，就不会出现问题。但是，如果设置摄像机的动画并将其放置在几乎垂直的位置（上或下），3ds Max 将翻转摄像机视图以防止向上矢量变为未定义。

2. 摄像机对象图标

除非选择不显示摄像机对象，否则在视图中摄像机对象一直可见。但是，显示在视图中的几何体只是一个图标，该图标用于展示摄像机的位置及其定向的方式。

目标摄像机创建一个双图标，用于表示摄像机（与蓝色三角形相交的蓝色框）和摄像机目标（蓝色框）。自由摄像机创建单个图标，表示摄像机及其视野。如图 6-80 所示自由摄像机不具有目标而目标摄像机具有目标子对象。

不可以对摄像机对象着色。但是，可以单击"动画"菜单>"生成预览"选项，在"生成预览"对话框中的"预览显示"组中勾选"摄像机"来渲染其图标。

当更改视图的比例时，摄像机对象图标的显示比例并不更改。例如，当在摄像机上放大时，图标大小并不更改。要更改摄像机对象图标的大小，可以使用"首选项"对话框的"视图"面板，更改"非缩放对象大小"的值。

3. 缩放变换

"缩放变换"在摄像机对象上具有以下效果：

（1）"均匀缩放"在目标摄像机上无效，但并不更改自由摄像机的"目标距离"设置。

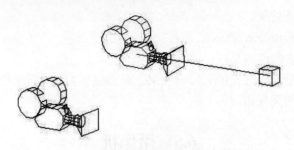

图 6-80　摄像机图标

（2）"非均匀缩放"和"挤压"更改自由摄像机的 FOV 圆锥体的大小和形状。在视图中查看效果，但并不更新摄像机的参数。"非均匀缩放"和"挤压"将更改目标摄像机的图标的大小和形状，但在视图中看不到效果。

6.5.2　摄像机的使用

使用摄像机视图可以调整摄像机，就好像正在通过其镜头进行观看。摄像机视图对于编辑几何体和设置渲染的场景非常有用。多个摄像机可以提供相同场景的不同视图。

如果要设置观察点的动画，可以创建一个摄像机并设置其位置的动画。例如，可能要飞过一个地形或走过一个建筑物。可以设置其他摄像机参数的动画。例如，可以设置摄像机视野的动画以获得场景放大的效果。"显示" 🔲 面板的"按类别隐藏"卷帘窗可以进行切换，以启用或禁用摄像机对象的显示。

接下来介绍几种常用的摄像机使用方法：

（1）使用摄像机渲染场景，可执行以下操作：

1）创建摄像机并使其面向要成为场景中对象的几何体。要面向目标摄像机，则拖动目标使其位于摄像机观看的方向上。要面向自由摄像机，则应旋转和移动摄像机图标。

2）选定一个摄像机。如果场景中只存在一个摄像机，则可以通过激活视图，然后按 C 键为该摄像机设置"摄像机"视图；如果存在多个摄像机并且已选定多个摄像机，则 3ds Max 将提示选择要使用的摄像机。还可以通过单击或右击视图左上角的"观察点"视图标签，然后在 POV 视图标签菜单中选择"摄像机">所选择摄像机的名称，更改到"摄像机"视图。

3）使用"摄像机"视图的导航控件可以调整摄像机的位置、旋转角度和参数设置。只激活该视图，然后使用"平移"、"摇移"和"推位摄像机"按钮。另外，可以在另一个视图中选择摄像机组件并使用移动或旋转图标。如果当"自动关键点"按钮 自动关键点 处于启用状态时执行该操作，则可以设置摄像机动画。

4）渲染摄像机视图。

（2）将视图更改为"摄像机"视图，可执行以下操作：

1）单击或右击视图左上角的 POV 视图标签。3ds Max 将打开"观察点"视图标签菜单。

2）选择"摄像机"。"摄像机"子菜单将显示场景中每一个聚光灯或平行光的名称。

3）单击想要的摄像机名称。

选择完成后视图显示摄像机的观察点。摄像机视图默认的键盘快捷键为 C。激活摄像机视图并不自动选择摄像机。

通过同时使用其视图和"修改"面板调整摄像机，则选择该摄像机，然后激活"摄像机"视图。在其他视图中时，可以在"摄像机"视图选择查看安全框区域的显示以帮助构成最终渲染输出。

（3）更改摄像机图标的显示大小，可执行以下操作：

选择"自定义"菜单>"首选项"选项>"视口"选项卡，设置"非缩放对象大小"的值（默认设置为 1.0 个当前单位）。

（4）将"修改"面板与"摄像机"视图结合使用，可执行以下操作：

1）在任意视图中选择摄像机。

2）右击"摄像机"视图以激活视图，而无需取消选择摄像机。"摄像机"视图处于活动状态，但在其他视图中仍然选定该摄像机。

3）使用"修改"面板中的"参数"卷帘窗和导航按钮调整摄像机。当参数更改时"摄像机"视图也将进行更新。

（5）约束"平移"和"环游"为垂直或水平，可执行以下操作：

当在视图中拖动时，按下 Shift 键。拖动的最初方向设置约束。如果一开始垂直拖动，则平移或环游也将约束为垂直方向；如果一开始水平拖动，则平移或环游也将约束到水平方面。

（6）查看安全框，可执行以下操作：

单击或右击视图左上角的"观察点"视图标签。在 POV 视图标签菜单中选择"显示安全框"选项。

在三个同心框中显示安全框。安全框的最外部与渲染输出解决方案相匹配。视图中的框表示安全框，如图 6-81 所示。

图 6-81　视图中的框表示安全框

（7）将摄像机与视图匹配，可执行以下操作：

1）选择一个摄像机。

2）激活"透视"视图。

3）如果没有选定摄像机，3ds Max 将创建一个新目标摄像机，其视野与视图相匹配。如果首先选择摄像机，将移动摄像机与"透视"视图相匹配。3ds Max 也将视图更改为摄像机对象的摄像机视图，并使摄像机成为当前选定对象。

6.6　"环境"面板

利用"环境"面板可指定和调整环境，例如场景背景效果和大气效果。它还提供了曝光控制。使用"环境"面板，可以完成以下操作：

● 设置背景颜色和设置背景颜色动画。

● 在视图和渲染场景的背景（屏幕环境）中使用图像，或使用纹理贴图作为球形环境、柱形环境或收缩包裹环境。

● 全局设置染色和环境光，并设置它们的动画。

● 在场景中使用大气插件（例如体积光）。大气是创建照明效果的插件组件，其包括火焰、雾、体积雾和体积光。

● 将曝光控制应用于渲染。

6.6.1　环境的使用方法

通过环境面板的设置可以实现很多和场景环境相关的效果，下面我们介绍一些常用的操作。

（1）访问环境功能，可执行以下操作：

1）选择"渲染"菜单>"环境"选项。

2）在"环境和效果"对话框中单击"环境"选项卡，如图 6-82 所示。

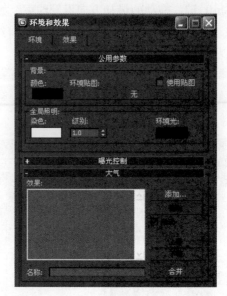

图 6-82　"环境和效果"对话框

（2）设置背景颜色，可执行以下操作：

1）选择"渲染"菜单>"环境"选项，弹出"环境和效果"对话框。

2）在"背景"组中单击色样，弹出"颜色选择器"对话框。

3）使用"颜色选择器"可以更改背景颜色。渲染器将使用此颜色作为背景。

（3）选择环境贴图，可执行以下操作：

1）打开"材质编辑器"对话框（按 M 键）。使用材质编辑器调整贴图的参数。

2）选择"渲染"菜单>"环境"选项（或按 8 键）。

3）在"环境和效果"对话框的"背景"组中，单击"环境贴图"按钮，将出现"材质/贴图浏览器"对话框，从列表中选择贴图类型。

在"环境"面板上，"环境贴图"按钮更改为显示所选贴图的类型名称，并且"使用贴图"启用。在设置贴图后，可以通过禁用"使用贴图"测试渲染没有贴图背景的场景。

设置环境贴图后，要指定贴图或调整贴图参数，需要使用"材质编辑器"。也可以先使用"材质编辑器"创建独立贴图，然后使"材质/贴图浏览器"选择该贴图。

在指定环境贴图后，可以将其设置为在活动视图或所有视图中显示：按快捷键 Alt+B 打开"视口背景"对话框，启用"使用环境背景"，启用"显示背景"，在"应用源并显示于"组中，选择"所有视图"或"仅活动视图"单选按钮，然后单击"确定"按钮。

（4）更改全局照明的颜色和染色，可执行以下操作：

1）选择"渲染"菜单>"环境"选项。

2）在"全局照明"组中单击标记为"染色"的色样，弹出"颜色选择器"对话框。

3）使用"颜色选择器"设置应用于除环境光以外的所有照明的染色。

4）使用"级别"微调器增加场景的总体照明。着色视图更新为显示全局照明更改。

5）关闭"环境和效果"对话框。3ds Max 在渲染场景时使用全局照明参数。

（5）更改环境光的颜色，可执行以下操作：

1）选择"渲染"菜单>"环境"选项。

2）单击标记为"环境光"的色样，弹出"颜色选择器"对话框。

3）使用"颜色选择器"可以设置环境光颜色。着色视图更新为显示环境光颜色更改。3ds Max 在渲染场景时也使用新的环境光颜色。环境光的颜色为场景染色。对于大多数渲染，环境光的颜色应为黑色。

4）关闭"环境和效果"对话框。

（6）更改环境光的强度，可执行以下操作：

1）选择"渲染"菜单>"环境"选项。

2）单击标记为"环境光"的色样。

3）弹出"颜色选择器"对话框。通过更改"值"设置（环境光的 HSV 描述的 V 分量）提高或降低强度。着色视图更新为显示环境光强度的更改。

4）关闭"颜色选择器"。

环境光的强度会影响对比度和总体照明（环境光的强度越高，对比度越低）。这是因为环境光是完全漫反射，所有面的入射角相等。单独使用环境光无法显示深度。

注意 3ds Max 有默认的环境光设置。可以使用"首选项设置"对话框的"渲染"面板更改默认设置。

（7）添加大气效果，可执行以下操作：

1）选择"渲染"菜单>"环境"选项。弹出"环境和效果"对话框，同时会显示"环境"面板。

2）在"环境"面板的"大气"卷帘窗中，单击"添加"按钮，弹出"添加大气效果"对话框。

3）选择要使用的效果类型，然后单击"确定"按钮。效果将被添加，使用"大气"卷帘窗调整参数。

6.6.2 "环境"面板的界面

"环境"面板包含多个卷帘窗，其中"公用参数"和"大气"卷帘窗最为常用。

1. "公用参数"卷帘窗

"公用参数"卷帘窗里可以进行多项关于环境的设置，其界面如图 6-83 所示。

（1）"背景"组。

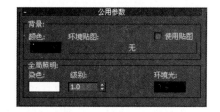

图 6-83 "公用参数"卷帘窗

- 颜色。用于设置场景背景的颜色。单击色样，然后在"颜色选择器"中选择所需的颜色。通过在启用"自动关键点"按钮的情况下更改非零帧的背景颜色，设置颜色效果动画。

- 环境贴图。"环境贴图"的按钮会显示贴图的名称，如果尚未指定名称，则显示"无"。贴图必须使用环境贴图坐标（球形、柱形、收缩包裹和屏幕）。

要指定环境贴图，可单击该按钮，在"材质/贴图浏览器"对话框中选择贴图，或将"材质编辑器"中示例窗或"贴图"按钮上（或界面中的任意其他位置，如"投影贴图"按钮）的贴图拖放到"环境贴图"按钮上。此时会出现一个对话框，询问是否希望环境贴图成为源贴图的副本（独立）或示例。

如果场景中包含动画位图（包括材质、投影灯、环境等），则每个帧将一次重新加载一个动画文件。如果场景使用多个动画，或动画文件本身就很大，渲染性能将降低。

要调整环境贴图的参数，例如要指定位图或更改坐标设置，可打开"材质编辑器"，将"环境贴图"按钮拖放到未使用的示例窗中。

- 使用贴图。使用贴图作为背景而不是背景颜色。

（2）"全局照明"组。

- 染色。如果此颜色不是白色，则为场景中的所有灯光（环境光除外）染色。单击色样显示"颜色选择器"，用于选择色彩颜色。通过在启用"自动关键点"按钮的情况下更改非零帧的色彩颜色，设置色彩颜色动画。

- 级别。用于增强场景中的所有灯光。如果级别为 1.0，则保留各个灯光的原始设置。增大级别将增强总体场景的照明，减小级别将减弱总体照明。此参数可设置动画。默认设置为 1.0。
- 环境光。用于设置环境光的颜色。单击色样，然后在"颜色选择器"中选择所需的颜色。通过在启用"自动关键点"按钮的情况下更改非零帧的环境光颜色，设置灯光效果动画。

2. "大气"卷帘窗

在"大气"卷帘窗里可以添加各种大气效果，其界面如图 6-84 所示。

- 效果。用于显示已添加的效果队列。在渲染期间，效果在场景中按线性顺序计算。根据所选的效果，"环境和效果"对话框将添加适合效果参数的卷帘窗。
- 名称。用于为列表中的效果自定义名称。例如，不同类型的火焰可以使用不同的自定义设置，可以命名为"火花"和"火球"。
- 添加。用于显示"添加大气效果"对话框（显示所有当前安装的大气效果）如图 6-85 所示。选择效果，然后单击"确定"按钮将效果指定给列表。

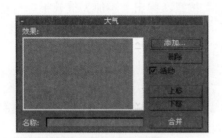

图 6-84　"大气"卷帘窗　　　　　　图 6-85　"添加大气效果"对话框

- 删除。用于将所选大气效果从列表中删除。
- 活动。为列表中的各个效果设置启用/禁用状态。这种方法可以方便地将复杂的大气功能列表中的各种效果孤立。
- 上移/下移。用于将所选项在列表中上移或下移，更改大气效果的应用顺序。
- 合并。用于合并其他 3ds Max 场景文件中的效果。

单击"合并"，弹出"合并大气效果"对话框。选择 3ds Max 场景，然后单击"打开"按钮。"合并大气效果"对话框会列出场景中可以合并的效果。选择一个或多个效果，然后单击"确定"按钮将效果合并到场景中。

注意要控制渲染器是否在为渲染图像创建 Alpha 时使用环境贴图的 Alpha 通道，可选择"自定义"菜单>"首选项"选项>"渲染"选项卡，然后在"背景抗锯齿"组中启用"使用环境 Alpha"。如果禁用了"使用环境 Alpha"（默认设置），则背景的 Alpha 值将为 0（完全透明）。如果启用了"使用环境 Alpha"，结果图像的 Alpha 是场景和背景图像的 Alpha 的组合。此外，如果在禁用"预乘 Alpha"时写入 TGA 文件，则启用"使用环境 Alpha"可以避免出现不正确的结果。

小结

三维软件的材质和渲染被广泛的应用在各个领域，其中以动画、室内设计、产品包装设计等应用较多，用好材质和渲染能够渲染出很漂亮的效果图给前期的模型锦上添花，再配合上灯光和摄像机可以使其产生逼真的如同照片一样的绚丽效果。

6.7 本章实例

VRay 材质渲染实例制作

学习目的：使用 VRay 渲染金属、玻璃、瓷器、磨砂金属、泥土等五种典型材质。

1. 系统设置

（1）单击"文件" 📁 菜单>"重置"命令，重置 3ds Max 系统。

（2）单击"自定义"（Customize）菜单>"单位设置"命令，在弹出的对话框中选择"通用单位"单选按钮。

2. 创建场景过程

（1）在透视图中创建平面作为地面用于接受材质阴影，可使效果显得更加真实，设置平面长度、宽度分别为 300，长宽、宽度分段分别为 1，如图 6-86 所示。

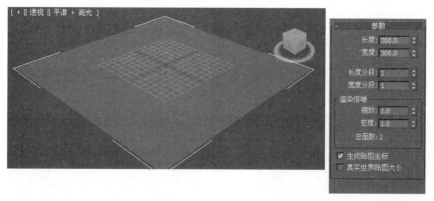

图 6-86　创建平面

（2）在透视图中创建 5 个茶壶，作为调解材质的对象，分别设置半径为 10，分段为 5，并将 5 个茶壶摆放在平面中心位置，如图 6-87 所示。

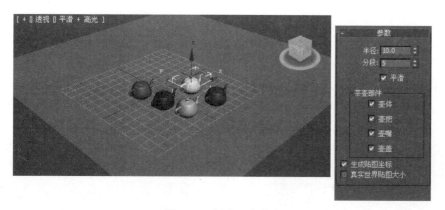

图 6-87　创建 5 个茶壶

3. 调入 VRay 渲染器，并进行基础设置

（1）按 F10 键，打开"渲染设置"对话框如图 6-88 所示，并打开"指定渲染器"卷帘窗。再单击产品级后的"选择渲染器"按钮 ▦ 。

（2）在弹出的对话框中选择 V-Ray Adv 1.50.SP4a，单击"确定"按钮，如图 6-89 所示，即会调入 VRay 渲染器。

（3）进入 VRay 渲染器设置面板 V-Ray 标签下 Global switches 卷帘窗，将 Linght 灯光下的 Default lights 默认灯光选为 off（关闭），如图 6-90 所示。

图 6-88 "渲染设置"面板

图 6-89 调入 VRay 渲染器

（4）勾选开启 Indirect illumination 标签下的 Indirect illumination（GI）卷帘窗里的全局照明（GI）参数下的 On（全局照明的开关），如图 6-91 所示。

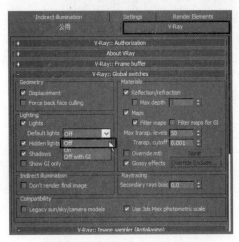

图 6-90 关闭 VRay 默认灯光

图 6-91 勾选 GI 开关开启全局照明

（5）在 Indirect illumination 标签下的 Irradiance map（高级光照贴图）卷帘窗里中选择渲染级别为 Low，并勾选 Show calc.phase（显示渲染过程）选项和 Show direct light（接受直接照明灯光）选项，如图 6-92 所示。

（6）勾选 V-Ray 标签下 Environment（环境）卷帘窗中的 On，用来控制外部环境光的能量，如图 6-93 所示，在 V-Ray 中代替了 3ds Max 默认环境光。

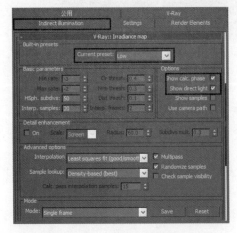

图 6-92 设置渲染级别

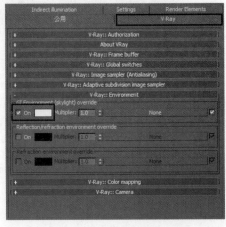

图 6-93 Environment 设置

4.　调节普通泥壶材质

（1）单击"材质编辑器"按钮![icon]或者按 M 键，打开"材质编辑器"对话框，选择一个标准材质球，单击 Standard 按钮，在"材质/贴图浏览器"面板中选择 VRayMtl 材质，如图 6-94 所示。

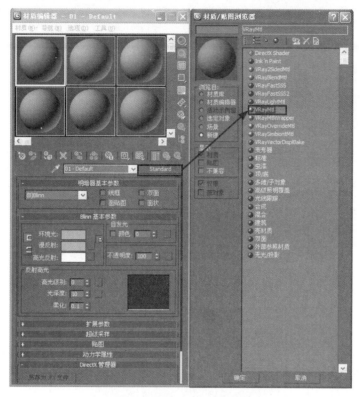

图 6-94　选择 VRayMtl 材质

（2）单击 VRay 材质 Basic parameters 卷帘窗中的 Diffuse（漫反射）的颜色框，在弹出的"颜色选择器"参数面板中设置 R=88、G=77、B=58，如图 6-95 所示。

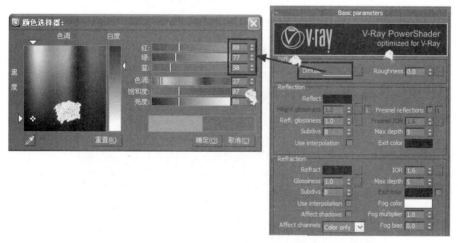

图 6-95　设置 Diffuse 漫反射的颜色

（3）单击 Maps 卷帘窗下的 Bump 凹凸通道按钮，在弹出的"材质/贴图浏览器"中选择"噪波"贴图，如图 6-96 所示。

（4）设置噪波贴图大小为 1，如图 6-97 所示。

5.　调节瓷器茶壶材质

（1）新选择一个标准材质球，单击 Standard 按钮，在"材质/贴图浏览器"面板中选择 VRayMtl 材质，如图 6-98 所示。

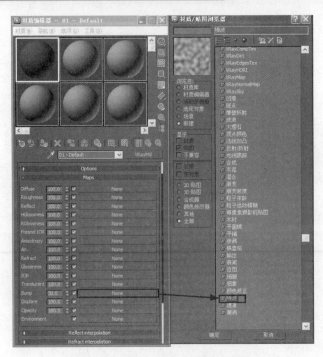

图 6-96　在凹凸通道添加噪波贴图

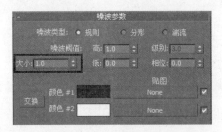

图 6-97　设置噪波贴图大小值

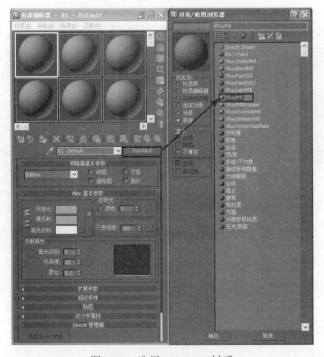

图 6-98　选择 VRayMtl 材质

（2）单击 VRay 材质 Basic parameters 卷帘窗中的 Diffuse（漫反射）的颜色框，在弹出的"颜色选择器"参数面板中设置 R=255、G=255、B=238，如图 6-99 所示。

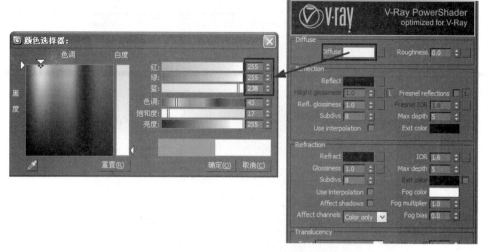

图 6-99　设置 Diffuse 漫反射的颜色

（3）单击 Reflect 反射快捷贴图通道按钮，在弹出的"材质/贴图浏览器"面板中选择"衰减"贴图，单击"确定"按钮，如图 6-100 所示。

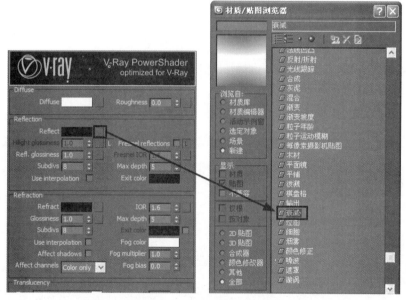

图 6-100　在 Reflect 反射通道加上"衰减"贴图

（4）设置"衰减"贴图颜色 1 和颜色 2 的 RGB 值分别为颜色 1：R=23、G=23、B=23，颜色 2：R=99、G=99、B=99，如图 6-101 所示。

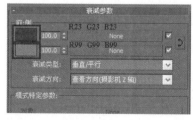

图 6-101　设置"衰减"贴图颜色参数

6. 调节金属茶壶材质

（1）新选择一个标准材质球，单击 Standard 按钮，在"材质/贴图浏览器"面板中选择 VRayMtl

材质，如图 6-102 所示。

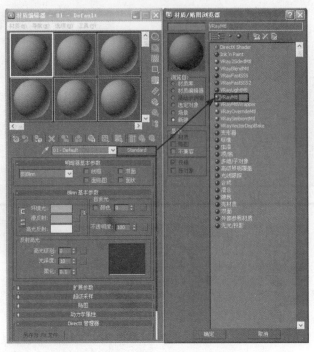

图 6-102　选择 VRayMtl 材质

（2）设置 Diffuse（漫反射）的颜色为纯黑色。

（3）单击 Reflect（反射）颜色框，在弹出的"颜色选择器"参数面板中设置 R=235、G=235、B=235，单击"确定"，如图 6-103 所示。

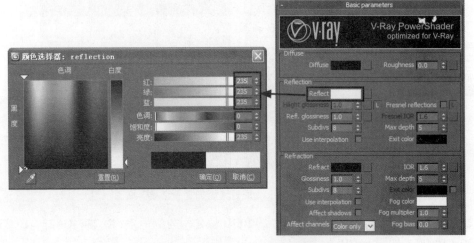

图 6-103　设置 Reflect 反射的颜色

7．调节磨砂金属茶壶材质

（1）选中"材质编辑器"中刚刚调节好的金属材质球，按住鼠标拖动复制到一个新的材质球上，并更改名称，如图 6-104 所示。

（2）调节磨砂金属材质球的 glossiness 和 Subdivs 的数值分别为 0.8 和 10，如图 6-105 所示，从而调节金属的粗糙度进而得到磨砂金属材质。

8．调节玻璃茶壶材质

（1）新选择一个标准材质球，单击 Standard 按钮，在"材质/贴图浏览器"面板中选择 VRayMtl 材质，如图 6-106 所示。

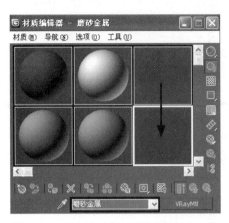

图 6-104 拖动复制金属材质并更改名称

图 6-105 调节粗糙度

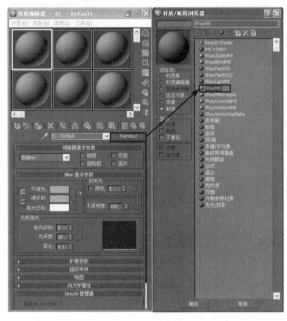

图 6-106 选择 VRayMtl 材质

（2）设置 Diffuse（漫反射）的颜色为冷色。单击 Reflect 反射快捷贴图通道按钮，在弹出的"材质/贴图浏览器"面板中选择"衰减"贴图，单击"确定"按钮，如图 6-107 所示。

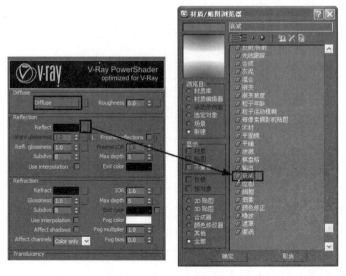

图 6-107 在 Reflect 反射通道添加"衰减"贴图

（3）设置"衰减"贴图颜色 1 和颜色 2 的 RGB 值分别为颜色 1：R=13、G=13、B=13，颜色 2：R=72、G=72、B=72，如图 6-108 所示。

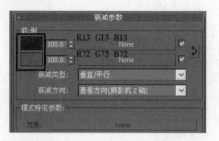

图 6-108　调节"衰减"贴图的颜色

（4）单击 Refrect 折射快捷贴图通道按钮，在弹出的"材质/贴图浏览器"面板中选择"衰减"贴图，单击"确定"按钮，如图 6-109 所示。

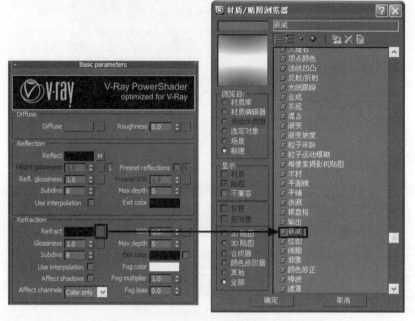

图 6-109　在 Refrect 折射通道添加"衰减"贴图

（5）设置"衰减"贴图颜色 1 和颜色 2 的 RGB 值分别为颜色 1：R=255、G=255、B=255，颜色 2：R=193、G=193、B=193，如图 6-110 所示。

图 6-110　调节"衰减"贴图的颜色

9．调节地面材质

新选一个标准材质球，改变漫反射颜色为纯白色即可，如图 6-111 所示。

10．设置反射效果

（1）新选一个标准材质球，单击漫反射颜色快捷贴图通道按钮，在弹出的"材质/贴图浏览器"面板中选择 VRayHDRI 贴图，如图 6-112 所示。

图 6-111　地面材质

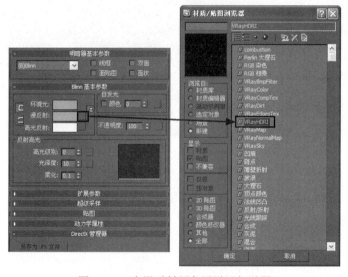

图 6-112　在漫反射颜色通道添加贴图

（2）单击 Browse（浏览）按钮，并在素材光盘中找到 hdri 文件夹，任选一张 hdri 贴图单击打开，并单击"材质编辑器"中的"显示最终结果"按钮，使材质球显示贴图效果，设置 Map type 贴图种类为 Spherical environment（球形包裹）贴图类型，如图 6-113 所示。

图 6-113　设置 hdri 贴图

（3）按 F10 键打开"渲染设置"面板，展开 V-Ray 标签下 Environment（环境）卷帘窗勾选 Reflection（反射）on 选项，并拖动"材质编辑器"VRayHDRI 按钮到 Reflection 反射后面的 None 按钮上松开，在弹出的复制面板中选择"实例"单选按钮，单击"确定"按钮，如图 6-114 所示。

图 6-114　添加反射贴图

11．赋予材质并进行渲染

分别将 5 个材质球赋予场景中的 5 个茶壶，并将地面材质赋予平面，调整好角度，即可按 Shift+Q 键进行渲染，最后效果如图 6-115 所示。

图 6-115　最后效果

12．小结

通过本实例可以看到 VRay 渲染器调节简单但效果非凡，由于种种限制本实例只用了一个 VRayMtl 材质，其他 VRay 材质同样可以调出非常好的效果，这就需要在课下进一步研究和学习，在整体效果上 VRay 还可以很好地产生非真实的反射渲染效果，本实例虽然场景是黑色，但在茶壶可以通过添加 HDRI 贴图达到很好的反射效果，总之，VRay 的用法虽然简单但是功能却十分强大，希望各位日后能进一步研究学习。

6.8　本章小结

通过本章的学习，可以掌握三维材质和渲染的基本知识，同时对 3ds Max 的相关材质和渲染功能有一定的了解，因为三维材质和渲染涵盖的领域非常广泛，而且制作出来的效果图也都非常真实漂亮，所以需要有扎实的基础和不断的学习研究，才能够做出精美的效果图，材质和渲染没有一成不变的方法，也没有固定的规律，需要靠个人在掌握一定基础的前提下总结、思考才能得到真正的收获。

6.9　上机实战

利用 mental ray 渲染器以及 mental ray 材质制作荧光球效果，如图 6-116、图 6-117 所示。

图 6-116　场景文件

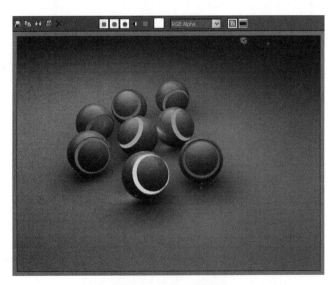

图 6-117　荧光球效果

6.10　思考与练习

（1）如何使用标准材质调节透明和半透明材质？

（2）反射贴图通道和折射贴图通道有什么区别？

（3）如何使用光线跟踪材质调节金属材质？

（4）如何使用光线跟踪材质调节透明效果？

第七章　动画

使用 3ds Max，可以为各种应用创建 3D 计算机动画，如可以为计算机游戏设置角色或汽车的动画；为电影或广播设置特殊效果的动画；还可以创建用于严肃场合的动画，如医疗手册或法庭上的辩护陈述。使用者会发现 3ds Max 拥有功能强大的环境，可以帮助用户实现各种目的的动画。

设置动画的基本方式非常简单。可以设置任何对象变换参数的动画，以随着时间改变其位置、进行旋转和缩放。启用"自动关键点"按钮，然后移动时间滑块使其处于所需的状态，在此状态下，所做的更改将在视图中创建选定对象的动画。

动画用于整个 3ds Max 中，使用者可以改变对象的位置，使其旋转和缩放，以及对几乎所有能够影响对象的形状与外表的参数设置制作动画。可以使用正向和反向运动学链接层次动画的对象，并且可以在轨迹视图中编辑动画。

7.1　动画的概念和方法

7.1.1　动画的概念

动画以人类视觉的原理为基础。如果快速查看一系列相关的静态图像，我们会感觉这是一个连续的运动。每一个单独图像称之为帧，帧是动画电影中的单个图像，如图 7-1 所示。

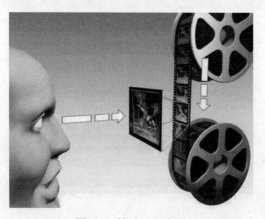

图 7-1　帧动画示意图

通常，创建动画的主要难点在于动画师必须生成大量帧。一分钟的动画大概需要 720 到 1800 个单独图像，这取决于动画的质量。用手来绘制图像是一项艰巨的任务。因此出现了一种称之为关键帧的技术。

动画中的大多数帧都是例程，从上一帧直接向一些目标不断增加变化。传统动画工作室可以提高工作效率，实现的方法是让主要艺术家只绘制重要的帧，称为关键帧，然后由助手计算出关键帧之间需要的帧。填充在关键帧中的帧称为中间帧。

画出了所有关键帧和中间帧之后，需要链接或渲染图像以产生最终图像。即使在今天，传统动画的制作过程通常都需要数百名艺术家生成上千个图像。如图 7-2 所示，帧标记为 1、2 和 3 的是关键帧，其他帧是中间帧。

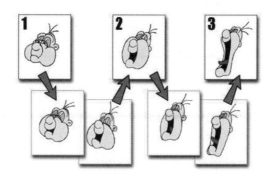

图 7-2 动画示意图

3ds Max 是设计者的动画助手。作为首席动画师,首先需要创建记录每个动画序列起点和终点的关键帧。这些关键帧的值称为关键点。3ds Max 将计算各个关键点之间的插补值,从而生成完整动画。

3ds Max 几乎可以为场景中的任意参数创建动画。可以设置修改器参数的动画(如"弯曲"角度或"锥化"量)、材质参数的动画(如对象的颜色或透明度)等。指定动画参数之后,渲染器承担着色和渲染每个关键帧的工作。结果是生成高质量的动画。

传统动画方法以及早期的计算机动画程序,都僵化地逐帧生成动画。如果总是使用单一格式,或不需要在特定时间指定动画效果时,这种方法没有什么问题。不幸的是,动画有很多格式。两种常用的格式为电影格式:每秒钟 24 帧(FPS)和 NTSC 视频格式:每秒 30 帧。而且,随着动画在科学展示及法制展示方面的应用变得越来越普遍,更需要基于时间的动画和基于帧动画之间的准确对应关系。

3ds Max 是一个基于时间的动画程序,它测量时间,并存储动画值,内部精度为 1/4800 秒。可以配置 3ds Max 使其以最适合作品的格式(包括传统帧格式)显示时间。

7.1.2 动画的关键点模式

1. "自动关键点"模式

通过启用"自动关键点"按钮 自动关键点 开始创建动画,设置当前时间,然后更改场景中的事物。可以更改对象的位置,使其旋转或缩放,或者可以更改几乎任何设置或参数。当进行更改时,同时创建存储被更改参数的新值的关键点。如果关键点是为参数创建的第一个动画关键点,则在 0 时刻也创建第二个动画关键点以便保持参数的原始值。其他时刻在创建至少一个关键点之前,不会在 0 时刻创建关键点。之后,可以在 0 时刻移动、删除和重新创建关键点。

启用"自动关键点"后具有以下效果:

● "自动关键点"按钮、时间滑块和活动视图边框都变成红色以指示处于动画模式。

● 只要变换对象或更改可设置动画的参数,3ds Max 就会在时间滑块位置所示的当前帧创建关键点,如图 7-3 所示。

图 7-3 自动关键点

开始设置对象动画,请执行以下操作:

(1)单击"自动关键点"按钮 自动关键点 ,将其启用。

(2)将时间滑块拖动到不为 0 的时间上。

(3)执行下列操作之一:

● 变换对象。

- 更改可设置动画的参数。

例如，如果还没有对圆柱体设置动画，它就没有关键点。如果启用"自动关键点" 自动关键点，并在第 20 帧将圆柱体绕其 Y 轴旋转 90 度，则会在第 0 帧和第 20 帧创建旋转关键点。第 0 帧的关键点存储圆柱体的初始方向，而第 20 帧的关键点存储设置动画后的 90 度方向。播放动画时，圆柱体将在 20 帧内围绕 Y 轴旋转 90 度。

不使用动画建模，就像在任何时刻可以通过启用"自动关键点"来设置动画一样，也可以在动画中的任意时刻建模而不创建动画关键点。在"自动关键点"关闭的情况下更改对象或者其他参数产生的结果，会根据对象或者参数是否已设置动画而有所变化。

如果是创建新对象或者更改仍未设置动画的对象参数，可以在任意时间在"自动关键点"关闭的情况下执行。所做的更改在整个动画过程中是恒定的。

如果更改已经设置了动画的对象或者参数，而且禁用"自动关键点"，更改量均等地应用到所有的动画关键点。

例如，设置球体的动画，使其半径在第 0 帧为 15，在第 10 帧为 30，在第 20 帧为 50。如果将时间滑块拖到第 10 帧，禁用自动关键点，并将球体的半径从 30 增加到 40，则半径的更改也会应用到其他两个关键点。因为在"自动关键点"关闭的情况下，半径增加了 10 个单位，所以所有半径关键点将增加 10 个单位。更改后的结果为球体的半径在第 0 帧为 25，第 10 帧为 40，第 20 帧为 60。

如果在更改半径时"自动关键点"处于启用状态，则仅在第 10 帧的关键点应用该动画更改。

2. "设置关键点"模式

"设置关键点" 设置关键点 的动画方法专为专业角色动画制作人员而设计，用于尝试一些姿势，随后特意把那些姿势交由关键帧处理。其他动画制作人员也可以使用它在对象的指定轨迹上设置关键点。

"设置关键点" 设置关键点 方法与"自动关键点" 自动关键点 方法相比，前者的控制性更强，因为通过它可以试验想法并快速放弃这些想法而无需撤消工作。通过它，使用者可以变换对象，并通过使用"轨迹视图"中"关键点过滤器"和"可设置关键点轨迹"有选择性地给某些对象的某些轨迹设置关键点。

（1）"设置关键点"模式和"自动关键点"模式的区别。

"设置关键点"模式和"自动关键点"模式在以下几个方面有差别。

- 在"自动关键点"模式中，工作流程是启用"自动关键点"，移动到时间上的点，然后变换对象或者更改它们的参数。所有的更改注册为关键帧。当关闭"自动关键点"模式时，不能再创建关键点。当"自动关键点"模式关闭时，对对象的更改全局应用于动画。这也被称为布局模式。

- 在"设置关键点"模式中，工作流程是相似的，但在行为上有着根本的区别。启用"设置关键点"模式，然后移动到时间上的点。在变换或者更改对象参数之前，使用"轨迹视图"和"过滤器"中的"显示可设置关键点的图标"决定对哪些轨迹可设置关键点。一旦确认要对什么设置关键点，就在视图中试验姿势（变换对象，更改参数等）。

- 当对所看到的满意时，单击大图标"设置关键点"按钮 ⌨ 或者按下 K 键设置关键点。如果不执行该操作，则不设置关键点。如果移动到时间上的另一点，所做的更改就丢失而且在动画中不起作用。例如，如果发现有一个已设置姿势的角色，但在错误的时间帧处，可以按住 Shift 键和鼠标右键，然后拖动时间滑块到正确的时间帧上，而不会丢失姿势。

（2）根据反向运动学来使用"设置关键点"。

在"关键点过滤器"中勾选"IK 参数"允许使用"设置关键点"给反向运动学设置关键帧。这用于给 IK 目标设置关键点和末端效应器，后者使用"设置关键点"以及其他 IK 参数例如"旋转角度"或"扭曲"。和往常一样，使用"设置关键点"时，通过合并带有"关键点过滤器"的"轨迹视图"中的"显示可设置关键点的图标"可以选择性地给轨迹设置关键帧。

"设置关键点"目前不支持"IK/FK 启用"，因此不要尝试用"设置关键点"按钮或者键盘快捷键来给"启用"按钮设置关键帧。想要使用"IK/FK 混合"时，请使用"自动关键点"方法。

（3）对材质使用"设置关键点"。

如果选择"关键点过滤器"中的材质，可以使用"设置关键点"为材质创建关键点。预先警告：需要使用"显示可设置关键点的图标"来限制已设置关键点的轨迹。如果简单地启用"材质"并设置关键点，会在每一个"材质"轨迹上都放置关键点，这可能是使用者不希望发生的事情。

（4）对修改器和对象参数使用"设置关键点"。

想要在对象参数上设置关键点并且选定了"对象参数关键点过滤器"时，每一个参数都会有关键点，除非已使用"可设置关键点"图标把"轨迹视图"的"控制器"窗口中的参数轨迹禁用。按住Shift 键右击参数微调器来设置关键点更为简单。给修改器 Gizmo 设置关键帧时，同样需确保"过滤器"对话框中的"修改器"和"对象参数"都处于启用状态。

（5）对子对象动画使用"设置关键点"。

对子对象动画使用"设置关键点"时，必须在创建关键点前首先指定控制器。子对象没有为创建而指定默认的控制器。控制器通过在子对象级上设置动画来指定。

（6）设置关键点的其他方法。

也可以通过右击时间滑块的"帧指示器"来设置位置、旋转和缩放关键点。要在有微调器的参数上设置关键点，需要按住 Shift 键并右击以设置使用现有参数值的关键点。

（7）使用"设置关键点"创建动画，请执行以下操作：

● 启用"设置关键点"按钮设置关键点。如果按钮是红色设置关键点时，则表示当前处于"设置关键点"模式。在这个模式中可以在实现想法之前进行试验。
● 单击"图形编辑器"菜单>"轨迹视图－曲线编辑器"（或"轨迹视图－摄影表"）选项，打开"轨迹视图"（"曲线编辑器"或"摄影表"）对话框。
● 在"轨迹视图"工具栏上单击"显示可设置关键点的图标"按钮。
● 关闭所有其他不想设置关键帧的轨迹。

红色的关键点表示轨迹将被设置关键点。如果单击红色的关键点，它变成灰色，则表示轨迹不能被设置关键点。完成后，最小化或者关闭"轨迹视图"对话框。

● 单击"关键点过滤器"按钮关键点过滤器...，然后启用"过滤器"以选择要设置关键帧的轨迹。默认情况下，位置、旋转和缩放都处于启用状态。可以使用"关键点过滤器"按钮对各个轨迹选择性地进行操作。例如，如果现在处于"轨迹视图"模式下并且角色手臂的"旋转"和"位置"轨迹可设置关键点，则可以使用"关键点过滤器"来关闭"位置"过滤器并仅对"旋转"轨迹进行操作。
● 移动时间滑块至时间上的另一点，在命令面板中变换对象或者更改参数以创建动画。这仍不会创建关键帧。
● 单击"设置关键点"按钮或是按下 K 键以设置关键点。按钮变成红色时，就设置了出现在时间标尺上的关键点。关键点是带颜色的编码，以便反映哪些轨迹设置了关键点，如图7-4 所示。如果不单击"设置关键点"按钮并且移动到时间上的另一点，姿势就会丢失。

3. 时间控件

时间控件用于在视图中进行动画播放，位于程序窗口底部的状态栏和视图导航控件之间，如图7-5 所示。

图 7-4　设置关键点　　　　　　　　　图 7-5　时间控件

（1）时间配置。

"时间配置"对话框提供了帧速率、时间显示、播放和动画等设置组。可以使用此对话框来更改动画的长度或者拉伸或重缩放。还可以用于设置活动时间段和动画的开始帧和结束帧。单击"时间配置"按钮 便可以打开"时间配置"对话框，如图 7-6 所示。

图 7-6 "时间配置"对话框

"时间配置"对话框中有一些控件。通过右击"自动关键点"按钮右侧的任意时间控制按钮，即可显示此对话框。下面分别对"时间配置"对话框 4 个组的功能进行介绍。

"帧速率"组。有四个选项，分别标记为 NTSC、电影、PAL 和自定义，可用于在每秒帧数（FPS）字段中设置帧速率。使用前三个单选按钮可以强制所做的选择使用标准 FPS，使用"自定义"单选按钮可通过调整微调器来指定自己的 FPS。

"时间显示"组。用于指定在时间滑块及整个 3ds Max 中显示时间的方法（以帧数、SMPTE、帧数和刻度数或以分钟数、秒数和刻度数显示）。例如，如果时间滑块位于 35 帧，并且"帧速率"设置为 30FPS，则时间滑块将针对不同的"时间显示"设置显示以下数值：

帧：35

SMPTE：0:1:5

帧:刻度线：35:0

分:秒:刻度线：0:1:800

其中 SMPTE 是电影工程师协会的标准，用于测量视频和电视产品的时间。

"播放"组。

● 实时。实时可使视图播放跳过帧，以与当前"帧速率"设置保持一致。可以选择五个播放速度，如 1x 是正常速度，1/2x 是半速等。速度设置只影响在视图中的播放。这些速度设置还可以用于运动捕捉工具。禁用"实时"后，视图播放将尽可能快的运行并且显示所有帧。

● 仅活动视口。用于使播放只在活动视图中进行。禁用该选项之后，所有视图都将显示动画。

● 循环。用于控制动画只播放一次，还是反复播放。启用后，播放将反复进行，可以通过单击动画控制按钮或时间滑块渠道来停止播放。禁用后，动画将只播放一次然后停止。单击"播放"将倒回第一帧，然后重新播放。

● 方向。用于将动画设置为向前播放、反转播放或往复播放（向前然后反转重复进行）。该选项只影响在交互式渲染器中的播放。其并不适用于渲染到任何图像输出文件的情况。只有在禁用"实时"后才可以使用这些选项。

通过保存 maxstart.max 文件进行启动或重置时将自动重新调用这些设置。请参见启动文件和默认值。

"动画"组。

- 开始时间/结束时间。用于设置在时间滑块中显示的活动时间段。选择第 0 帧之前或之后的任意时间段。例如，可以将活动时间段设置为从第-50帧到第250帧。
- 长度。用于显示活动时间段的帧数。如果将此选项设置为大于活动时间段总帧数的数值，则将相应增加"结束时间"字段。
- 帧数。用于设置将渲染的帧数。始终是"长度"加一。
- 当前时间。用于指定时间滑块的当前帧。调整此选项时，将相应移动时间滑块，视图将进行更新。
- 重缩放时间。用于拉伸或收缩活动时间段的动画，以适合指定的新时间段。重新定位所有轨迹中全部关键点的位置。因此，将在较大或较小的帧数上播放动画，以使其更快或更慢。

（2）播放按钮。

"播放/停止"弹出按钮包含两个按钮。使用时这两个按钮将变为"停止动画"按钮。

▶ 播放。用于在当前的活动视图中播放动画。

▷ 播放选定对象。用于仅在当前活动视图中播放选定对象的动画。

⏸ 停止动画。当动画正在播放时替换"播放"按钮。单击可结束播放。

⏹ 停止动画（选定对象）。当动画正在播放时替换"播放选定对象"按钮。单击可结束播放。

◁ 上一帧。可将时间滑向后移动一帧。

▷ 下一帧。可将时间滑向前移动一帧。

◁◁ 转至开头。可将时间滑块移动到活动时间段的第一帧。

▷▷ 转至结尾。可将时间滑块移动到活动时间段的最后一个帧。

7.2　轨迹浏览器

"轨迹视图"将场景中能进行动画设置的对象或环境参数按类列表，并能添加、编辑关键点，也能指定控制器。

单击"图形编辑器"菜单>"轨迹视图－曲线编辑器"（"轨迹视图－摄影表"）选项，打开"轨迹视图"对话框。"轨迹视图"的左侧称为"控制器"窗口，显示场景中所有元素的"层次"列表。每个对象和环境效果及其关联的可设置动画参数都显示在列表中。从该列表中选择条目可对动画值应用更改。使用手动导航展开或折叠该列表，也可以自动展开以确定窗口中的显示。

"轨迹视图"的右侧称为"关键点"窗口，以图表的形式显示随时间变化对参数应用的变化。"自动关键点"按钮启用时，对任何一个参数所做的任意更改都会显示为"轨迹视图"右侧的一个关键点。选择关键点可对一个或多个特定关键点应用更改。

7.2.1　"轨迹视图"界面

使用"轨迹视图"，可以对创建的所有关键点进行查看和编辑。另外，可以指定动画控制器，以便插补或控制场景对象的所有关键点和参数。

"轨迹视图"使用两种不同的模式，"曲线编辑器"和"摄影表"。"曲线编辑器"模式可以将动画显示为功能曲线，如图7-7所示。"摄影表"模式可以将动画显示为关键点和范围的电子表格，如图7-8所示。关键点是带颜色的代码，便于辨认。"轨迹视图"中的一些功能，例如移动和删除关键点，也可以在时间滑块附近的轨迹栏上得到，还可以展开轨迹栏来显示曲线。可以将"曲线编辑器"和"摄影表"窗口停靠在界面底部的视图之下，或者可以把它们用作浮动窗口。可以将"轨迹视图"布局命名并存储在"轨迹视图"缓冲区中，以后还可以再使用。"轨迹视图"布局使用MAX文件存储。

1. 轨迹视图的典型用法

"轨迹视图"可以执行多种场景管理和动画控制任务。使用"轨迹视图"可以用于：

（1）显示场景中对象及其参数的列表。

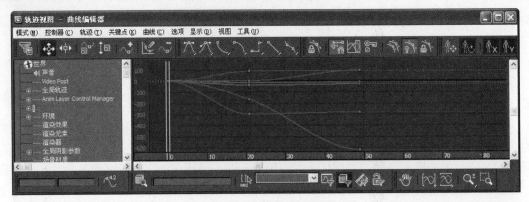

图 7-7　曲线编辑器轨迹视图

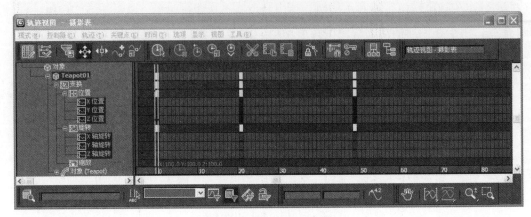

图 7-8　摄影表轨迹视图

（2）更改关键点的值。

（3）更改关键点的时间。

（4）更改控制器的范围。

（5）更改关键点间的插值。

（6）编辑多个关键点的范围。

（7）编辑时间块。

（8）向场景中加入声音。

（9）创建并管理场景的注释。

（10）更改关键点范围外的动画行为。

（11）更改动画参数的控制器。

（12）选择对象、顶点和层次。

在"修改"面板中导航修改器堆栈，方法是在"轨迹视图层次"中单击修改器项。

2．轨迹视图工作区

当处在"曲线编辑器"模式时，"轨迹视图关键点"窗口会显示功能曲线和关键点。当处在"摄影表"模式时，轨迹可以显示为关键点或范围。在控制器和关键点窗口中，可以选择和更改动画值和时间。"关键点"窗口还能显示活动时间段。处在活动时间段内的时间以高亮显示，它会有浅灰色的背景。"轨迹视图关键点"窗口有时也叫做"关键点"窗口。

"关键点"窗口的组件包括时间滑块，时间标尺，以及缩放原点滑块。"轨迹视图"时间滑块会显示当前帧，它与视图时间滑块是同步的。可以提升窗口底部的时间标尺，用它来尽快测量关键点。在缩放值操作期间，可以移动缩放原点指示器（在 0 处的水平橙色线），用它作为参考点进行缩放。"轨迹视图"工作空间的两个主要部分是"关键点"窗口和"控制器"窗口。

（1）"控制器"窗口。

"控制器"窗口能显示对象名称和控制器轨迹，还能确定哪些曲线和轨迹可以用来进行显示和编辑。在需要时，"控制器"窗口中的"层次"项可以展开和重新排列，方法是使用"层次"列表右击菜单或者在"选项"菜单中也可以找到手动导航工具，如图7-9所示。默认情况仅显示选定的对象轨迹。使用"手动导航"模式，可以单独折叠或展开轨迹，或者在按下Alt键同时右击，可以显示另一个菜单，来折叠和展开轨迹。

（2）"关键点"窗口。

"关键点"窗口可以将关键点显示为曲线或轨迹。轨迹可以显示为关键点框图或范围栏，如图7-10所示。

图7-9 "控制器"窗口

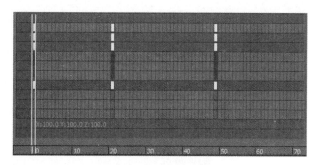

图7-10 "关键点"窗口

（3）创建关键点。

可以使用很多种方法来创建关键点。其中一种方法是启用"自动关键点"，移动时间滑块，然后变换对象或者调整它的参数。还可以右击视图时间滑块，得到"创建关键点"对话框，来创建关键点。还可以在"轨迹视图"中，使用"添加关键点"，来直接创建关键点。最后，还可以启用"设置关键点"模式，移动到希望的帧，设置对象姿势，然后单击"设置关键点"，以此来创建关键点。

（4）显示关键点。

关键点可以显示为功能曲线上的点，或者"摄影表"上的框。"摄影表"上的关键点是带颜色的代码，便于辨认。当一帧中为很多轨迹设置了关键点时，框会显示出相交颜色，来指示共用的关键点类型，如图7-11所示。关键点颜色还可以用来显示关键点的软选择。子帧关键点（帧与帧之间的关键帧）用框中的狭窄矩形标出。

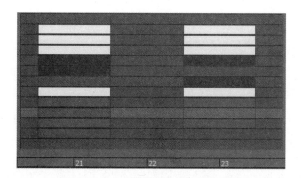

图7-11 具有子帧显示的有色关键点

关键点还会显示在视图下面的轨迹栏上。功能曲线上显示的关键点具有切线类型。"关键点切线"工具栏上的切线按钮可以用来更改功能曲线关键点。使用"自定义"切线，可以显示可编辑的曲线控制柄。使用"步进"切线，可以冻结运动，或者创建经典故事脚本重点动作模块。功能曲线也可以显示在轨迹栏下面，如图 7-12 所示。

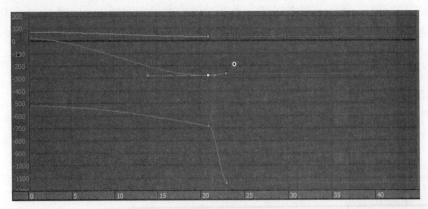

图 7-12　自定义切线控制柄

（5）范围栏。

在"摄影表－编辑范围"模式（动画关键点已创建）中，范围工具栏显示指定动画发生的时间范围，如图 7-13 所示。在"范围"工具栏上（默认为禁用），可以找到对范围（位置范围和重新组合范围）操作时要使用的工具。右击工具栏，选择"显示工具栏"，然后选择"范围－轨迹视图"，可以找到这些工具。

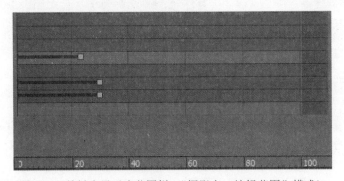

图 7-13　关键点显示为范围栏（"摄影表－编辑范围"模式）

7.2.2　曲线编辑器轨迹视图

1．曲线编辑器简介

"轨迹视图－曲线编辑器"是一种"轨迹视图"模式，用于以图表上的功能曲线来表示运动，如图 7-14 所示。利用它，可以查看运动的插值、3ds Max 在关键帧之间创建的对象变换。使用曲线上找到的关键点的切线控制柄，可以轻松查看和控制场景中各个对象的运动和动画效果。

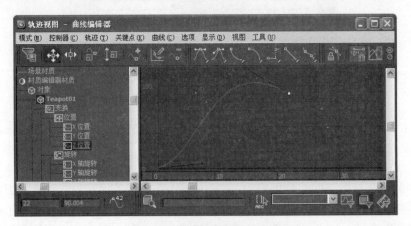

图 7-14　曲线编辑器轨迹视图

"曲线编辑器"界面由菜单栏、工具栏、"控制器"窗口和"关键点"窗口组成。在界面的底部还拥有时间标尺、导航工具和状态工具。通过从曲线编辑器添加"参数曲线超出范围类型"以及为增加控制而将增强或减缓曲线添加到设置动画的轨迹中，可以超过动画的范围循环动画。

2. 曲线编辑器工具栏

打开"曲线编辑器"时，默认情况下将显示三类工具栏，分别为"关键点"工具栏、"关键点切线"工具栏及"曲线"工具栏。对于大部分工具栏来说，它们包含仅在"曲线编辑器"中活动的控件。

（1）"关键点"工具栏。

曲线编辑器"的"关键点"工具栏包含"过滤器"按钮和用于变换关键点或以其他方式对其进行编辑的按钮。

- 过滤器 。使用该选项可确定在"控制器"窗口和"关键点"窗口中显示的内容。
- 移动关键点 。用于在函数曲线图上沿水平和垂直方向自由移动关键点。
- 滑动关键点 。在"曲线编辑器"中使用"滑动关键点"来移动一组关键点，同时在移动时移开相邻的关键点。
- 缩放关键点 。使用"缩放关键点"压缩或扩展两个关键帧之间的时间量。可以用在"曲线编辑器"和"摄影表"模型中。
- 缩放值 。用于按比例增加或减小关键点的值，而不是在时间上移动关键点。
- 添加关键点 。用于在函数曲线图或"摄影表"中的现有曲线上创建关键点。
- 绘制曲线 。使用该选项绘制新曲线，或直接在函数曲线图上绘制草图来修改已有曲线。
- 减少关键点 。使用该选项减少轨迹中的关键点数量。

（2）"关键点切线"工具栏。

利用"关键点切线"工具栏可以为关键点指定切线。切线控制着关键点处运动的平滑度和速度。

这些按钮也是弹出按钮，可以对进出运动均匀应用切线（默认），或分别对进和出运动应用切线。使用这些按钮之前请选择要调整的关键点。

- 将切线设置为自动 。用于将关键点设置为自动切线。
- 将切线设置为自定义 。用于将关键点设置为自定义切线。自定义切线具有可通过在"曲线"窗口中拖动进行编辑的关键点控制柄。在编辑控制柄时按住 Shift 键以中断连续性。
- 将切线设置为快速 。用于将关键点切线设置为快。
- 将切线设置为慢速 。用于将关键点切线设置为慢。
- 将切线设置为阶跃 。用于将关键点切线设置为步长。使用阶跃来冻结从一个关键点到另一个关键点的移动。
- 将切线设置为线性 。用于将关键点切线设置为线性。
- 将切线设置为平滑 。用于将关键点切线设置为平滑。用它来处理不能继续进行的移动。

（3）"曲线"工具栏。

"曲线"工具栏包含用于管理关键点选择和编辑的控件。

- 锁定当前选择 。用于锁定关键点选择。一旦创建了一个选择，打开此选项就可以避免不小心选择其他对象。
- 捕捉帧 。用于限制关键点到帧的移动。打开此选项时，关键点移动总是捕捉到帧中。禁用此选项后，可以移动一个关键点到两个帧之间并成为一个子帧关键点。默认设置为启用。
- 参数曲线超出范围类型 。可使用该选项重复关键点范围外的关键帧运动。选项包括"循环"、"往复"、"周期"、"相对重复"、"恒定"和"线性"，如图 7-15 所示。如果使用"参数超出范围曲线"类型，需使用"轨迹视图">"工具">"创建越界关键点"来创建关键点。
- 显示可设置关键点的图标 。用于显示将轨迹定义为可设置关键点或不可设置关键点的图标。仅当轨迹在想要的关键帧之上时，使用它来设置关键点。在"轨迹视图"中禁用一个轨迹也就在视图中限制了此移动。红色关键点是可设为关键点的轨迹，黑色关键点是不可设为关键点的轨迹。

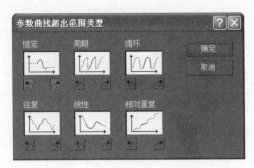

图 7-15　参数曲线超出范围类型

- 显示所有切线 ![icon]。用于在曲线上隐藏或显示所有切线控制柄。当选中很多关键点时，使用此选项来快速隐藏控制柄。
- 显示切线 ![icon]。用于在曲线上隐藏或显示切线控制柄。使用此选项来隐藏单独曲线上的控制柄。
- 锁定切线 ![icon]。锁定对多个切线控制柄的选择，从而可以同时操纵多个控制柄。禁用"锁定切线"时，一次仅可以操作一个关键点切线。请参见锁定切线。

7.2.3　摄影表轨迹视图

1. 摄影表

"轨迹视图－摄影表"编辑器显示在水平曲线图上超时的关键帧，如图 7-16 所示。摄影表轨迹视图以图形的方式显示动画计时操作，并且可以在一个类似电子表格中看到所有的关键点。

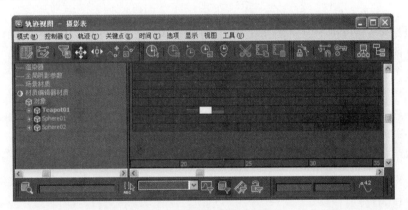

图 7-16　摄影表轨迹视图

古典动画技术包括曝光表的使用，称为"X 表"或"摄影表"。"摄影表"是一个垂直的图表，它给摄像机操作者提供指令。对话和摄像机动作指示代表每一快照的一系列列表，它成为动画影片的单个照片帧。古典曝光表也包含在背景上合成动画角色的 cel 绘画指令。此设备作为 3ds Max 中"摄影表"工具中的奇妙工具。

3ds Max "摄影表"编辑器与经典的 X 表相类似。它仅用水平图（而不是垂直图）显示超时帧，提供用于调整动画计时的工具。在此，可以在一个类似电子表格的接口中看到所有关键点。可以选择场景中任意或所有的关键点，进行缩放、移动、复制与粘贴，或直接在此工作，而不是在视图中工作。可以选择为子对象或子树选择关键点，因此可以产生简单的变化同时影响很多对象和它们的关键点。

通常使用"摄影表"来交错角色的肢体移动，以便它们不会同时移动。如果拥有群体角色，可以使用"摄影表"来切换移动，防止它们一致移动。

2. 摄影表工具栏

（1）"关键点"工具栏。

"摄影表"的"关键点"工具栏包含"过滤器"按钮和其他显示控件，还包含用于变换关键点并以其他方式对其进行编辑的按钮。

- 编辑关键点█。用于显示"摄影表编辑器"模式，该模式在图形上将关键点显示为长方体。使用这个模式来插入、剪切和粘贴时间。
- 编辑范围█。用于显示"摄影表编辑器"模式，该模式在图形上将关键点轨迹显示为范围栏。
- 过滤器█。可使用该选项确定在"控制器"窗口和"摄影表－关键点"窗口中显示的内容。
- 滑动关键点█。可在"摄影表"中使用"滑动关键点"来移动一组关键点，同时在移动时移开相邻的关键点。仅有活动关键点在同一控制器轨迹上。
- 添加关键点█。用于在"摄影表"栅格中的现有轨迹上创建关键点。用此工具与"当前值"编辑器来调整关键点的数值。
- 缩放关键点█。可使用"缩放关键点"压缩或扩展两个关键帧之间的时间量。可以用在"曲线编辑器"和"摄影表"模型中。使用时间滑块作为缩放的起始或结束点。

（2）"时间"工具栏。

利用"时间"工具栏上的控件，可以选择时间范围、对时间进行移除、缩放、插入或反转时间流。

- 选择时间█。用于选择时间范围。时间选择包含时间范围内的任意关键点。使用"插入时间"，然后用"选择时间"来选择时间范围。
- 删除时间█。用于从选定轨迹上移除选定时间。不可以应用到对象整体来缩短时间段。此操作会删除关键点，但会留下一个"空白"帧。
- 反转时间█。用于在选定时间段内反转选定轨迹上的关键点。
- 缩放时间█。用于在选中的时间段内，缩放选定轨迹上的关键点。
- 插入时间█。可以在插入时间时插入一个范围的帧。滑动已存在的关键点来为插入时间创造空间。一旦选择了具有"插入时间"的时间，此后可以使用所有其他的时间工具。
- 剪切时间█。用于删除选定轨迹上的时间选择。
- 复制时间█。用于复制选定的时间选择，以供粘贴用。
- 粘贴时间█。用于将剪切或复制的时间选择添加到选定轨迹中。

（3）"显示"工具栏。

"显示"工具栏包含用于管理关键点选择和编辑的控件，其中包括编辑层次中的轨迹。

- 锁定当前选择█。用于锁定关键点选择。一旦创建了一个选择，启用此选项就可以避免不小心选择其他对象。
- 捕捉帧█。用于限制关键点到帧的移动。打开此选项时，关键点移动总是捕捉到帧中。禁用此选项时，可以移动一个关键点到两个帧之间并成为一个子帧关键点。默认设置为启用。
- 显示可设置关键点的图标█。用于显示可将轨迹定义为可设置关键点或不可设置关键点的图标。仅当轨迹在想要的关键帧之上时，使用它来设置关键点。在"轨迹视图"中禁用一个轨迹也就在视图中限制了此移动。红色关键点是可设为关键点的轨迹，黑色关键点是不可设为关键点的轨迹。
- 修改子树█。启用该选项后，允许对父轨迹的关键点操纵作用于该层次下的轨迹。它默认在"摄影表"模式下。
- 修改子对象关键点█。如果在没有启用"修改子树"的情况下修改父对象，请单击"修改子对象关键点"以将更改应用于子关键点。类似地，在启用"修改子树"时修改了父对象，"修改子对象关键点"禁用这些更改。

7.3　动画约束

动画约束是帮助使用者自动化动画过程的控制器的特殊类型。通过与另一个对象的绑定关系，可以使用约束来控制对象的位置、旋转或缩放。

约束需要一个设置动画的对象及至少一个目标对象。目标对受约束的对象施加了特定的动画限制。例如，如果要设置飞机沿着预定跑道起飞的动画，应该使用路径约束来限制飞机向样条线路径的运动。

约束的常见用法包括：

（1）在一段时间内将一个对象链接到另一个对象，如角色的手拾取一个棒球拍。

（2）将对象的位置或旋转链接到一个或多个对象。

（3）在两个或多个对象之间保持对象的位置。

（4）沿着一个路径或在多条路径之间约束对象。

（5）将对象约束到曲面。

（6）使对象指向另一个对象。

（7）保持对象与另一个对象的相对方向。

7.3.1　附着点约束

附着约束是一种位置约束，它将一个对象的位置附着到另一个对象的面上（目标对象不用必须是网格，但必须能够转化为网格）。如图 7-17 所示为圆柱体通过附着约束保持位于表面上。

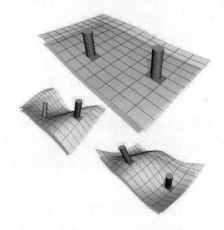

图 7-17　附着约束效果

通过随着时间推移设置不同的附着关键点，可以在另一对象的不规则曲面上设置对象位置的动画，即使这一曲面是随着时间而改变的也可以。

要将圆锥体附着到弯曲的圆柱体上，可以执行以下操作：

（1）在"透视"视图中，创建一个半径为 20、高为 30 以及高度分段为 10 的圆柱体，如图 7-18 所示。

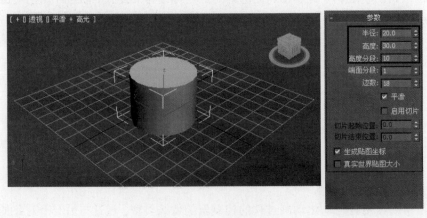

图 7-18　创建圆柱体

（2）在"透视"视图中，创建一个半径 1 为 15、半径 2 为 5 以及高为 30 的圆锥体，如图 7-19 所示。

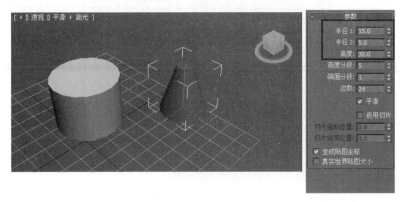

图 7-19　创建圆锥体

（3）选择该圆柱体，应用"弯曲"修改器，并将弯曲角度设置为-70 度，如图 7-20 所示。

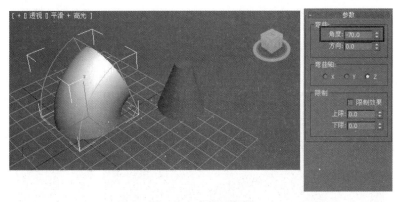

图 7-20　弯曲圆柱体

（4）启用"自动关键点"，移动到第 100 帧，并将弯曲角设置为 70 度，如图 7-21 所示。这样圆柱体就会在 100 帧的范围里从一个方向弯曲到另一个方向。

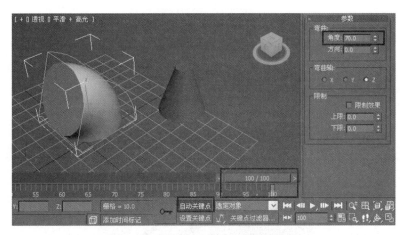

图 7-21　使用自动关键点弯曲圆柱体

（5）选择圆锥体。在"运动" 面板上，打开"指定控制器"卷帘窗，依次单击"位置"轨迹、"指定控制器"按钮 ，然后在弹出的对话框中选择"附加"，如图 7-22 所示。圆锥体移动到场景的原点，并显示"附着参数"卷帘窗。

（6）单击"拾取对象"按钮，然后单击圆柱体。圆柱体的名称出现在"拾取对象"按钮的上方。

（7）转至第 0 帧。旋转"透视"视图，直至可以看到圆柱体的顶部表面。

图 7-22　添加附加约束

（8）选中圆锥体，单击"设置位置"按钮，并在圆柱体顶部曲面上单击并拖动，圆锥体会跳至圆柱体的顶部，如图 7-23 所示。

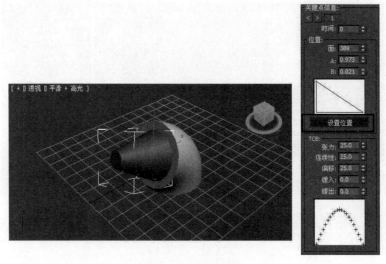

图 7-23　设置位置

（9）当圆锥体位于圆柱体顶部曲面上时，释放鼠标。

（10）播放动画。圆柱体前后弯曲时，圆锥体保持附着在其顶部曲面上。

7.3.2　曲面约束

曲面约束能在对象的表面上定位另一对象。如曲面约束能在地球上定位天气符号，如图 7-24 所示。

图 7-24　曲面约束效果

可以作为曲面对象的对象类型是有限制的，原因是它们的表面必须能用参数表示。下列类型的对象能使用"曲面"约束：球体、圆锥体、圆柱体、圆环、四边形面片（单个四边形面片）、放样对象、NURBS 对象。

使用的表面是"虚拟"参数表面，而不是实际网格表面。只有少数几段的对象，它的网格表面可能会与参数表面截然不同。参数表面会忽略"切片"和"半球"选项。举个例子说，如果对象切片了，那么控制对象会重新定位自己，结果好像缺少的部分还在那里一样。因为"曲面"约束只对参数表面起作用，所以如果应用修改器，把对象转化为网格，那么约束将不再起作用。例如，如果在圆柱体上应用了"弯曲"修改器，那么就不能使用曲面约束了。

1. 示例

在圆柱体表面上为球体设置动画，可执行以下操作：

（1）在"顶"视图中，创建圆柱体和球体。

（2）选择球体，打开"运动" 面板，展开"指定控制器"卷帘窗，然后在列表中展开"变换"标题。

（3）在列表窗口中，单击"位置"项，然后单击"指定控制器"按钮。

（4）在"指定位置控制器"对话框中，选择"曲面"，然后单击"确定"按钮。"曲面控制器参数"卷帘窗会取代"关键点信息"卷帘窗。

（5）单击"拾取曲面"按钮，然后选择圆柱体如图 7-25 所示。

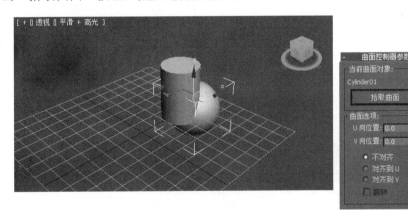

图 7-25　拾取圆柱体

（6）启用"自动关键点"，并将时间滑块放在第 0 帧。

（7）使用"V 向位置"微调器，将球体移动到圆柱体底端的起始位置。

（8）将时间滑块放置在第 100 帧。

（9）使用"V 向位置"微调器，将球体放置在圆柱体顶端。

（10）将"U 向位置"设置为 300，如图 7-26 所示播放动画，球体会沿着螺旋路径，在圆柱体表面移动。

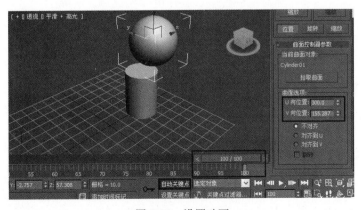

图 7-26　设置动画

2. 曲面约束界面

"曲面控制器参数"卷帘窗位于"运动"面板上，如图 7-27 所示。

其参数主要功能简介如下：

- 文本。用于显示选定对象的名称。

- 拾取曲面。用于选择需要用作曲面的对象。

- U 向位置。用于调整控制对象在曲面对象 U 坐标轴上的位置。

- V 向位置。用于调整控制对象在曲面对象 V 坐标轴上的位置。

- 不对齐。启用此选项后，不管控制对象在曲面对象上的什么位置，它都不会重定向。

图 7-27 "曲面控制器参数"
卷帘窗

- 对齐到 U。将控制对象的局部 Z 轴对齐到曲面对象的曲面法线，将 X 轴对齐到曲面对象的 U 轴。

- 对齐到 V。将控制对象的局部 Z 轴对齐到曲面对象的曲面法线，将 X 轴对齐到曲面对象的 V 轴。

- 翻转。翻转控制对象局部 Z 轴的对齐方式。如果"不对齐"处于启用状态，那么这个复选框不可用。

7.3.3 链接约束

链接约束可以用来创建对象与目标对象之间彼此链接的动画。链接约束可以使机器人的手臂传球，如图 7-28 所示。

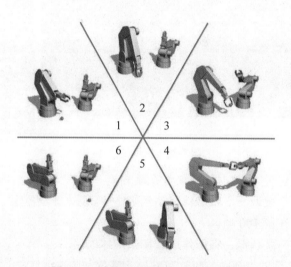

图 7-28 链接约束使机器人的手臂传球

链接约束可以使对象继承目标对象的位置、旋转度以及比例。实际上，这是允许设置层次关系的动画，这样场景中的不同对象便可以在整个动画中控制应用了"链接"约束的对象的运动了。

将球从一只手传递到另一只手就是一个应用链接约束的例子。假设在第 0 帧处，球在角色的右手中。设置手的动画使它们在第 50 帧处相遇，在此帧球传递到左手，随后在第 100 帧处分开。完成过程如下：在第 0 帧处以右手作为其目标向球指定"链接"约束，然后在第 50 帧处更改为以左手为目标。

1. 示例

指定链接约束和动画链接，可执行以下操作：

（1）将时间滑块移至第 0 帧。

（2）在"顶"视图中，创建一个球体、一个长方体和一个圆柱体，如图 7-29 所示。

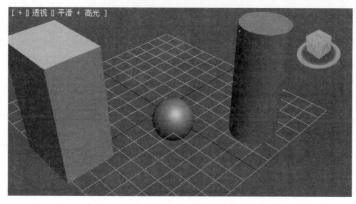

图 7-29　创建几何体

（3）选择球体。打开"运动" 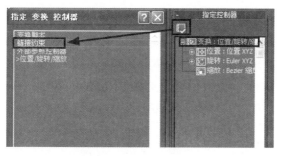 面板，展开"指定控制器"卷帘窗。

（4）选择"变换：位置/旋转/缩放"控制器，单击"指定控制器"按钮 ，选择"链接约束"，如图 7-30 所示，单击"确定"按钮。

图 7-30　选择"链接约束"

（5）这样便将"变换"项更改为"变换：链接约束"并添加一个称为"链接参数：位置/旋转/缩放"的子控制器，该子控制器便成为各个变换轨迹的第一级父对象。还添加了一个称为 Link Times: LinkTimeControl 的控制器轨迹。LinkTimeControl 控制器用于在轨迹栏中露出"链接"约束关键点，因此可以在此处操纵这些关键点。也可以从"动画"菜单 > "约束"子菜单中指定"链接"约束。

（6）在"链接参数"卷帘窗中，单击"链接到世界"按钮，这将在"链接参数"卷帘窗上的链接列表中的第 0 帧处添加一个"世界"条目。

（7）将时间滑块移至第 1 帧，单击"添加链接"并选中圆柱体，如图 7-31 所示。圆柱体成为目标并且将会被添加到链接列表中。现在，球体和圆柱体之间的"链接"约束关系被激活。

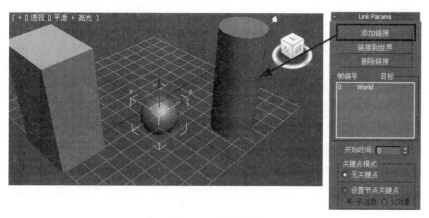

图 7-31　添加链接

（8）再次单击"添加链接"将其禁用。

（9）将时间滑块移至第 50 帧。

（10）启用"自动关键点"并将圆柱体移动至距离现在位置较远的地方。

（11）播放动画，球体将跟随圆柱体移动。该球体已被链接约束。

（12）选择球体，将时间滑块移至第 25 帧。

（13）在"运动"面板 >"链接参数"卷帘窗上，单击"添加链接"，选中长方体，然后禁用"添加链接"。

（14）现在已在第 25 帧添加了另一个激活的目标。

（15）禁用"自动关键点"按钮，然后播放动画。球体从第 0 帧到第 24 帧链接于圆柱体，因此它跟随圆柱体直到第 25 帧，在此帧处将该球体链接指向长方体。

2. 链接约束界面

一旦指定链接约束，可以在"运动"面板的"链接参数"卷帘窗上访问它的属性。在此卷帘窗可以添加或删除目标并在每个目标成为活动的父约束对象时设置动画。

也可以通过在轨迹栏上或"轨迹视图"中操纵关键点修改链接帧的动画。但是，用于删除这些上下文中关键点的标准方法不适用于链接关键点；必须使用"链接参数"卷帘窗上的"删除链接"功能，其界面如图 7-32 所示，其功能简介如下：

图 7-32 "链接约束"卷帘窗

- 添加链接。用于添加一个新的链接目标。单击"添加链接"后，将时间滑块调整到激活链接的帧处，然后选择要链接到的对象。只要启用了"添加链接"，便可继续添加链接；若要退出此模式，请在活动视图中右击或再次单击"添加链接"。

- 链接到世界。用于将对象链接到世界（整个场景）。建议将此项置于列表的第一个目标。此操作可避免在从列表中删除其他目标时该对象还原为其独立创建或动画变换。

- 删除链接。用于移除高亮显示的链接目标。一旦链接目标被移除将不再对约束对象产生影响。

- 开始时间。用于指定或编辑目标的帧值。高亮显示列表中的目标条目时，"开始时间"便显示对象成为父对象时所在的帧。要在链接变换开始时更改，请调整该值。

- 无关键点。启用此项后，约束对象或目标中不会写入关键点。此链接控制器在不插入关键点的情况下使用。

- 设置节点关键点。启用此项后，将关键帧写入指定的选项。具有两个选项：子对象和父对象。子对象仅在约束对象上设置一个关键帧。父对象为约束对象和其所有目标设置关键帧。

- 设置整个层次关键点。用指定选项在层次上部设置关键帧。具有两个选项：子对象和父对象。子对象仅在约束对象和它的父对象上设置一个关键帧。父对象为约束对象、它的目标和它的上部层次设置关键帧。

7.3.4 方向约束

方向约束会使某个对象的方向沿着另一个对象的方向或若干对象的平均方向。方向约束将遮篷式叶片与支持杆对齐，其效果如图 7-33 所示。

方向受约束的对象可以是任何可旋转对象。受约束的对象将从目标对象继承其旋转。一旦约束后，便不能手动旋转该对象。只要约束对象的方式不影响对象的位置或缩放控制器，便可以移动或缩放该对象。

目标对象可以是任意类型的对象。目标对象的旋转会驱动受约束的对象。可以使用任何标准平移、旋转和缩放工具来设置目标的动画。

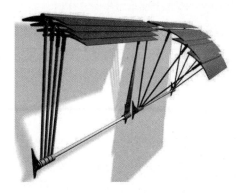

图 7-33　方向约束效果

指定方向约束后，可以在"运动"面板的"方向约束"卷帘窗中访问其属性。在此卷帘窗中，可以添加或删除目标、指定权重、指定目标权重值和设置目标权重值的动画，以及调整其他相关参数。其界面如图 7-34 所示。

- 添加方向目标。用于添加影响受约束对象的新目标对象。
- 将世界作为目标添加。用于将受约束对象与世界坐标轴对齐。可以设置世界对象相对于任何其他目标对象对受约束对象的影响程度。
- 删除方向目标。用于移除目标。移除目标后，将不再影响受约束对象。
- 权重。用于为每个目标指定并设置动画。
- 保持初始偏移。保留受约束对象的初始方向。禁用"保持初始偏移"后，目标将调整其自身以匹配其一个或多个目标的方向。默认设置为禁用状态。

图 7-34　"方向约束"卷帘窗

- 变换规则。将方向约束应用于层次中的某个对象后，即确定了是将局部节点变换还是将父变换用于方向约束。
- 局部->局部。选择此单选按钮后，局部节点变换用于方向约束。
- 世界->世界。选择此单选按钮后，将应用父变换或世界变换，而不是应用局部节点变换。

7.3.5　位置约束

位置约束产生对象跟随一个对象的位置或者几个对象的权重平均位置的效果。位置约束将会对齐机器人元素的集合，如图 7-35 所示。

图 7-35　位置约束效果

为了激活，位置约束需要一个对象和一个目标对象。一旦将指定对象约束到目标对象位置，则为目标的位置设置动画会引起受约束对象的跟随。

每个目标都具有定义其影响的权重值。值为 0 相当于禁用。任何超过 0 的值都将会导致目标影响受约束的对象。可以设置权重值动画来创建诸如将球从桌子上拾起的效果。

1. 示例

指定与两个目标的"位置"约束和编辑权重，可执行以下操作：

（1）在"顶"视图中，创建球体、长方体和圆柱体，使长方体处于球体和圆柱体之间，如图 7-36 所示。

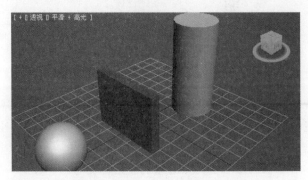

图 7-36　创建几何体

（2）单击并选择长方体，指定"位置"约束，如图 7-37 所示，并随目标选定球体。

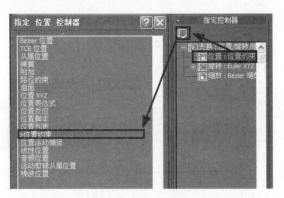

图 7-37　添加位置约束

（3）单击并选择长方体，指定"位置"约束，并随目标选定圆柱体，如图 7-38 所示。

（4）现在长方体位置约束于两个目标之间。

（5）在"顶"视图中，将球四处移动。

（6）当球体移动时，长方体在球体和圆柱体之间保持相同距离，这是因为两个目标的权重值相等，均为 50.0。默认值为 1.00。如果球体的权重值比圆柱体大，则其对长方体的影响也比圆柱体对长方体的影响要大。

（7）要编辑权重值，请选定长方体。

（8）打开"运动"　面板，并查看"位置约束"卷帘窗。

（9）在目标的列表中单击圆柱体的名称。

（10）可以使用"权重"微调器，在 50 到 20 之间更改数值。

（11）随着数值的下降，长方体将移近球体。

（12）在"顶"视图中，选择圆柱体并四处移动。

（13）在"顶"视图中，选择球体并四处移动。

（14）将看出球体对长方体的运动的影响大于圆柱体。

2. 位置约束界面

一旦指定"位置"约束，就可以访问"运动"面板中"位置约束"卷帘窗上的属性。在这个卷帘窗中可以添加或者删除目标，指定权重，还可为每个目标的权重值设置动画，其界面如图 7-39 所示。

图 7-38 添加位置目标   图 7-39 "位置约束"卷帘窗

- 添加位置目标。用于添加影响受约束对象位置的新目标对象。
- 删除位置目标。用于移除目标。一旦将目标移除，它将不再影响受约束的对象。
- 权重。为每个目标指定权重并设置动画。
- 保持初始偏移。使用"保持初始偏移"来保存受约束对象与目标对象的原始距离。这可避免将受约束对象捕捉到目标对象的轴。默认设置为"禁用"。

7.3.6 路径约束

路径约束会对一个对象沿着样条线或在多个样条线间的平均距离间的移动进行限制。例如路径约束会沿着桥的一边决定服务平台的位置，如图 7-40 所示。

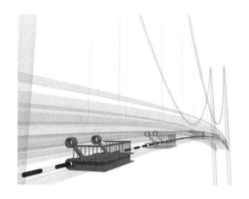

图 7-40 路径约束效果

路径目标可以是任意类型的样条线。样条曲线（目标）为约束对象定义了一个运动的路径。目标可以使用任意的标准变换、旋转、缩放工具设置为动画。以路径的子对象级别设置关键点，如顶点或分段，虽然这影响到受约束对象，但可以制作路径的动画。

1. 通过"运动"面板指定一个路径约束

通过"运动"面板指定一个路径约束，请执行以下操作：

（1）创建一个半径为 10 的球体和一个半径为 60 的圆，如图 7-41 所示。

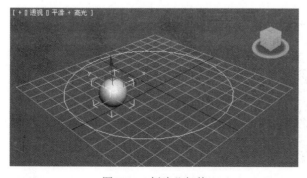

图 7-41 创建几何体

（2）选择球体，在"运动" 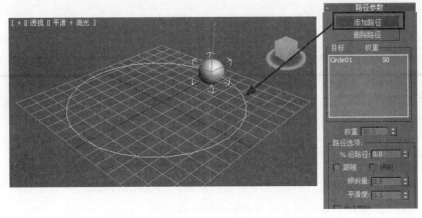 面板上单击"参数"。

（3）打开"指定控制器"卷帘窗并选择"位置"控制器。

（4）单击"指定控制器"按钮。

（5）从"指定位置控制器"对话框中选择"路径约束"，单击"确定"按钮。

（6）在"运动"面板上单击"参数"。

（7）在"路径参数"卷帘窗中，单击"添加路径"按钮。

（8）在视图中，选择圆形，如图 7-42 所示。

图 7-42　添加路径

2．路径约束界面

一旦指定路径约束，可以在"运动"面板的"路径参数"卷帘窗上访问它的属性。在这个卷帘窗中可以添加或者删除目标路径，指定权重，还可为每个目标的权重值设置动画，如图 7-43 所示。

其功能简介如下：

- 添加路径。添加一个新的样条线路径使之对约束对象产生影响。
- 删除路径。从目标列表中移除一个路径。一旦移除目标路径，它将不再对约束对象产生影响
- 权重。为每个目标指定并设置动画。
- %沿路径。用于设置对象沿路径的位置百分比。这将把"轨迹属性"对话框中的值微调器复制到"轨迹视图"中的"百分比轨迹"。如果想要设置关键点来将对象放置于沿路径特定百分比的位置，要启用"自动关键点"，移动到想要设置关键点的帧，并调整"% 沿路径"微调器来移动对象。
- 跟随。在对象跟随轮廓运动的同时将对象指定给轨迹。
- 倾斜。当对象通过样条线的曲线时允许对象倾斜（滚动）。
- 倾斜量。用于调整这个量使倾斜从一边或另一边开始，这依赖于这个量是正数或负数。
- 平滑度。控制对象在经过路径中的转弯时翻转角度改变的快慢程度。较小的值使对象对曲线的变化反应更灵敏，而较大的值则会消除突然的转折。此默认值对沿曲线的常规阻尼是很适合的。当值小于 2 时往往会使动作不平稳，但是值在 3 附近时对模拟出某种程度的真实的不稳定很有效果。
- 允许翻转。启用此选项可避免在对象沿着垂直方向的路径行进时有翻转的情况。
- 恒定速度。沿着路径提供一个恒定的速度。禁用此项后，对象沿路径的速度变化依赖于路径上顶点之间的距离。
- 循环。默认情况下，当约束对象到达路径末端时，它不会越过末端点。选中"循环"选项会

图 7-43　"路径参数"
卷帘窗

改变这一行为，当约束对象到达路径末端时会循环回到起始点。

- 相对。启用此选项保持约束对象的原始位置。对象会沿着路径同时有一个偏移距离，这个距离基于它在原始世界的空间位置。
- 轴。用于定义对象的轴与路径轨迹对齐。

小结

三维动画主要是通过设置关键点，在相邻的关键点之间产生连续的画面而形成的动画效果，因此关键点动画是动画的基础。在本章中着重介绍了 3ds Max 关键点动画的原理和制作方法，同时也介绍了和动画相关的一些功能，无论是关键点还是相关功能的动画制作都需要不断的练习和理解才能更好的掌握。

7.4　本章实例

7.4.1　反弹球动画

学习目的：练习使用关键点设置动画。

1. 系统设置

（1）选择"文件" 菜单>"重置"命令，重置 3ds Max 系统。

（2）"自定义"（Customize）菜单>"单位设置"，在弹出的对话框中选择"通用单位"，单击"确定"按钮。

2. 创建模型

（1）单击命令面板"创建" 标签>"几何体" 按钮，进入几何体创建面板。

（2）在顶视图中分别创建一个如图 7-44 所示的任意尺寸的长方体和球体，并用"对齐" 工具将球体放在长方体正上方。

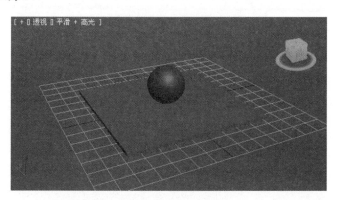

图 7-44　创建几何体

3. 使用"自动关键点"创建动画

（1）单击"自动关键点" ，启用此功能。"自动关键点"按钮 和时间滑块背景变成红色，表示正处于动画模式中。视图的轮廓也变成红色，如图 7-45 所示。此时移动、旋转或缩放对象时，将自动创建关键帧。

（2）使用"选择对象"按钮 在"透视"视图中单击以选择球。小球显示为被白色的选择框包围，则表明已将其选定。

（3）右击球体，并从快捷菜单的"变换"区域中选择"移动"，如图 7-46 所示。

（4）变换 Gizmo 出现在视图中。使用变换 Gizmo 可以轻松地执行受约束的移动。当在变换 Gizmo 上移动光标时，不同的轴及其标签会变成黄色。将光标放在 Z 轴上，当其变成黄色后，单击并向上拖动以将球在空中提升起来，如图 7-47 所示。球在第 0 帧的位置现在已固定于长方体的上方。

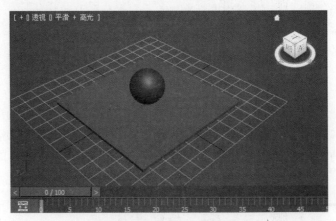

图 7-45　时间滑块背景变成红色

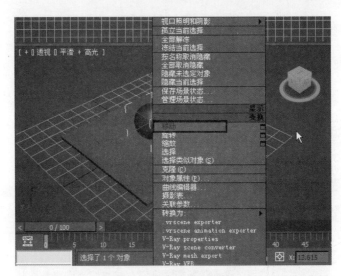

图 7-46　选择移动工具

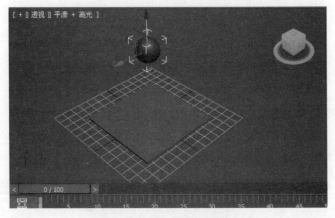

图 7-47　沿 Z 轴移动球体

（5）将时间滑块移至第 15 帧。沿 Z 轴方向移动球与长方体接触，如图 7-48 所示。

（6）如果需要使球在第 30 帧时上升到它的原始位置，应使用另一种方法，而不是移动到第 30 帧，然后将球在空中向上移回。

将光标放在时间滑块的帧指示器上（灰色方框，当前读数 15/100）并右击，弹出"创建关键点"对话框。在"创建关键点"对话框中，将"源时间"更改为 0，将"目标时间"更改为 30，然后单击

"确定"按钮,如图 7-49 所示。这将复制从第 0 帧到第 30 帧的关键点。

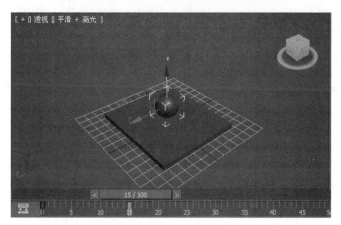

图 7-48 球与长方体接触

图 7-49 复制关键点

(7)单击"播放动画" ▶ 以播放动画,或将时间滑块在第 0 帧到第 30 帧之间来回拖动。球在第 0 帧到第 30 帧之间上下移动,并在第 30 帧到第 100 帧之间的空中原地不动。

(8)如果单击了"播放动画"按钮,请单击"停止"按钮(同一按钮)以结束播放。

(9)在时间控件中,单击"时间配置"按钮 。

(10)在"时间配置"对话框 >"动画"组中,将"结束时间"设置为 30,不要单击"重缩放时间"按钮,单击"确定"按钮,如图 7-50 所示。

图 7-50 设置"时间配置"对话框参数

3ds Max 允许在活动时间段工作,活动时间段是较大动画的一部分,上述操作将第 0 帧到第 30 帧作为活动时间段。请注意,时间滑块此时只显示这些帧。其他帧仍然存在,只不过它们此刻不是活动时间段的一部分。

（11）播放动画。播放过程中球会上下移动。因为第一帧和最后一帧相同，所以动画播放时看起来像是来回循环，球移动了，但仍没有"反弹"。

（12）停止动画播放。

3ds Max 会决定如何分布中间帧。现在它们是均匀分布的，因此球既不加速也不减速，只是像没有重量一样浮动。所以需要模拟重力效果，这样球在反弹时会减速直至到达反弹最高处停止，在接近桌面时会加速，然后重新弹起。若要实现这种效果，需使用"曲线编辑器"上的关键点插值曲线。还需使用"重影"功能，帮助将插值曲线所执行的操作可视化。

4. 控制中间帧

若要使球反弹更真实，需要更改第 15 帧关键点上的插值。使用"曲线编辑器"上的切线控制柄。曲线的切线将确定中间帧的空间位置。使用"重影"可以看到中间帧被放置的位置。具体操作如下。

（1）将时间滑块移至第 15 帧。

（2）选中"自定义"菜单 >"首选项">"视口"选项卡，将"重影帧"设置为 4，并将"显示第 N 帧"设置为 3。单击"确定"按钮退出此对话框，如图 7-51 所示。

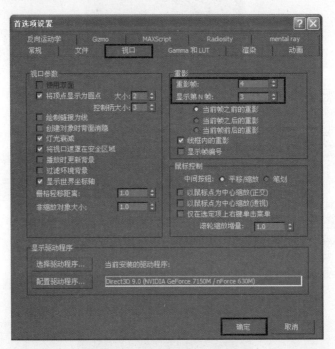

图 7-51 "视口"选项卡设置

（3）在"视图"菜单中单击"显示重影"以启用该功能。重影功能将当前关键帧之前的对象位置显示成浅绿色，如图 7-52 所示。

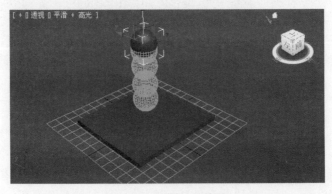

图 7-52 视图显示重影

（4）播放动画，然后停止。若要控制中间帧，请在视图中右击球并选择"曲线编辑器"。"曲线编辑器"横跨顶部的两个视图显示。"曲线编辑器"由两个窗口组成，左侧的"控制器"窗口用于显示轨迹的名称，右侧的"关键点"窗口用于显示关键点和曲线。

（5）在左侧的"控制器"窗口中，单击"Z 位置"。如果看不到 Z 位置轨迹，如图 7-53 所示，单击 Sphere01 左侧的加号图标以展开球体的轨迹。如果看不到加号图标，请右击并选择"手动导航"，然后按住 Alt 键并右击，从快捷菜单中选择"展开轨迹"。此时，"关键点"窗口中显示的唯一曲线就是要操作的曲线，如图 7-53 所示。

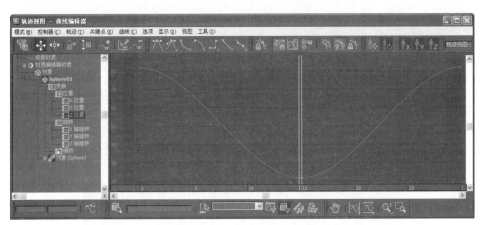

图 7-53　反弹球 Z 位置的功能曲线

（6）移动轨迹视图的时间滑块（"关键点"窗口中的浅黄色双线）。来回移动时间滑块时，动画将在视图中播放。如果仔细观察，会发现在第 15 帧的曲线上有一个黑点。

（7）围绕黑点（位置关键点）拖动以选择它。选定的关键点在曲线上变成白色。若要操纵曲线，需要更改切线类型，以便可以使用切线控制柄。

（8）在"轨迹视图"工具栏上，单击"将切线设置为自定义" 。如果仔细观察，会发现曲线上出现了一对黑色切线控制柄。

（9）按住 Shift 键，并在"关键点"窗口中将左控制柄向上拖动。使用 Shift 键可以独立于右控制柄操纵左控制柄。此时曲线外观如图 7-54 所示。

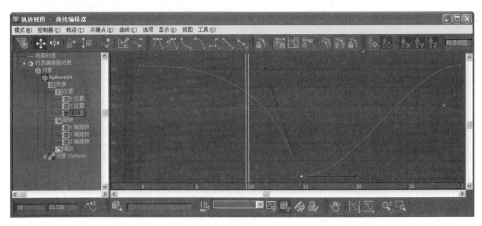

图 7-54　使用 Shift 键用于操纵单独的控制柄

（10）在轨迹视图的"选项"菜单上启用"交互式更新"，如图 7-55 所示。此时将时间滑块移动到第 15 帧，然后操纵切线控制柄，同时观察重影中的效果，可以清楚地看到变化。

（11）设置切线控制柄，以便在大多数情况下将中间帧朝提升位置拖曳，如图 7-56 所示。如果启用了交互式更新，则可以利用非常精细的控制来执行该操作。

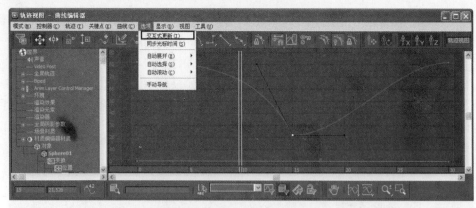

图 7-55　选择"交互式更新"

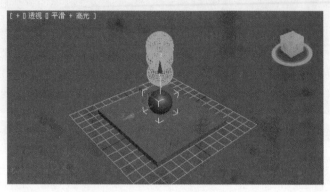

图 7-56　交互式更新和重影

（12）将时间滑块移动到第 30 帧，按下 Shift 键调整右切线控制柄，使其与左控制柄大致相称，如图 7-57 所示。通过操纵该控制柄，可以获得不同的效果。球从桌面反弹时的向上运动将确定对于球重量的感知。如果两个控制柄类似的话，球看起来很有弹性，像网球一样。如果足够多的中间帧被拉近到顶端位置，则球看起来像悬在空中。

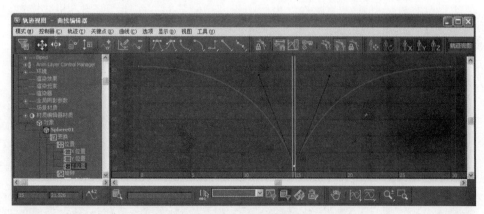

图 7-57　调节控制柄

（13）禁用"视图">"显示重影"，然后播放动画▶，注意球的运动。当播放动画时，进一步调整曲线控制柄，并观察效果。球一接触到桌面就马上弹起，然后在上升时又开始减速。

（14）播放动画，然后停止。观察此时球具有弹跳运动，看起来像是重力在起作用。

5．添加参数曲线超出范围类型

可以使用多种方法不断重复一连串的关键点，而无需制作它们的副本并将它们沿时间线放置。在本实例中，会将"参数曲线超出范围类型"添加到球的位置关键点。使用"参数曲线超出范围类型"可以选择在当前关键点范围之外重复动画的方式。使用"参数曲线超出范围类型"的优点是，当对一组关键点进行更改时，所做的更改会反映到整个动画中。"轨迹视图"中的大多数工具既可以从菜单选项中选择，也可以从工具栏中选择。该功能也位于"控制器"菜单中。

（1）在视图中选择球，右击并从快捷菜单中选择"曲线编辑器"。

（2）在"控制器"窗口中，确保仅选择了 Z 位置轨迹。在重复关键帧之前，需要延伸动画的长度。

（3）单击"时间配置"按钮。该按钮位于动画播放控件中的"转至结尾"按钮下，动画播放控件位于界面（而不是"轨迹视图"）的右下角。将"动画"＞"结束时间"更改为 120，如图 7-58 所示。这会在现有的 30 帧基础上添加 90 个空白帧。这并不是将 30 帧拉伸成 120 帧。球仍然在第 0 帧和第 30 帧之间反弹一次。

（4）现在返回到"轨迹视图"，单击工具栏上的"参数曲线超出范围类型"按钮。单击"周期"图下面的两个框，为"输入"和"输出"选择"周期"方式，如图 7-59 所示，单击"确定"按钮。

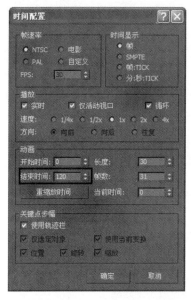

图 7-58　更改结束时间

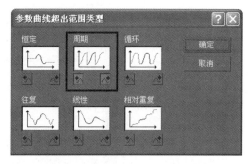

图 7-59　参数曲线超出范围类型选择

（5）在"轨迹视图"窗口右下角的"导航轨迹视图"工具栏上，单击"水平方向最大化显示"按钮。"关键点"窗口将缩小，以便可以看到整个时间段。参数超出范围曲线显示为虚线，如图 7-60 所示。

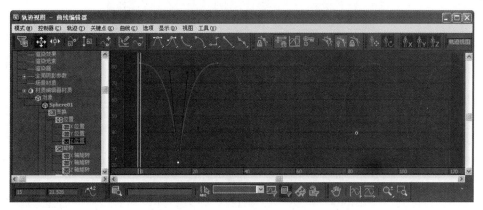

图 7-60　参数超出范围曲线

（6）播放动画。球会反复反弹。

6. 输出动画

（1）按 F10 键打开"渲染设置"对话框，选择"时间输出"为"活动时间段"，并选择输出大小为 640×480，如图 7-61 所示。

（2）选择输出文件类型，单击"渲染输出"里的"文件"按钮，如图 7-62 所示。

图 7-61 设置输出时间和输出尺寸 　　　　　　　　　图 7-62 保存文件

（3）在弹出的对话框中，选择保存的视频文件类型，常用视频类型为 AVI 格式，并为视频文件命名和选择保存位置，单击"保存"按钮保存文件，如图 7-63 所示。

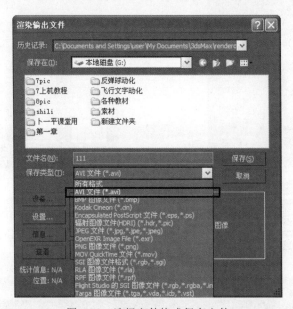

图 7-63 选择文件格式保存文件

（4）最后选择"透视图"角度，按 Shift+Q 键进行动画渲染。

7.4.2 旋转文字

学习目的：练习使用摄像机设置动画。

1. 系统设置

（1）选择"文件" 菜单>"重置"命令，重置 3ds Max 系统。

（2）选择"自定义"（Customize）菜单>"单位设置"，在弹出的对话框中选择"通用单位"，单击"确定"按钮。

2. 创建场景

（1）单击"创建" 标签中"图形"按钮 选择"文本"样条线，在前视图创建文本，如图 7-64 所示。

（2）选中文本，在修改器列表中对先前创建的文字加上一个"挤出"修改器，使其变为一个立体字。其中数量为 40，片段数为 2，如图 7-65 所示。

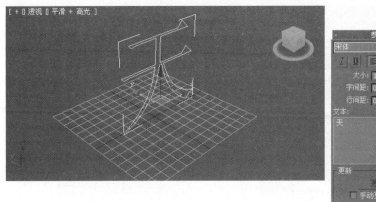

图 7-64　创建文本

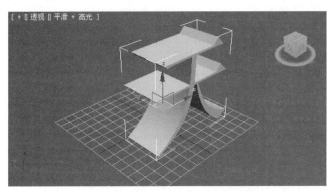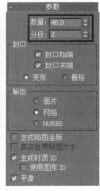

图 7-65　挤出文本

（3）在场景中任意位置添加一盏天光，用来照明，天光参数保持默认即可。

（4）在场景顶视图中创建一个目标摄像机，并将摄像机目标点放在文本的中下部，如图 7-66 所示。

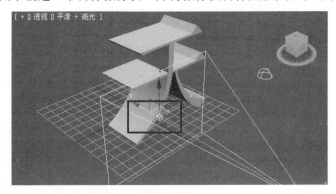

图 7-66　调整摄像机目标点位置

3．创建旋转动画

本例制作环绕文字进行 360 度观察的效果，就是要将一个摄像机对准文字中心进行环形旋转，所以将这一效果的实现转变为一个摄像机以文字为中心绘一个圆的环绕动画。

（1）单击"创建" 标签中"图形"按钮 选择"圆"样条线，在顶视图创建一个半径为 300 的圆，如图 7-67 所示。

（2）选择摄像机机身部分，在"运动" 面板"指定控制器"卷帘窗中，选择"位置">"指定控制器"按钮 ，在弹出的对话框中选择"路径约束"，如图 7-68 所示。

（3）在"路径约束参数"卷帘窗中，单击"添加路径"按钮，在场景中选中圆作为摄像机头的路径，这样摄像机就会沿着圆进行运动，如图 7-69 所示。

（4）激活透视图，按 C 键，将其转化为摄像机视图，并在前视图中调节圆高度，同时观察"摄像机视图",达到俯视角度即可,如图 7-70 所示。

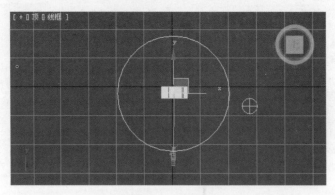

图 7-67　创建圆

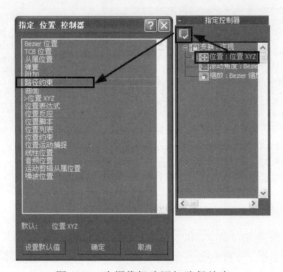

图 7-68　为摄像机头添加路径约束

图 7-69　添加圆作为路径

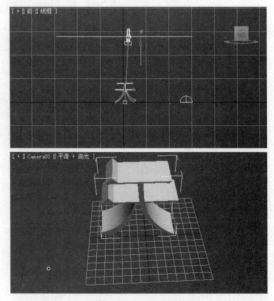

图 7-70　调节圆高度

（5）激活"摄像机视图",单击"播放"按钮，可以看到字体旋转的效果。

4. 创建文本从无到有的动画

（1）在顶视图中选中文本,并在修改器列表中选择"切片"修改器。

（2）展开记录窗口中的"切片"修改器卷帘窗，选择"切片平面"并在工具栏上右击"选择并旋转"工具🔄，在弹出的数值输入面板中输入 X 轴方向屏幕数值为 90，如图 7-71 所示。

（3）此时切片平面由垂直改为水平，在"切片参数"卷帘窗中，选择切片类型为"移除底部"，如图 7-72 所示。

图 7-71　旋转切片平面　　　　　　　　　　　　图 7-72　改变切片类型

（4）将时间滑块滑到第 0 帧，按下"自动关键点"按钮 自动关键点 ，将切片平面移到文字下方，使文字彻底消失，如图 7-73 所示。

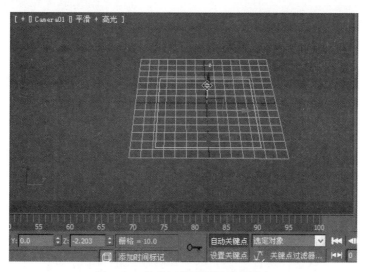

图 7-73　移动切片平面记录关键点

（5）将时间滑块滑到第 100 帧，向上移动切片平面，使文字完全漏出，如图 7-74 所示，这样即完成在 0 到 100 帧的过程中，文字既旋转又从无到有的变化。

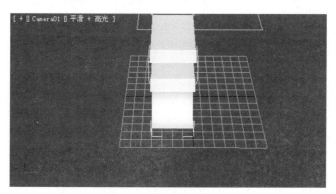

图 7-74　向上移动切片平面

5. 输出动画

（1）按 F10 键打开"渲染设置"对话框，选择"时间输出"为"活动时间段"，并选择输出大小为 640×480，如图 7-75 所示。

（2）选择输出文件类型，单击"渲染输出"里的"文件"按钮，如图 7-76 所示。

（3）在弹出的对话框中，选择保存的视频文件类型，常用视频类型为 AVI 格式，并为视频文件命名和选择保存位置，单击"保存"按钮保存文件，如图 7-77 所示。

图 7-75　设置输出时间和输出尺寸

图 7-76　保存文件

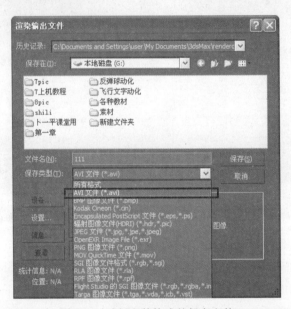

图 7-77　选择文件格式并保存文件

（4）最后选择好透视图角度，按 shift+Q 键进行动画渲染。

小结

通过以上两个实例的学习，可以掌握关键点动画的基本操作方法，以及和动画相关的一些功能的用法，并练习了动画视频输出的方法。通过实例的学习可以很好地对本章中的相关理论有较深刻的认识和了解。

7.5　本章小结

通过对本章的学习，可以了解 3ds Max 动画制作的基本方式，以及一些相关的功能和工具。三维动画软件与二维动画软件在制作动画的原理上有很多相似之处，其中最基本的方式就是关键点动画，在本章中以关键点动画为基础进行介绍，同时还介绍了一些相关的功能如轨迹视图，约束，控制器等，它们对动画的调节和制作也有很大的帮助，并能起到很好的效果。

7.6　上机实战

利用波浪空间扭曲和绑定到空间扭曲工具制作波浪文字特效，如图 7-78、图 7-79 所示。

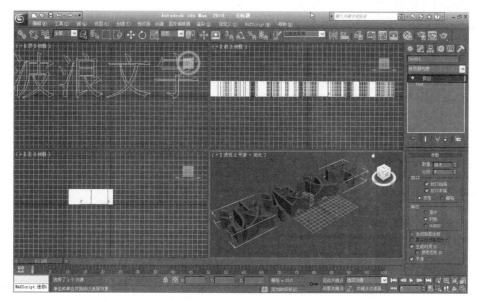

图 7-78　文本原始效果

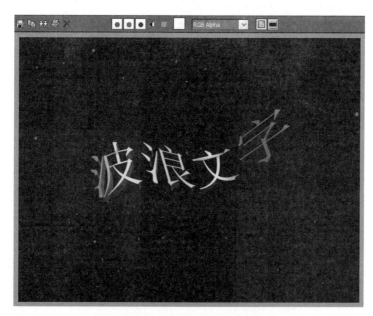

图 7-79　波浪文字最后效果

7.7　思考与练习

（1）如何使用"设置关键点" 设置关键点 制作动画？

（2）曲线控制器都包括哪些类型？简述每种类型的区别。

（3）如何使用路径约束制作动画？

（4）如何使用位置控制器对几何体位置进行约束？

第八章　综合实例制作

实例一　mental ray 金属和玻璃材质象棋综合制作实例

一、建模

1. 建模简介

在本实例中，将建造国际象棋棋子中兵的模型。标准设计的木制国际象棋中的兵是在车床上加工而成的。使用 3ds Max 执行下列类似操作：绘制兵的轮廓，然后使用"车削"修改器填充其几何体。"车削"修改器将轮廓围绕一个中心点进行旋转来创建图形，就像在真实的车床上对木头进行加工的方法一样。

2. 本实例中应用的功能和技术

- 使用样条线图形绘制对象的轮廓。本实例还简要介绍样条线编辑。样条线是一种插补在两个端点和两个或两个以上切向向量之间的曲线。该术语得名于 1756 年，源自用于在建筑和船舶设计中草绘曲线的细木或金属条。
- 编辑图形顶点和边，以更好地控制样条线的绘制。
- 使用"车削"修改器将 2D 轮廓转换为 3D 模型。

3. 系统设置

启动 3ds Max，如果该程序已经运行，请从"文件"菜单中选择"重置"选项。本实例不需要场景文件。

4. 设置视图背景

要创建兵（或其他棋子）的剖面，需要将参考图像加载到视图中，以便可以对其进行跟踪。

（1）右击前视图使其变为当前视图。

（2）从"视图"菜单中选择"视口背景">"视口背景"选项，弹出"视口背景"对话框，如图 8-1 所示。

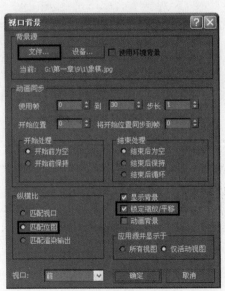

图 8-1　视图背景设置

（3）单击"文件"按钮。导航至\光盘\素材 8-1 文件夹，然后双击"象棋平面图.jpg"进行加载。

（4）在"纵横比"组中选择"匹配位图"单选按钮，从而确保视图中的图像不会扭曲，如图 8-1 所示。

（5）在该对话框的右侧，启用"锁定缩放/平移"。从而确保背景图像对缩放和平移作出反应（在进行视图导航时会用到），如图 8-1 所示。

（6）单击"确定"按钮退出该对话框。位图现在出现在前视图中。按 G 键可禁用栅格，因为在本练习中并不需要它，所以禁用栅格，如图 8-2 所示。

图 8-2　导入背景后的前视图

现在可以开始进行绘制了。

5. 绘制兵的轮廓

将从顶部的"圆球"开始绘制兵的轮廓。

（1）在前视图中，对兵参考图像进行放大。

（2）在"创建" 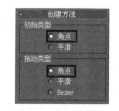 面板上，单击"图形"，然后单击"线"。

（3）在"创建方法"卷帘窗上，将"初始类型"和"拖动类型"设置为"角点"，从而确保所有线分段都是线性的，如图 8-3 所示。

图 8-3　创建线的方法

（4）在前视图中，单击顶部中心附近的点。按住 Shift 键将线条约束到垂直轴，然后在兵基部上单击产生第二个点，如图 8-4 所示。

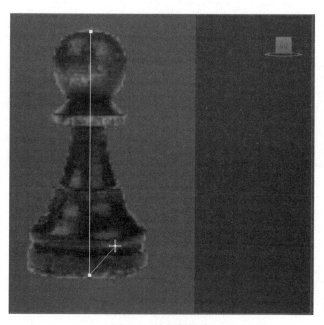

图 8-4　绘制起始点

（5）仍然按住 Shift 键，同时单击基部右底边上的点。

（6）从这个位置，单击参考图像右轮廓上的几个点，以创建大致的剖面，直至图像右侧轮廓全部被勾选。此时不需要特别精确，因为以后可以对剖面进行编辑。要闭合样条线并结束该命令，单击第一个点，如图 8-5 所示。

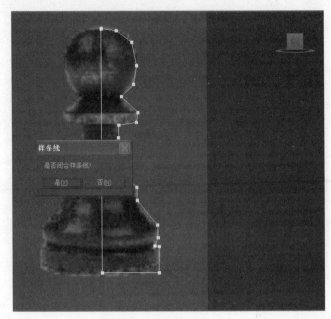

图 8-5　绘制封闭线

（7）提示时，单击"是"即可关闭样条线。

6．编辑兵的轮廓

（1）仍然选定样条线，转到"修改" 面板。

（2）在"选择"卷帘窗上，单击"顶点"按钮 。

（3）在前视图中，放大创建的剖面底部。

（4）使用"选择并移动"工具 来调整顶点，如图 8-6 所示。

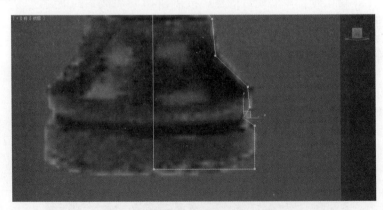

图 8-6　修改线上点

（5）选择最右侧的两个顶点，然后激活"修改"面板 >"几何体"卷帘窗中的"圆角"按钮。

（6）"圆角"命令处于活动状态时，将光标放在选中的顶点之一，然后单击并拖动以使两个角变圆，如图 8-7 所示。

（7）向上平移图像以处理剖面的中间部分。

（8）选择刚刚创建的圆角上的顶点。如有必要，基于参考图像将其移到更好的位置，如图 8-8 所示。

（9）选中顶点后，在视图中右击，并从显示的快捷菜单中，选择"平滑"选项，如图 8-9 所示。

（10）调整顶点位置以匹配参考图像，如图 8-10 所示。

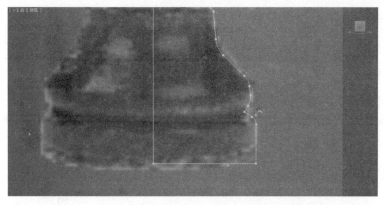

图 8-7 变圆角

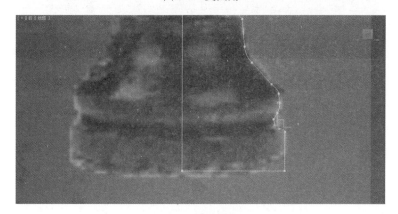

图 8-8 调整点

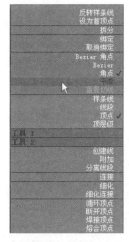

图 8-9 平滑点

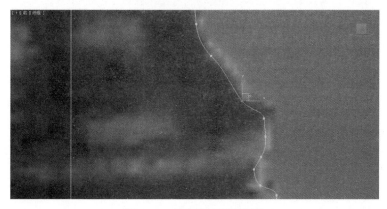

图 8-10 调整顶点匹配图像

（11）向上平移图像到下一组顶点，如图 8-11 所示。

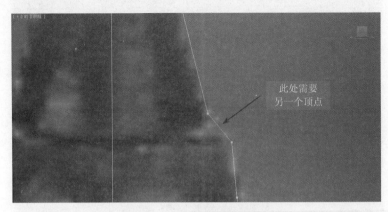

图 8-11　需要添加顶点的位置

在一些情况下，可能需要添加顶点。

（12）在"修改" 面板>"几何体"卷帘窗上，选择"优化"选项。

（13）单击需要插入顶点的线条则新顶点添加至样条线，如图 8-12 所示。

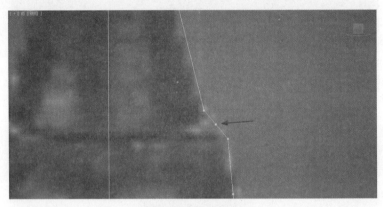

图 8-12　添加顶点

（14）使用"选择并移动"工具，调整顶点的位置，如图 8-13 所示。

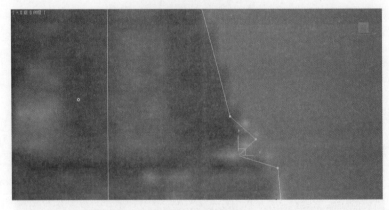

图 8-13　调节顶点

　　（15）就像前面的操作一样，选择右侧伸出的顶点，并对其进行圆角处理，以创建一条曲线，如图 8-14 所示。

　　（16）如前面的操作一样，使用快捷菜单，将部分选定顶点转换为平滑顶点。移动它们以对其位置进行微调，如图 8-15 所示。

　　（17）向上平移图像到剖面的顶部。选择圆球右侧的两个顶点，并使它们成为平滑顶点。再次使用"选择并移动"工具微调它们的位置，如图 8-16 所示。

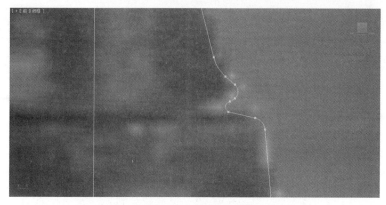

图 8-14　圆角顶点

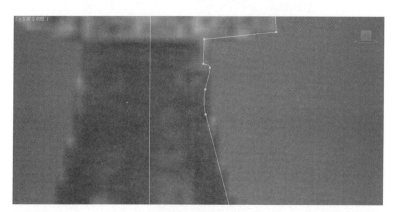

图 8-15　微调部分点

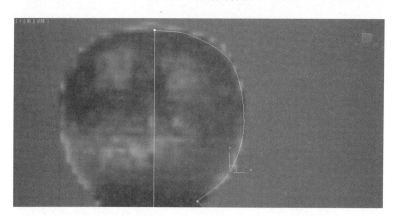

图 8-16　调节顶部顶点

（18）放大圆球基部，如图 8-17 所示。

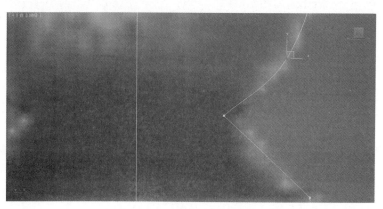

图 8-17　放大球体底部点

（19）如果在圆球基部只有一个顶点，则像前面的操作一样，使用"优化"工具来添加其他顶点。

（20）选择两个顶点并右击，弹出快捷菜单。

（21）使用快捷菜单即可将这两个顶点转换为"Bezier 角点"，如图 8-18 所示。

图 8-18　转化点

（22）使用"选择并移动"工具可调整顶点及其控制柄的位置，以围绕圆球基部获得更正确的曲率，如图 8-19 所示。

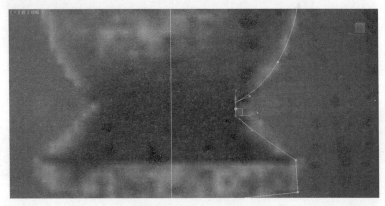

图 8-19　调节下部顶点

（23）在剖面的最顶部，选择创建的第一个顶点。使用快捷菜单即可将其转换为"Bezier 角点"。

（24）调整控制柄，以使样条曲线段与参考图像上的曲率匹配，如图 8-20 所示。

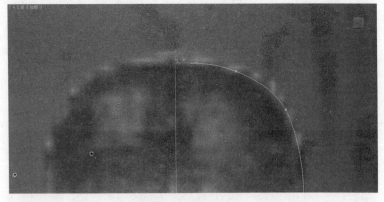

图 8-20　微调顶部顶点

（25）继续优化剖面，调整顶点位置和类型，以与参考图像匹配。

．（26）完成后，单击"修改"面板"选择"卷帘窗中的"顶点"按钮可退出子对象层级。

7．车削轮廓

（1）选择兵轮廓样条线，并单击修改器堆栈显示上方的"修改器列表"。这是一个包含各种修改器的下拉列表。

（2）从该列表中选择"车削"，效果如图 8-21 所示。

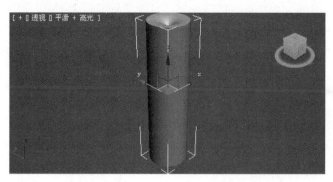

图 8-21　车削线条

此时的兵为 3D 对象。兵模型的外观可能与预期不同，这是因为默认情况下轴基于样条线的轴点旋转，而不是剖面的左侧。在接下来的步骤中将对其进行修复。

（3）在"车削"修改器的"参数"卷帘窗上，找到"对齐"组，然后单击"最小"按钮。兵的外观看上去好了许多，虽然还是有一点"扭曲"。

（4）在"车削"修改器的"参数"卷帘窗上，将"分段"值增加到 32。兵现在变得更平滑，在"透视"视图中渲染时就可以看出，但是中心似乎有点收缩。

（5）在"车削"修改器的"参数"卷帘窗上，启用"焊接内核"。从而会将模型中心处的所有顶点组合为一个，如图 8-22 所示。

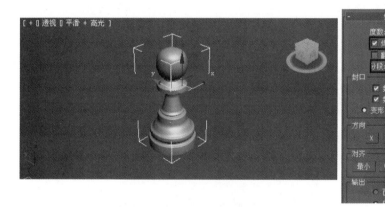

图 8-22　车削参数设置及效果

二、材质渲染

1. 材质渲染简介

在本实例中，将介绍使用 mental ray 渲染器调节金属和玻璃材质的方法，并应用天光和 hdri 得到渲染效果的调节过程。为了模拟真实的金属和玻璃材质，在调节时充分考虑其反光性等特点，在渲染时更是配合天光这种面积光来起到更真实的照明效果。

2. 本实例中应用到的知识

● mental ray 调入的方法和基本设置。
● mental ray 的玻璃材质的调节方法。
● 天光的设置以及 hdri 贴图的应用。

3. 渲染器设置

首先打开象棋模型，可以使用"选择并移动"工具 并按住 Shift 键复制一个新的象棋，在复制类型中选择"复制"选项，并创建一个平面作为地面。

4. 调入渲染器进行初步设置

（1）单击"渲染"菜单>"渲染设置"命令，或者按下快捷键 F10，打开"渲染设置"对话框，展开"公用"标签下的"指定渲染器"卷帘窗，如图 8-23 所示。

（2）单击"产品级"后的按钮，在弹出面板中双击选择 mental ray 渲染器，如图 8-24 所示。

图 8-23 "渲染设置"对话框

图 8-24 选择 mental ray 渲染器

（3）在"渲染设置"对话框中的"间接照明"标签下，展开"焦散和全局照明（GI）"卷帘窗，勾选"全局照明 GI"中的"启用"选项，如图 8-25 所示。

图 8-25 启用全局照明

（4）为了节省渲染时间，可以展开"最终聚集"卷帘窗，将最终聚集级别调为"低"，但当最后出图时，为了追求好的效果，可以将最终聚集级别再调为"高"。

5. 调节材质

（1）单击工具栏上的按钮或者按 M 键，打开"材质编辑器"。

（2）选择"材质编辑器"中一个材质球，单击 Standard 按钮选择使用 mental ray 的 Solid Glass 材质来调节玻璃材质，并保持其默认参数设置，如图 8-26 所示。

（3）新选一个材质球，保持默认的 Standard 材质，在"明暗器基本参数"卷帘窗的下拉列表中选择"各项异性"，"漫反射颜色"色块调节为黑色并设置参数如图 8-27 所示，用来制作金属材质。

图 8-26　Solid Glass 保持默认参数

图 8-27　金属材质设置参数

（4）在"贴图"卷帘窗中的反射通道中添加"光线跟踪"贴图，"光线跟踪"贴图参数保持默认即可，如图 8-28 所示。

（5）新选一个材质球，只改变漫反射颜色为白色，用于调节地面材质。

（6）分别将材质球附给场景中的对应几何体。

6．灯光设置

（1）单击"创建" ![icon] 面板中的"灯光"按钮 ![icon]，选择"天光"按钮，在场景中任意位置单击来添加"天光"。

（2）在场景中选中"天光"并进入"修改" ![icon] 面板，单击贴图 none 按钮，如图 8-29 所示。

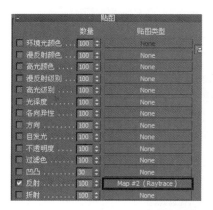

图 8-28　反射通道添加光线跟踪贴图

图 8-29　添加 hdri 贴图

（3）在弹出的面板中选择"位图"贴图，在"选择位图图像文件"对话框中选择素材光盘中的 hdri 文件夹下的 groveC.hdr 贴图，如图 8-30 所示。

图 8-30　在单击"位图"弹出的对话框中选择 hdri 贴图

（4）简单设置 hdri 文件，如图 8-31 所示。

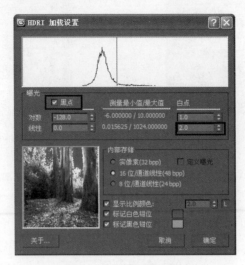

图 8-31　修改 hdri 文件

7．环境设置

（1）将"天光参数"卷帘窗中的贴图拖到"材质编辑器"的任意一个空白材质球上进行复制，在弹出的"实例（副本）贴图"对话框中选择"实例"方式，这样在材质球上修改贴图的时候，"天光参数"卷帘窗会随之改变，如图 8-32 所示。

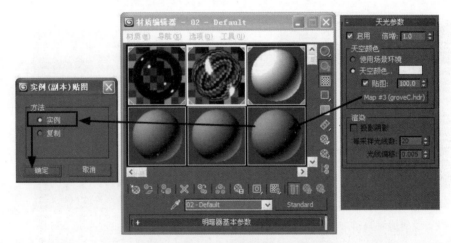

图 8-32　复制贴图

（2）在"材质编辑器"中修改 hdri 贴图的方式，选择"环境"单选按钮，贴图方式选择"球形环境"，还可以在"输出"卷帘窗调节"输出量"的参数值来改变其输出亮度，如图 8-33 所示。

图 8-33　调节贴图参数

（3）单击"渲染"菜单>"环境"命令，弹出"环境和效果"对话框，将材质编辑器中的 hdri 贴图拖到环境贴图按钮上，复制方式选择"实例"选项，如图 8-34 所示。

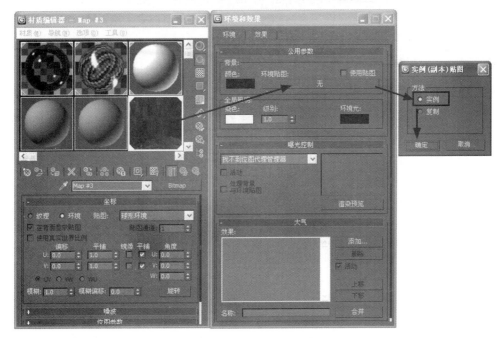

图 8-34　添加环境贴图

8. 渲染最后效果

单击工具栏中"渲染"按钮 或按下快捷键 Shift+Q 进行渲染。最后的效果图如图 8-35 所示。

图 8-35　象棋最后的效果图

9. 小结

在本实例中学习了样条线的创建和编辑及使用"车削"修改器创建 3D 几何体的方法。通过对模型的材质、灯光、渲染的调节和设置，如同变魔术一样给冷冰冰的三维模型赋予了真实的感觉，通过材质和渲染的调节，更进一步掌握了 mental ray 渲染器的金属和玻璃材质的调节方式，为制作出更复杂的效果图打下了坚实的基础。

实例二　创建具有真实感的沙漏

建模

1．建模简介

在本实例中将学习使用基本体对象和修改器建造具有真实感的沙漏模型。将联合使用圆柱体和软管对象以及"自由变形"（FFD）、"锥化"和"切片"修改器，甚至还将使用粒子系统创建沙的流动。

2．本实例中介绍的功能

- 使用"锥化"和 FFD 修改器塑造沙漏外形。
- 使用设置了动画的"切片"修改器在沙漏的上部球中创建移动的沙子表面。
- 使用粒子系统在沙漏的下部球中创建下落的沙子。
- 使用一个设置了动画的半球创建沙子堆起效果。

3．系统设置

启动 3ds Max，如果该程序已经运行，请在"文件"菜单中选择"重置"选项进行重置。本实例不需要场景文件。

4．创建模型

首先使用圆柱体建造包含沙子的小舱，然后添加"锥化"修改器。通过使用对称和曲线参数，可以创建沙漏的近似图形。

（1）单击用户界面右下角的视图导航工具中的"最小化/最大化切换"按钮，从四个小视图的显示切换为单一的大的视图的显示。当前活动视图就是放大的那个视图，在这里为"透视"视图。

（2）在"创建"　面板上单击"圆柱体"。

（3）右击"捕捉开关"按钮，打开"栅格和捕捉设置"对话框，确保"栅格点"捕捉设置处于勾选状态，且所有其他捕捉设置都已禁用。关闭"栅格和捕捉设置"对话框。按 S 键以启用"捕捉"。在视图中移动光标时，如果略过栅格点，则可以看到显示为蓝色的捕捉光标，如图 8-36 所示。

图 8-36　捕捉光标

（4）当光标捕捉到栅格的中心时，单击并向外拖动以开始创建圆柱体。在拖动时再次按 S 键以将"捕捉"切换为禁用，如图 8-37 所示。以这种方式使用"捕捉"可以精确地在栅格的中心创建圆柱体，但还可以通过在操作中禁用捕捉来生成任何想要的半径量。

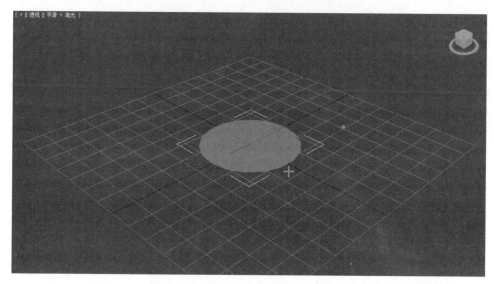

图 8-37　向外拖动以设置圆柱体的半径

（5）拖出任意想要的半径，然后释放鼠标并向上拖动，设置圆柱体的高度，单击完成创建，如图 8-38 所示。现在创建何种半径和高度无关紧要，因为稍后将更改它们。

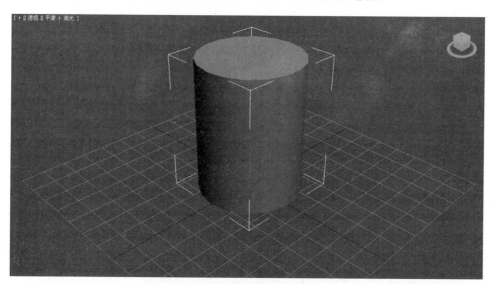

图 8-38　向上拖动以设置圆柱体的高度

（6）单击"最大化显示"按钮 以使场景在视图中居中。

（7）在"修改" 面板的"参数"卷帘窗中，将"半径"改为 20，将"高度"改为 60。可以键入这些值，也可以使用微调器进行调节。

（8）单击视图左上方"平滑+高光"标签，然后从菜单中选择"边面"，则可在圆柱体上看到高度分段以及着色面，如图 8-39 所示。

（9）将圆柱体的"高度分段"增加至 10，如图 8-40 所示。

（10）从"修改器"菜单中选择"参数化变形器" > "锥化"选项。"参数"卷帘窗中的"数量"默认设置为 1，如图 8-41 所示。

（11）在修改器堆栈中单击 Taper 左侧的加号按钮 以展开该堆栈，然后单击"中心"。"中心"三轴架以及选中的锥化 Gizmo 都在视图中可见，如图 8-42 所示。

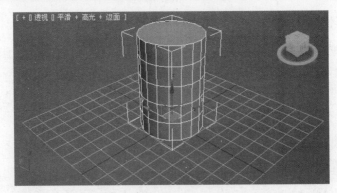

图 8-39   边面显示

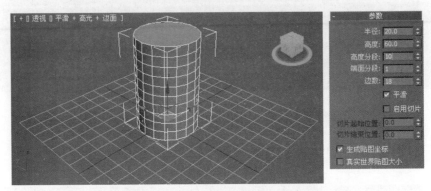

图 8-40   圆柱体上显示的附加的高度分段

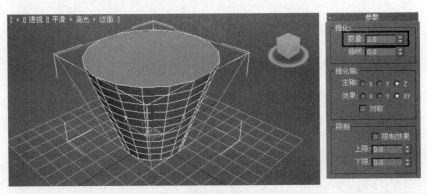

图 8-41   圆柱体在视图中锥化

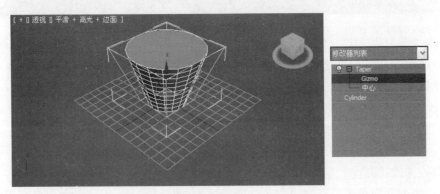

图 8-42   锥化中心

（12）在"参数"卷帘窗的"锥化轴"组中启用"对称"，然后在视图中将中心 Gizmo 上移。使用变换 Gizmo 以在 Z 方向上移动。将光标移动到变换 Gizmo 上。当蓝色的 Z 轴变黄时，向上拖动以将锥化中心上移至大约圆柱体高度的一半位置。释放鼠标以放置 Gizmo 中心，如图 8-43 所示。

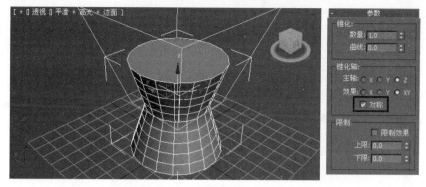

图 8-43 移动"锥化"中心

（13）在底部的坐标显示的 Z 字段（紧挨着"设置关键点"按钮的左边）中键入 30，如图 8-44 所示。这将把 Gizmo 精确地放置在圆柱体高度的中心处。

（14）在修改器堆栈中，选择 Cylinder。这样可以对原始圆柱体参数进行更改。在"修改"面板的"参数"卷帘窗中，将圆柱体的半径减少至 3，如图 8-45 所示。

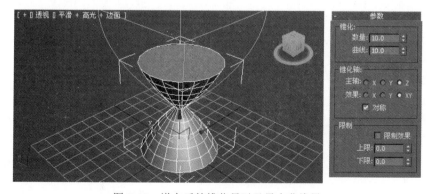

图 8-44 数值调整 Gizmo 高度　　　　　　　　图 8-45 更改圆柱体半径

（15）在修改器堆栈中单击 Taper，然后在"参数"卷帘窗中将"锥化"的"数量"增加至 10，并将"曲线"量设置为 10，如图 8-46 所示。

图 8-46 增大后的锥化量以及最大曲线量

（16）从修改器堆栈中选择 Cylinder，并将"高度分段"增加至 29。通过创建奇数个高度分段，可以在沙漏的中心周围创建一条窄带。

（17）从修改器堆栈中选择 Taper，并将"锥化"数量减少至 5。小舱逐渐成形，如图 8-47 所示。

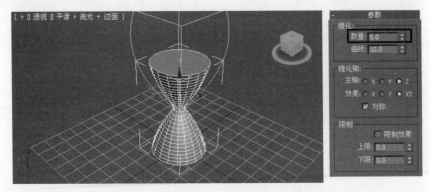

图 8-47　调整参数

（18）在"修改"面板的"修改器列表"下拉列表中选择"FFD（圆柱体）"选项。FFD Gizmo 会应用于锥化的圆柱体，如图 8-48 所示。

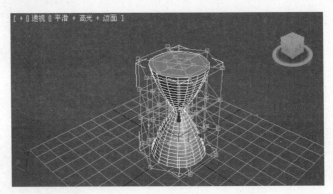

图 8-48　围绕圆柱体的自由变形晶格

（19）在"FFD 参数"卷帘窗的"尺寸"组中单击"设置点数"按钮。在"设置 FFD 尺寸"对话框中将"高度"增加至 15，如图 8-49 所示，然后单击"确定"按钮。现在可以使用的晶格控制点已经大为增多了。

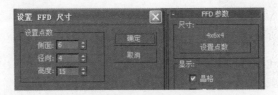

图 8-49　更改高度点数

（20）单击"最小化/最大化切换"按钮 以将显示重置为四个视图。然后右击前视图。

注意：通过在视图中右击来激活该视图并不会取消选择任何选定对象。左击会激活需要的视图，但同时会取消选择所有对象。

（21）右击前视图标签，然后启用"平滑 + 高光"和"边面"。

（22）从视图导航工具中单击"最大化显示"按钮 以便可以放大到 FFD 晶格，如图 8-50 所示。

（23）在修改器堆栈中单击"FFD（圆柱体）"旁边的加号按钮 将其展开，选择"控制点"。

（24）从视图导航工具中启用"弧形旋转" ，然后旋转透视视图以便可以看到沙漏后面的栅格，如图 8-51 所示。

（25）在前视图中，在控制点的中间水平行周围拖出一个矩形选区。控制点将以黄色显示，表明它们已被选中，如图 8-52 所示。

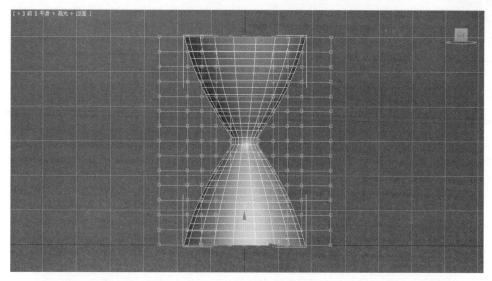

图 8-50 晶格的前视图

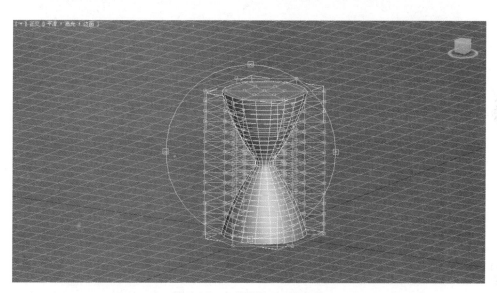

图 8-51 查看沙漏后面的栅格

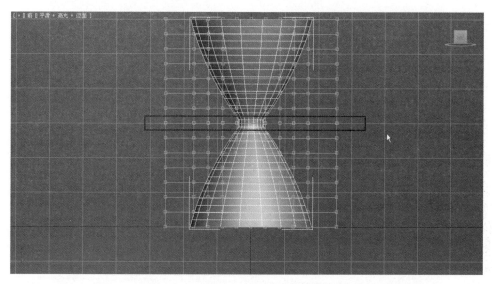

图 8-52 选择中间的一行 FFD 控制点

（26）在工具栏上启用"选择并均匀缩放"按钮 。右击"透视"视图以激活它，这样不会失去在前视图中所做的选择。

（27）按键盘上的加号键三次，以增加变换 Gizmo 的大小。现在可以看到三组变换角以及平面控制柄，如图 8-53 所示。

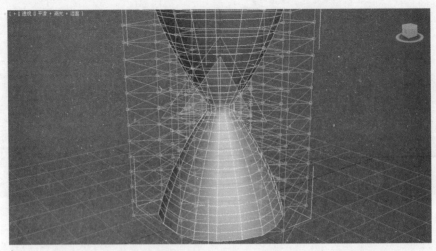

图 8-53　缩放变换 Gizmo 显示

（28）若要在"透视"视图中缩放晶格的顶点，请将光标移动到内部那一组三角形平面控制柄上，如图 8-54 所示。出现缩放光标时，单击并向下拖动。移动光标时，请观察坐标显示的变化。当 X、Y 和 Z 字段显示 30 时释放鼠标，如图 8-55 所示。

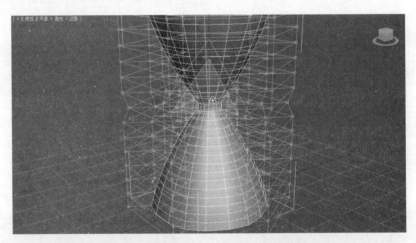

图 8-54　缩放光标出现在内部平面控制柄上

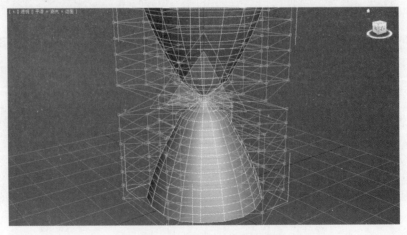

图 8-55　向下拖动以使中心变形

（29）若要精细调整沙漏的图形，需要对所有的水平控制点行重复这一过程，要一次缩放两行。这是一个包含两个步骤的过程：

● 在前视图中选择顶点行。

● 在"透视"视图中缩放。

若要选择控制点，请在一行的周围拖出一个矩形选区，然后按住 Ctrl 键并在沙漏的相对的一半中选择对应的行。选择每一对行，然后以不同的量缩放行以创建沙漏外形，如图 8-56 所示。

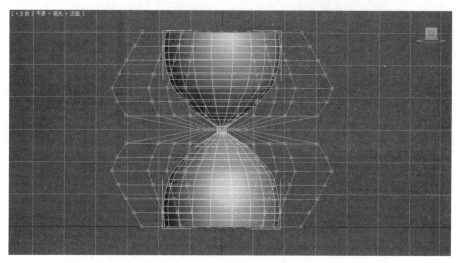

图 8-56　从前视图观察的已缩放的 FFD 晶格

（30）完成后，在修改器堆栈中禁用"控制点"层级，并在"透视"视图中单击以取消选择对象。

（31）启用"弧形旋转" ，在黄色圆中单击，然后四处拖动光标，以从不同角度观察对象，如图 8-57 所示。边建模边从各个侧面观察对象是一个良好的习惯。

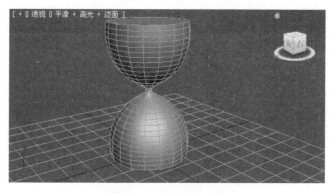

图 8-57　塑形后的对象

（32）启用"弧形旋转"，然后四处拖动光标观察对象，以便可以清楚地看到沙漏的顶部部分。

（33）在主菜单上选择"创建">"扩展基本体">"切角圆柱体"选项。

（34）在"创建"面板的"对象类型"卷帘窗顶部，启用"自动栅格"，如图 8-58 所示。

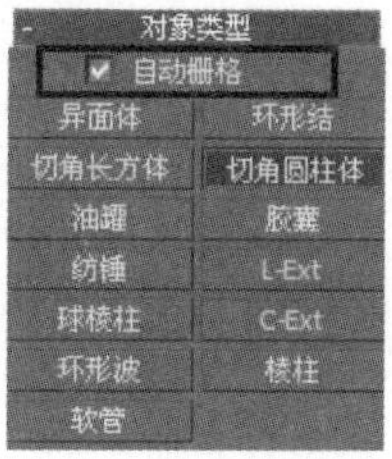

图 8-58　选择自动栅格

（35）将光标移动到沙漏的顶部，会出现一个小的三轴架，它跟随光标移动。按住鼠标并向外拖动以设置切角圆柱体的半径，如图 8-59 所示，然后释放鼠标，并且继续向上拖动以设置其高度和切角，如图 8-60 所示。

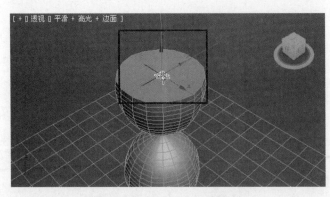

图 8-59　开始创建切角圆柱体

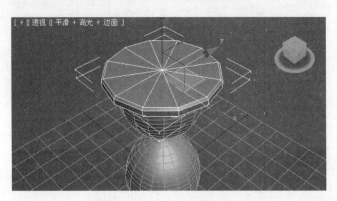

图 8-60　创建切角圆柱体

（36）在"参数"卷帘窗中，将"圆角"设置为 1。接下来需要对齐切角圆柱体，使其居中于沙漏上方中心。

（37）确保切角圆柱体仍处于选定状态。从工具栏选择"对齐"按钮，然后在"透视"视图中单击 Cylinder（沙漏对象）。

（38）在"对齐当前选择"对话框中，启用"X 位置"和"Y 位置"，然后单击"确定"按钮。圆柱体顶盖现已居中位于沙漏图形顶部上，如图 8-61 所示。

图 8-61　对齐面板

（39）在"参数"卷帘窗中，调整切角圆柱体的半径，为支柱留出空间。尝试将"半径"设置为

26，如图 8-62 所示。根据缩放 FFD 控制的程度，可能需要更改此半径。

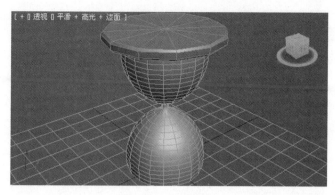

图 8-62 更改半径

（40）选择切角圆柱体，然后在工具栏上选择"镜像"按钮。

（41）在"镜像"对话框的"克隆当前选择"组中启用"复制"。将"镜像轴"设置为 Z，然后使用微调器将"偏移"调整为-60，单击"确定"按钮，如图 8-63 所示。

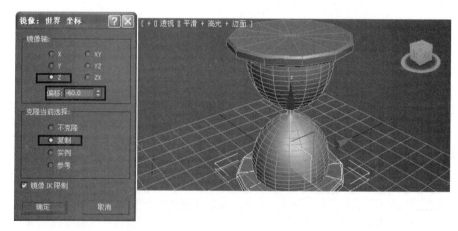

图 8-63 使用"镜像"及"偏移"创建克隆

（42）在菜单栏上选择"创建"＞"扩展基本体"＞"软管"选项。

（43）从"创建"面板 ＞"对象类型"卷帘窗中，启用"自动栅格"（如果它尚未启用）。

（44）将光标移动到底部的切角圆柱体上。将显示"自动栅格"三轴架。按住并拖动以设置软管的半径，如图 8-64 所示。

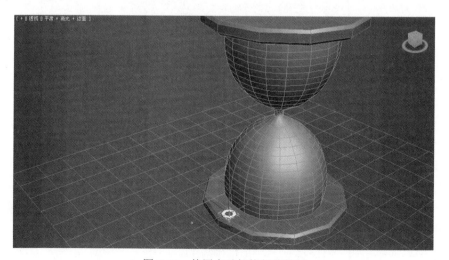

图 8-64 使用自动栅格创建软管

（45）释放鼠标并向上拖动以设置支柱的高度，如图 8-65 所示。

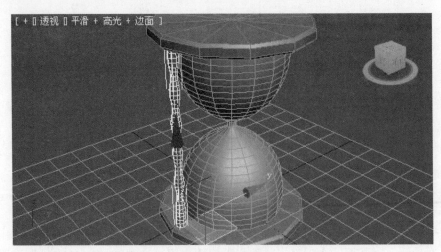

图 8-65　创建软管

（46）在"公用软管参数"组中，设置下列值：

- 起始位置：37；
- 结束位置：64；
- 周期数：2；
- 直径：-36。

（47）在卷帘窗中，下滚至"软管形状"组。确保启用了"圆形软管"，然后设置下列值：

- 直径：3.5；
- 边数：6。

上述参数设置如图 8-66 所示。

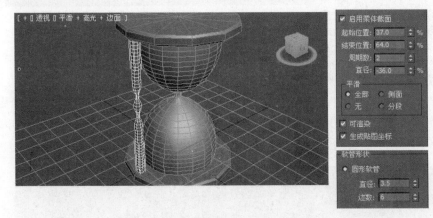

图 8-66　用于创建支柱的软管对象

（48）在"层次" 面板的"调整轴"卷帘窗中，单击启用"仅影响轴"。

（49）在菜单栏上选择"工具">"对齐"">"对齐"选项，然后单击底部的切角圆柱体。

（50）在"对齐当前选择"对话框的"对齐位置"组中启用"X 位置"和"Y 位置"。单击"确定"按钮，轴即按图 8-67 中那样放置。

（51）在"调整轴"卷帘窗中，禁用"仅影响轴"。

（52）在工具栏上启用"选择并旋转"。在按住 Shift 键的同时将光标移动到支柱的变换 Gizmo（显示于新轴的位置）上。当 Z 轴环变黄时，旋转支柱。移动鼠标时，观察坐标显示，直到其显示旋转了 90 度时释放鼠标，在"克隆选项"对话框中，确保启用了"实例"，然后将副本数设置为 3，如图 8-68 所示。

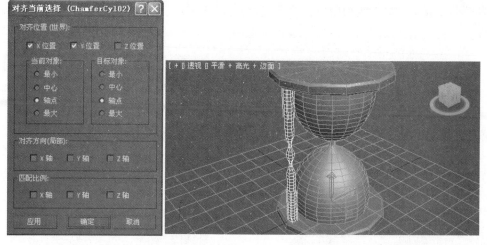

图 8-67　将软管轴与切角圆柱体对齐

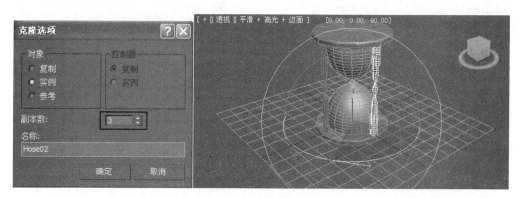

图 8-68　将软管旋转 90 度

（53）单击"确定"按钮，则视图中显示有四个支柱，如图 8-69 所示。

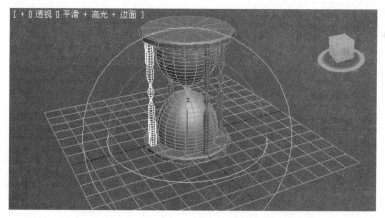

图 8-69　使用 Shift+"旋转"的方法进行克隆

5. 创建材质

（1）在工具栏上，单击"材质编辑器"按钮 。也可以通过按下 M 键打开"材质编辑器"对话框。

（2）单击"材质编辑器"上方的材质示例窗以将其激活。

（3）在"材质名"字段中，将该材质命名为 glass，如图 8-70 所示。

为材质赋予合理的名称有助于跟踪所生成的对象。生成的任何材质都可以存储在自定义的材质库中，以便在将来重新使用它们。

（4）将材质拖到视图中的沙漏上。沙漏应该变为灰色，和示例球一样。

（5）在"材质编辑器"中，单击"背景"按钮（示例球的右侧）。灰色的球体后将显示棋盘格背景。此背景有助于查看材质中的透明度。若要使材质看上去像玻璃，首先需要调整四个选项。需要更改不透明度、颜色、高光反射值，并将其设置为双面，如图 8-71 所示。

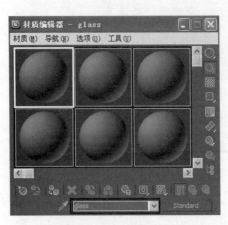
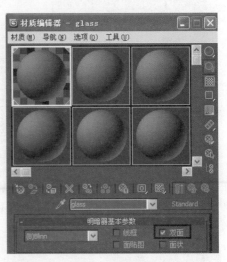

图 8-70　更改材质名称　　　　　　　图 8-71　添加材质到几何体并勾选"双面"选项

（6）在"Blinn 基本参数"卷帘窗中，将"不透明度"值设置为 22。在同一卷帘窗中，单击"漫反射"色样，在"颜色选择器"对话框中选择一种淡蓝色。如果愿意，可以在右侧的"红/绿/蓝"字段中分别键入下值，红：112、绿：211、蓝：243，如图 8-72 所示，然后单击"关闭"按钮。

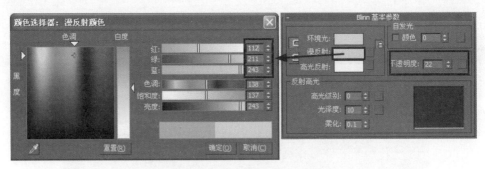

图 8-72　对材质所做的更改

（7）在"反射高光"组中，将"高光级别"增大至 88，将"光泽度"增大至 33，如图 8-73 所示。

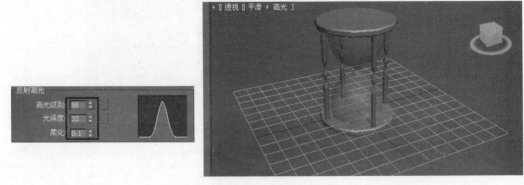

图 8-73　玻璃材质

（8）在"材质编辑器"中，打开"扩展参数"卷帘窗。将"衰减"设置为"内"，将"数量"设置为 88。

（9）单击示例窗中的新材质球以将其激活。在"材质名"字段中，键入名称 Sand，来创建沙子材质。

（10）单击"漫反射"色样，在"颜色选择器"中，选择一种浅棕色，或者在右侧的"红/绿/蓝"字段中分别键入下值，红：216、绿：185、蓝：137，如图8-74所示。

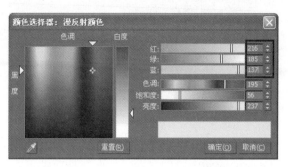

图 8-74 沙子的"红/绿/蓝"设置

（11）单击示例窗中的新材质球以将其激活。在"材质名"字段中，键入名称"金属"，来创建金属材质。

（12）更改"明暗器基本参数"为"多层"，其参数设置如下：漫反射颜色设为 RGB 值分别为246、232、70 的黄色，"第一高光反射层"的"级别"设为186，"光泽度"为82，"第二高光反射层"的"级别"设为111，"光泽度"为47，如图8-75所示。

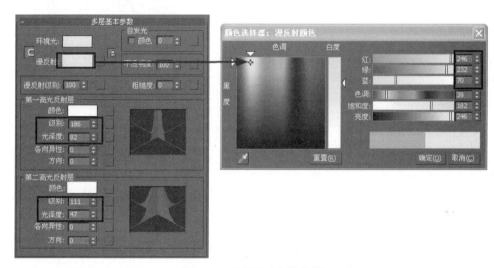

图 8-75 金属材质参数设置

（13）金属具有反射效果，为了模仿其效果还要在"贴图"卷帘窗中的"反射"通道添加"衰减"贴图，在"衰减"贴图的白色色块后的通道里添加"光线跟踪"贴图，如图8-76所示。

图 8-76 添加"光线跟踪"贴图

（14）将金属材质赋予场景中的 4 根软管。

（15）单击示例窗中的新材质球以将其激活，用于调节顶部和底座的材质。

（16）设置 Blinn 反射高光级别为 40，"漫反射颜色"通道添加"大理石"贴图，如图8-77所示。

（17）调节"大理石"贴图大小值为26，如图8-78所示。

（18）将"大理石"材质添加到场景顶部和底座的几何体上。

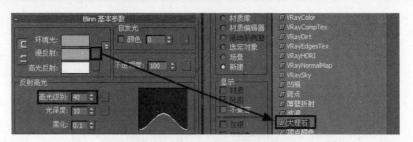

图 8-77　调节顶部和底座材质

6．制作动画

如果要创建沙漏的上面小舱中的沙子，"切片"修改器是一种方便的工具。方法为使用两个"切片"修改器，然后设置切片 Gizmo 的动画以创建沙子表面在玻璃中下降的效果。

（1）在视图中选择锥化的圆柱体对象。

（2）选择"编辑"菜单>"克隆"选项，弹出"克隆选项"对话框。

（3）在"克隆选项"对话框中，单击"复制"单选按钮，然后将该克隆命名为"沙子"，单击"确定"按钮，如图 8-79 所示。

图 8-78　大理石参数

图 8-79　"克隆选项"对话框

（4）右击"透视"视图并选择"隐藏未选定对象"选项，视图中除沙子对象之外的所有对象都被隐藏。

（5）在"材质编辑器"中，单击选中 sand 示例球，单击"将材质指定给选定对象"按钮。在视图中该对象被指定了沙子 sand 材质，如图 8-80 所示。

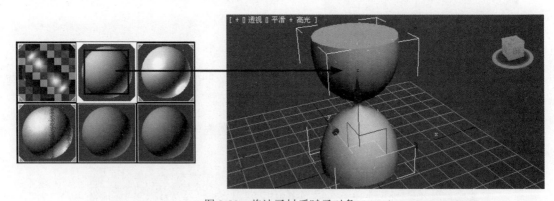

图 8-80　将沙子材质赋予对象

（6）转至"修改"　面板。在修改器堆栈中，单击以高亮显示"FFD（圆柱体）"修改器，然后选择"修改器"菜单>"参数化变形器">"切片"选项，则"切片"平面将显示在视图中。

（7）在堆栈显示中，展开"切片"修改器的层次，然后高亮显示"切片平面"。

（8）在"切片参数"卷帘窗中，启用"移除底部"。

（9）在工具栏上，单击以启用"选择并移动"按钮。

（10）在视图中，选择变换 Gizmo 的 Z 箭头，然后向上拖动鼠标，"切片"平面会使沙漏的下半部分从视图中全部消失，如图 8-81 所示。

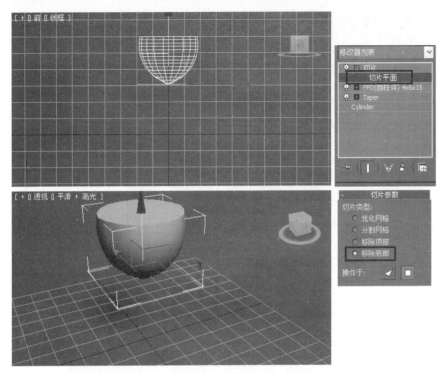

图 8-81　启用了移除底部的切片平面

（11）在修改器堆栈中，再次单击"切片"以取消选择"切片平面"。右击堆栈，在快捷菜单中选择"复制"选项，然后再次右击并选择"粘贴"。堆栈中将出现第二个"切片"修改器，位于原来那一个的上方。

（12）展开新的"切片"修改器的层次，然后高亮显示"切片平面"。

（13）将"切片"平面向球的上方移动三分之二，然后在"切片参数"卷帘窗中将"切片类型"更改为"移除顶部"，如图 8-82 所示。

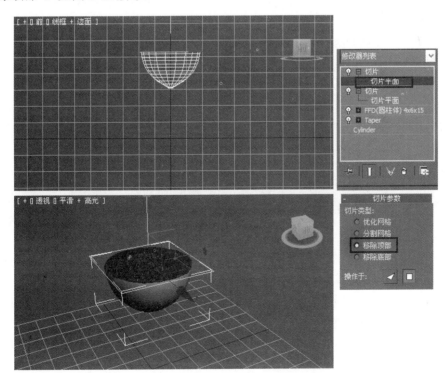

图 8-82　第二个切片平面移除了顶部

（14）在修改器堆栈顶部选择"切片"，然后选择"修改器"菜单>"网格编辑">"补洞"选项。

（15）在"参数"卷帘窗中启用"与旧面保持平滑"。

（16）下滚至修改器堆栈底部并选择 Cylinder，然后将"半径"减少至 2.8。这将使沙子看上去像在玻璃中一样，如图 8-83 所示。

图 8-83　调整半径

（17）在"透视"视图中右击，然后选择"全部取消隐藏"选项，如图 8-84 所示。

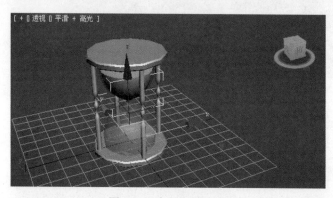

图 8-84　全部取消隐藏

（18）在工具栏上，单击"选择并旋转"按钮。在修改器堆栈中，选择最上方的"切片平面"。旋转 Gizmo 的 Y 轴，使得沙子的表面看上去稍微有点不平，如图 8-85 所示。

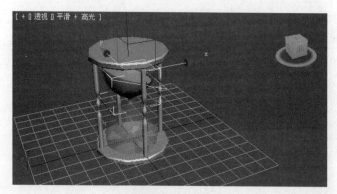

图 8-85　旋转沙面

（19）单击以启用"自动关键点"按钮 自动关键点 。

（20）将时间滑块移动至第 100 帧。在修改器堆栈中高亮显示顶部的"切片平面"。

（21）在工具栏上，单击"选择并移动"按钮 。然后在视图中将"切片平面"沿着变换 Gizmo 的 Z 轴向下移动，直到沙子完全消失为止，如图 8-86 所示。

（22）禁用"自动关键点"按钮 自动关键点 ，然后单击"播放"按钮 。上面的球中的沙子表面缓慢地下降。

（23）在视图中选择沙子对象。确保能在"名称"字段中看到其名称，然后右击并选择"隐藏当前选择"，用于隐藏沙子。

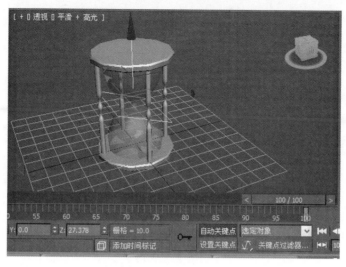

图 8-86 沙子已消失

（24）单击"创建"菜单>"粒子">"雪"选项。

（25）在"透视"视图的空白区域中单击并向外拖动以创建"雪"发射器，如图 8-87 所示。发射器用于指定粒子在场景中生成的位置。

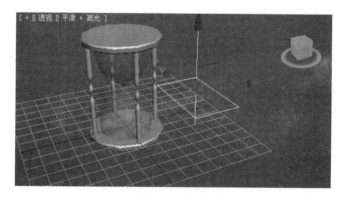

图 8-87 雪发射器

（26）播放动画并观察视图中的雪粒子，如图 8-88 所示。

图 8-88 播放雪系统的动画

（27）在工具栏上单击"选择并移动"按钮 ✛。然后在坐标显示中输入 X:0、Y:0、Z: 30，如图 8-89 所示，则雪发射器将移到位于沙漏颈部的正确位置，颈部将沙漏分隔成顶部和底部两个舱。

图 8-89 输入粒子发射器位置坐标

（28）在"修改"面板上的"参数"卷帘窗中的"发射器"组中，将发射器的宽度和长度均更改为 1.5，如图 8-90 所示。

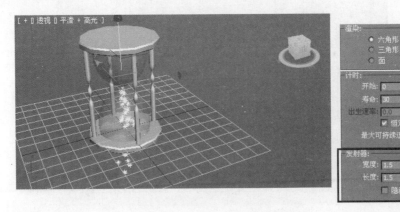

图 8-90 "雪"发射器参数设置

粒子系统会与空间扭曲对象互相作用，所以可以以多种方式控制粒子。需要创建两个不同的空间扭曲，分别为"重力"和"全导向器"。"重力"空间扭曲将迫使粒子向下移动，而"全导向器"空间扭曲将防止粒子穿透沙漏的底部。

（29）单击选择"创建"菜单>"空间扭曲">"力">"重力"选项。

（30）在视图的空白区域中单击并向外拖动以创建"重力"空间扭曲。空间扭曲的放置并不重要，可以将它们放在场景中的任意位置。

（31）单击选择"创建"菜单>"空间扭曲">"导向器">"全导向器"选项。在视图的空白区域中单击并向外拖动以创建"全导向器"空间扭曲。

（32）在"基本参数"卷帘窗中的"基于对象的导向器"组中单击"拾取对象"按钮，然后在视图中单击沙漏的底座。

（33）在"粒子反弹"组中将"反弹"设置为 0，将使粒子"聚集"在全导向器上。

（34）选择视图中的"雪"发射器。

（35）在工具栏上，单击"绑定到空间扭曲"按钮 。然后单击"雪"发射器并将图标拖动到"重力"空间扭曲，如图 8-91 所示。

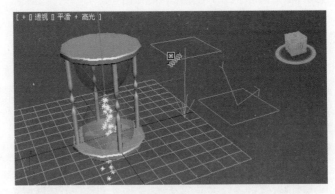

图 8-91 将"雪"发射器绑定到"重力"空间扭曲

（36）对全导向器重复此过程，将"雪"发射器绑定到全导向器。

（37）现在单击"播放" 按钮以播放动画，可看到雪花的外观看上去像下落的沙子。

（38）停止动画。选择修改器堆栈中的"雪"发射器，然后在"参数"卷帘窗的"粒子"组中输入以下设置，视口计数：375、渲染计数：888、雪花大小：0.8、速度：0.5、变化：0.5。

特别值得注意的是，通常情况下将"视口计数"数值增加得过大并不明智，这会明显降低 3ds Max的速度。如果确实要增大"视口计数"，请不要使用微调器执行此操作。如果不小心将微调器设置为较高的值，可能会等待相当长的时间。请始终使用键盘来输入此值。

（39）在"计时"组中禁用"恒定"。将"寿命"设置为 60，将"出生速率"设置为 1.0，如图 8-92 所示。

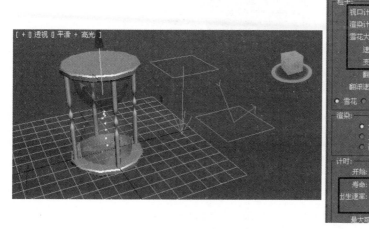

图 8-92 控制雪参数

（40）选定"雪"的同时，打开"材质编辑器"（如果尚未打开），然后选中"Sand"材质，再单击"将材质指定给选定对象"。

（41）右击视图，然后选择"全部取消隐藏"并播放动画。由粒子生成的沙子以及设置了动画的"切片"修改器产生的效果如图 8-93 所示。

图 8-93 沙漏效果

（42）单击"时间配置"按钮 。在"时间配置"对话框中的"动画"组中，将"长度"设置为 120，单击"确定"按钮。

（43）单击"自动关键点"按钮 以将其启用，然后在选定"雪"的同时将时间滑块移动至第 102 帧。在"参数"卷帘窗中将"出生速率"更改为 0.0。则将在第 102 帧处停止粒子的发射，因为"出生"将停止，但已发射的粒子将继续下落。

（44）现在移回到这样一个时间点：在该时间点上，顶部小舱中的沙子开始变少，且底部小舱中的沙流需要变粗。将时间滑块移至第 86 帧，并将"出生速率"设置为 6.0，这将确保沙子在此帧处持续下落。

（45）移回至第 78 帧，并将"出生速率"设置为 5.9，这将使下落的沙子保持下落。

（46）移回至第 15 帧，并将"出生速率"设置为 6.9，这将为下落的沙子增加动力。

（47）移回至第 0 帧，并将"出生速率"设置为 5.0。当沙表面在顶部小舱中下降时，此关键帧让沙子开始下落。

（48）将时间滑块向前移至第 106 帧，并将"出生速率"设置为 1，将在第 106 帧处设置一个关键点。一旦设置了关键点，可以使用时间栏的右击菜单更改其值。

（49）在时间栏上选择位于第 106 帧处的关键点，右击并从列表中选择"Snow01：出生速率"。

（50）在"Snow01 出生速率"对话框中，将"值"更改为-52，并将"输入"和"输出"切线设置为"平滑"。这用于结束下落的沙流，如图 8-94 所示。

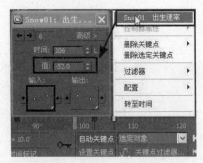

图 8-94　右击设置出生速率

（51）禁用"自动关键点"按钮，然后播放动画。沙子开始下降，沙流的下落与顶部小舱中的沙子同步。在第 15、86 和 120 帧处的沙子下落效果如图 8-95 所示。

图 8-95　第 15、86 和 120 帧处的沙子下落效果

（52）隐藏"雪"粒子系统。在视图中选择它，然后右击并从快捷菜单中选择"隐藏当前选择"。选择沙漏对象（如果没有将其重命名，则应为 Cylinder01），然后再次选择"隐藏当前选择"。

（53）在"透视"视图处于活动的情况下，单击"弧形旋转"按钮 以显示导航图标。旋转视图，以能清楚地看到沙漏的底部。

（54）单击选择"创建" > "标准基本体" > "球体"选项。在"创建"面板 > "对象类型"卷帘窗顶部，单击以启用"自动栅格"。

（55）拖出一个球体对象，直到半径约为 17 为止。球体应该被创建在沙漏的底板上。右击并选择"按名称取消隐藏"以取消隐藏沙漏对象，如图 8-96 所示。

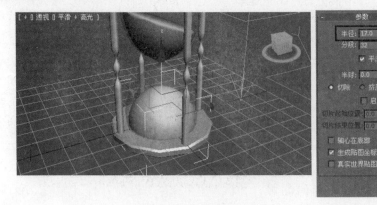

图 8-96　使用球体生成的沙堆

（56）在"参数"卷帘窗上启用"轴心在底部"，如图8-97所示球体将在视图中改变位置。

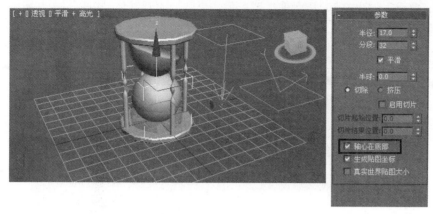

图8-97 球体被放在底板上

（57）启用"自动关键点"按钮 自动关键点，然后转到第0帧。

（58）在"参数"卷帘窗上使用微调器更改"半球"值，设为0.99。

（59）将时间滑块移至第25帧，并将"半球"设置为0.98。这将使半球在前25帧都保持很小。

（60）移至第57帧，然后将"半球"设置为0.9，如图8-98所示。

图8-98 第57帧处的沙漏效果

（61）移至第67帧，将"半球"设置为0.8，然后播放动画。

（62）移至第96帧，然后将"半球"设置为0.6左右，如图8-99所示。

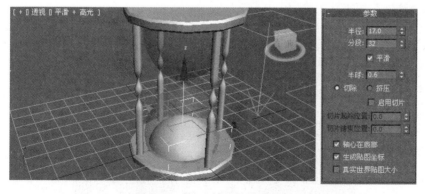

图8-99 第96帧处的沙漏效果

（63）禁用"自动关键点"按钮 自动关键点 并播放动画。停止播放动画后，右击视图，然后从快捷菜单中选择"全部取消隐藏"。随着沙流的下落，上部球体中的沙平面逐渐下降，沙子在底部球体中聚集成堆。

（64）要获得更具真实感的沙堆，请选择半球，然后添加"锥化"修改器。将"锥化"的"数量"设为-0.75，将"曲线"设为-0.5，从而使半球变为一个圆形的圆锥体，如图8-100所示。

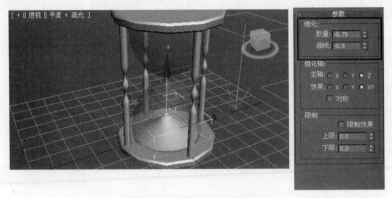

图8-100　设置锥化参数

（65）单击"工具"菜单>"对齐">"对齐"选项，然后拾取底座。在"对齐当前选择"对话框中启用"X 位置"和"Y 位置"，然后单击"确定"按钮。

（66）将 Sand 材质指定给新球体，完成后的沙子下落的效果，如图8-101所示。

图8-101　沙子下落效果

7．对作品进行渲染输出

（1）调整好透视图角度。

（2）在主菜单上选择"渲染">"渲染"选项。在"渲染设置"对话框的"公用参数"卷帘窗的"输出大小"组中，单击"640×480"预设按钮。

（3）单击"渲染"按钮，效果如图8-102所示。

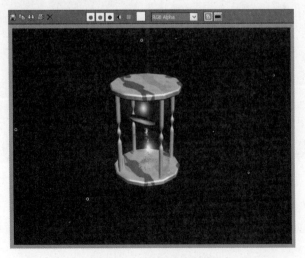

图8-102　渲染后的图像

（4）若要更改背景，请选择"渲染"菜单>"环境"选项。在"背景"组中单击"颜色"色样。在"颜色选择器"中输入下列"红/绿/蓝"值，红：120、绿：194、蓝：252，这将生成一种淡蓝色，如图 8-103 所示。

图 8-103　设置背景颜色

（5）关闭"环境和效果"对话框，然后按下 F9 键自动再次渲染，如图 8-104 所示。

图 8-104　更改背景色

（6）在"渲染设置"对话框中，在"公用参数"卷帘窗的"时间输出"组中将"单帧"更改为"活动时间段"，将渲染整个动画。

（7）将"输出大小"减少为"320×240"。这是更适合于 Web 播放的动画大小。

（8）在"渲染输出"组中单击"文件"按钮，将要创建的文件命名为"沙漏效果"，AVI 格式。

（9）要渲染为 AVI，请在视频压缩窗口单击"确定"，然后单击"保存"。若要开始渲染，请单击"渲染"。

（10）完成渲染后，关闭"渲染"对话框。在"文件"菜单中选择"查看图像文件"，然后导航到保存该文件的位置并打开该文件，适当的播放器程序将播放该动画。

8．小结

从本实例中可以看到，建造粒子效果的模型并设置动画并不总意味着所有的粒子都必须使用粒子系统进行创建。在沙漏动画中，仅对下落的沙子使用了粒子系统。沙漏顶部和底部的沙子效果是使用各种建模工具创建的。

实例三　花园式住宅效果表现

知识重点：本章选取一个花园式住宅作为案例，通过对住宅模型的创建，详细讲解了这类建筑效果图的绘制方法。

- 灵活使用 CAD 线条建模。
- "编辑多边形"修改器的使用。
- VRay 材质设置、布光、渲染方法。

一、导入并处理 CAD 图纸

在建模前，建模人员会拿到建筑设计人员提供的 CAD 图纸，根据 CAD 图纸提供的详细信息来建模。在 CAD 图纸中提供了清晰的作品结构及尺寸的详细参数，此外建模人员还可以对 CAD 图纸进行清理，将图纸中对模型结构有用的相关信息留下来，并导入到 3ds Max 软件中供建模使用。

1. 整理图纸

为了便于更好地在 3ds Max 中进行参考制作，需要对复杂的施工图进行一些整理，在导入 3ds Max 软件之前，通常需要删除 CAD 图纸中的一些辅助参考线和文字说明，这样制作时可以更清晰地知道需要制作的内容，下面介绍如何整理 CAD 图纸。

（1）打开 CAD 文件。

运行 AutoCAD，单击菜单"文件">"打开"，选择"一层平面图.dwg"，如图 8-105 所示。这里以一层平面图为例，其他平面文件及里面文件的整理方法相同。

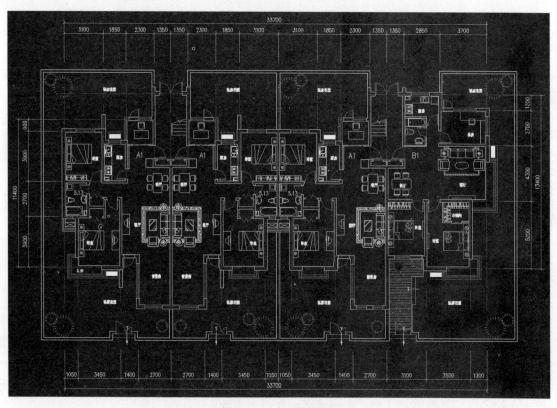

图 8-105　一层平面图

（2）隐藏无用信息。

选中不需要显示的图形，单击 按钮，进入图层特性管理器，在弹出的窗口中，按层来 （关闭）和 （冻结）不需要显示的内容，如图 8-106 所示，整理后的平面图如图 8-107 所示。

2. 导入图纸

在制作任何模型前，首先需要设置 3ds Max 的系统单位，这样有利于最终模型的真实性和准确性。

本实例选用毫米（mm）为系统单位进行制作，选择菜单"自定义">"单位设置"命令，设定系统单位和显示单位均为毫米（mm），如图 8-108 所示。

图 8-106 图层特性管理器

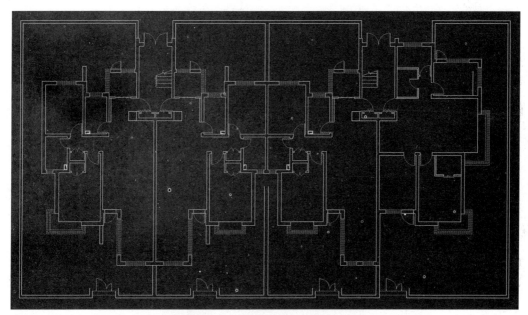

图 8-107 一层平面图（整理后）

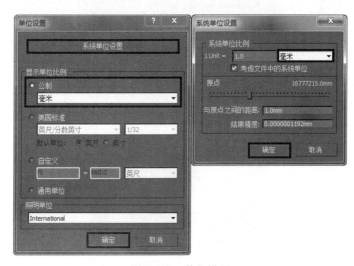

图 8-108 单位设置

（1）导入 CAD 文件。

选择菜单"文件">"导入"命令，文件类型如图 8-109 所示，选择导入"一层平面图"文件，单击"打开"按钮，弹出"导入选项"对话框，保持默认值即可，如图 8-110 所示。

图 8-109　导入窗口

图 8-110　"导入选项"对话框

（2）成组。

为了便于选择，选中所有导入图形，选择菜单"组">"成组"命令，将导入的物体成组，并以实际用途命名，如图 8-111 所示。

图 8-111　成组

（3）坐标归零。

在 3ds Max 中，新建物体都位于视图原点，为了便于操作，需要将已经成组的图纸移动到原点位置。

选中组"一层平面图"，在"选择并移动"按钮 <img_1 上右击，弹出"移动变换输入"对话框，参数设置如图 8-112 所示。

图 8-112　"移动变换输入"对话框

依次导入并成组其他层平面图后，将各层平面图的坐标归零。

选中组"三、四、五、六层平面图"右击，选择"隐藏当前选择"选项，将三至六层平面图隐藏。

3. 文件对位

为了方便制作，通常会把导入 3ds Max 的 CAD 文件进行对位，让 CAD 文件呈三维形式显示在视图中。

（1）平面图纸对位。

选中组"一层平面图"，在图上右击，选择"冻结当前选择"选项，打开捕捉，捕捉设置如图 8-113 所示；将二层平面图与一层对位，可按照共同的位置来对位，例如二层的某个窗户与一层的是相对应的，按类似这样的位置对位即可。

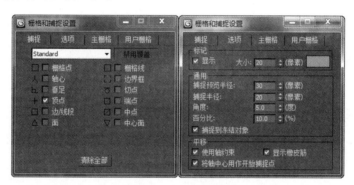

图 8-113　捕捉设置

（2）立面图纸对位。

同平面图对位类似，选定某一相同位置作为参照，将立面与平面图纸进行对位。

导入南立面图，右击 按钮，参数设置如图 8-114 所示。

图 8-114　立面图旋转角度

根据立面图调整二层平面图高度。

用同样的方法对各平面和立面进行对位后，效果图如 8-115 所示。

二、根据施工图创建模型

将 CAD 图纸对位完成后，不要急于开始建模，首先对图纸进行细致的观察和分析，确定建模的方案和思路。由于本实例制作的是一个花园式住宅，通常这类住宅的模型中会有大量重复的部分，在制作时需要找准模型的单体，然后在单体的基础上进行大量的复制，提高模型制作的效率。

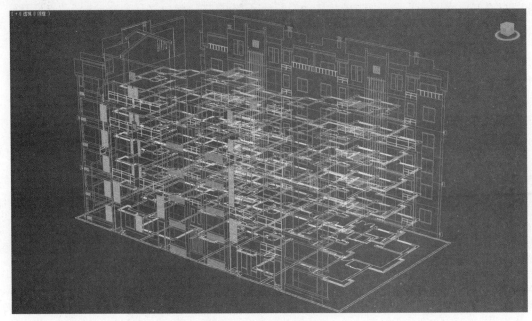

图 8-115　文件对位效果

1．竖向墙体结构

（1）为了方便制作，冻结二、六层平面图、南立面图、西立面图组。

（2）结合 捕捉工具，选择"创建">"图形">"线"选项，在绘制线段前，取消勾选"对象类型"卷帘窗的"开始新图形" ，以便可以将连续创建的多个二维图形自动生成为一个整体。创建线，从顶视图按照二层平面图勾出墙体外部轮廓，如图 8-116 所示。

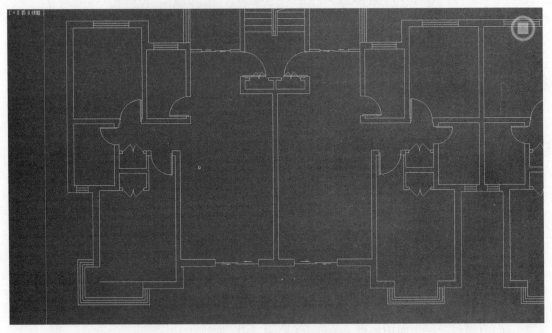

图 8-116　墙体外部轮廓

（3）单击"修改">"挤出"修改器，参照前视图给予一定的高度。

（4）单击"修改">"编辑多边形"修改器，选择顶点级别，在前视图中选择最上面一行的点，如图 8-117 所示；结合其他立面图分别将点调整到需要的高度。

（5）结合捕捉工具，调整南立面图中坡屋顶处墙体高度，如图 8-118、图 8-119 所示。

图 8-117　墙体高度调整

图 8-118　捕捉设置

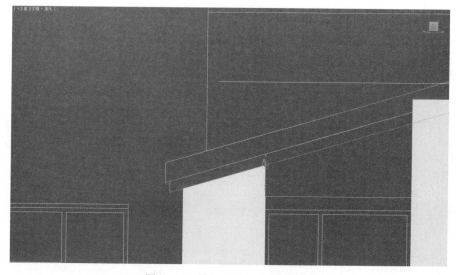

图 8-119　坡屋顶处墙体高度调整

（6）显示左视图，选中"编辑多边形"的边级别，单击"插入顶点"按钮，在西立面图墙边上插入点，如图 8-120 所示。选中顶点级别，调整顶点位置，如图 8-121 所示。

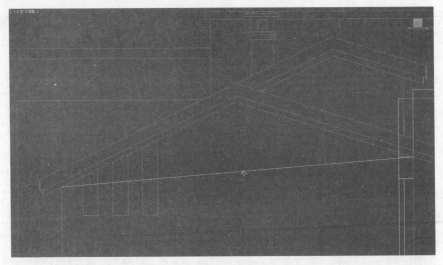

图 8-120　插入顶点

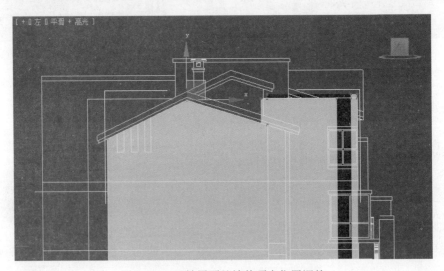

图 8-121　双坡屋顶处墙体顶点位置调整

2. 横向墙体结构

（1）显示前视图，打开 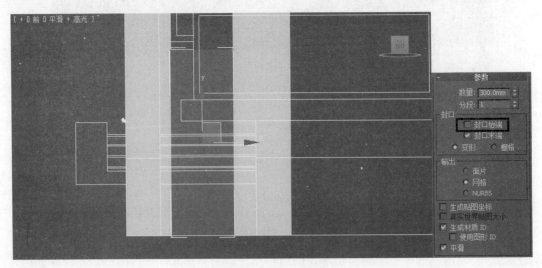 捕捉工具，对照立面图，单击"创建">"图形">"矩形"并挤出，参照顶视图窗框给予一定的厚度，关闭"封口始端"选项不显示背面，如图 8-122 所示。

图 8-122　挤出设置

（2）单击"修改">"编辑多边形"修改器，选择顶点级别，在顶视图中选择最上面一行的点，结合 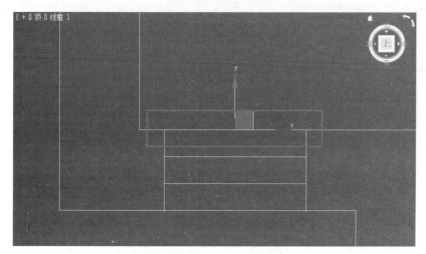 捕捉工具将横向墙体厚度调整至与窗框厚度相同，如图 8-123 所示。

图 8-123　横向墙体厚度调整

（3）为了节省面数，在"编辑多边形"的多边形级别下，删除左右两侧与墙体贴近而不会看到的面。

（4）在"编辑多边形"的元素级别下，选中该物体，配合 Shift 键向上方平移复制。

（5）用相同的方法对其余横向墙体进行创建、调整并复制，效果如图 8-124 所示。

图 8-124　墙体结构

（6）在"编辑多边形"的元素级别下，选中如图 8-125 所示元素，设置材质 ID 号为 1；反选其余元素，设置材质 ID 号为 2。

3. 窗框与玻璃

在建筑外观表现中出现的建筑物，通常是没有摄像镜头进入内部的，所以在这里窗框与玻璃都不需要显示背面。

（1）显示前视图，打开 捕捉工具，对照立面图，单击"创建">"几何体">"平面"按钮，创建窗框，如图 8-126 所示。

（2）单击"修改">"编辑多边形"修改器，选择边级别，对照施工图调整窗框边所在位置，选择多边形级别，选中调整出的窗框面，如图 8-127 所示，单击"挤出"按钮，设置"挤出"参数，如图 8-128 所示。选中如图 8-129 所示面，设置材质 ID 号为 1；反选其余的面，设置材质 ID 号为 2。

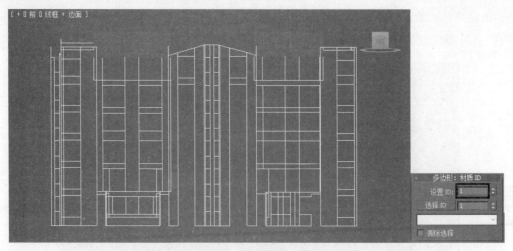

图 8-125　设置墙体材质 ID

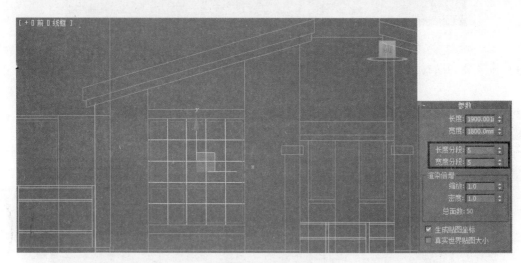

图 8-126　捕捉窗框

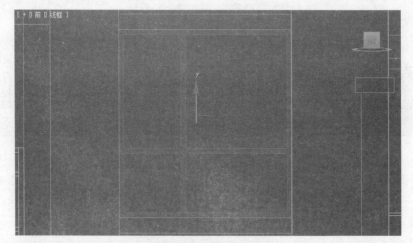

图 8-127　选中多边形

图 8-128　挤出设置

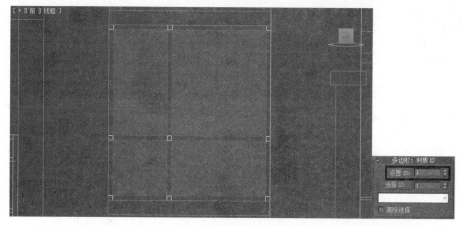

图 8-129　设置玻璃材质 ID

（3）创建窗檐模型。单击"创建">"图形">"矩形"按钮并"挤出"150mm，关闭"封口始端"选项，不显示背面，如图 8-130 所示。

图 8-130　制作窗檐模型

4. 转角窗

转角窗通常位于 90°墙体的位置。

（1）显示前视图，单击"创建">"图形">"线"按钮，分别对照南、西立面图调整顶点位置，在窗框处单击"优化"按钮进行加点，如图 8-131 所示。

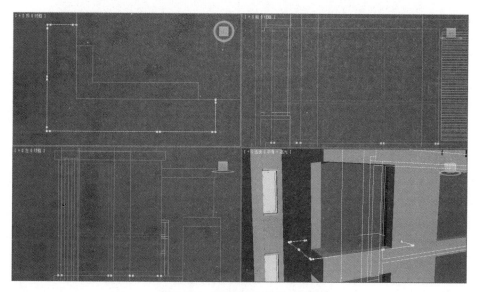

图 8-131　调整转角窗节点位置

（2）单击"修改">"挤出"修改器，参照前视图给予一定的高度，设置"分段"数量为5。

（3）选中"修改">"法线"修改器。

（4）单击"修改">"编辑多边形"修改器，选择顶点级别，在前视图中选择最上面一行的点，结合其他立面图分别将点调整到需要的高度。

（5）单击"修改">"编辑多边形"修改器，选择边级别，对照施工图调整窗框边所在位置；单击"移除"按钮，移除多余的边；选择多边形级别，选中调整出的窗框面，如图 8-132 所示；单击"挤出"按钮，按局部法线类型挤出 50mm；结合捕捉工具，将窗框外侧角点调整为直角，如图 8-133 所示；选中如图 8-134 所示面，设置材质 ID 号为 1，反选其余的面，设置材质 ID 号为 2。

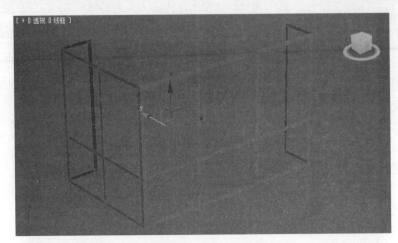

图 8-132　选中多边形

图 8-133　调整窗框外侧角点

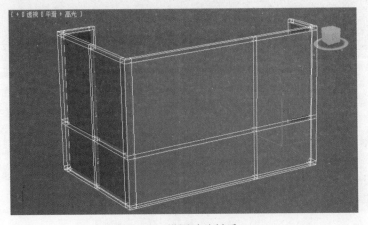

图 8-134　设置玻璃材质 ID

（6）创建其他窗户模型。显示顶视图，打开 捕捉工具，单击"创建">"图形">"矩形"按钮，创建窗框如图 8-135 所示。

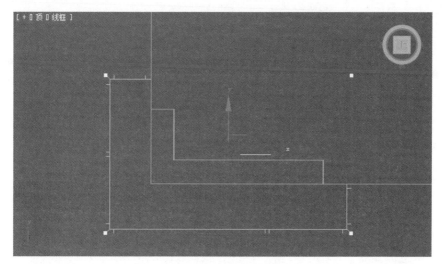

图 8-135　捕捉窗框

（7）单击"修改">"编辑样条线"修改器，单击"轮廓"按钮，设置轮廓值为-150mm，进入样条线级别，删除内轮廓，进入顶点级别，参照南立面图调整顶点位置；单击"修改">"挤出"修改器给予一定的高度，单击"修改">"编辑多边形"修改器，选择顶点级别，在前视图中选择最上面一行的点，结合其他立面图分别将点调整到需要的高度，如图 8-136 所示。

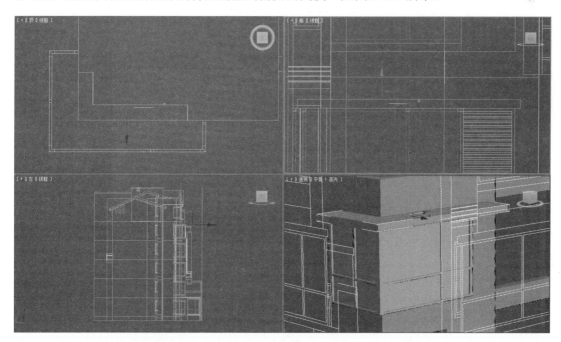

图 8-136　调整顶点位置

5. 百叶窗

百叶窗内部通常用来放置空调，并且具有一定的美观作用，制作方法基本同窗框。

（1）显示前视图，打开 捕捉工具，单击"创建">"图形">"矩形"按钮，捕捉百叶窗外框；单击"修改">"编辑样条线"修改器，单击"轮廓"，设置轮廓值为-50mm；单击"修改">"挤出"修改器给予一定的厚度，取消勾选"封口始端"。

（2）显示顶视图，单击"修改">"编辑多边形"修改器，选择顶点级别，在前视图中选择最上面一行的点，结合其他平面图分别将点调整到需要的厚度。

（3）显示前视图，结合捕捉工具，单击"创建">"图形">"矩形"按钮，捕捉百叶；单击"修改">"挤出"修改器，设置挤出高度为 50mm，取消勾选"封口始端"；单击"修改">"编辑多边形"修改器，在多边形级别下，删除多余面片；在元素级别下，选中该物体，配合 Shift 键平移复制，效果如图 8-137 所示。

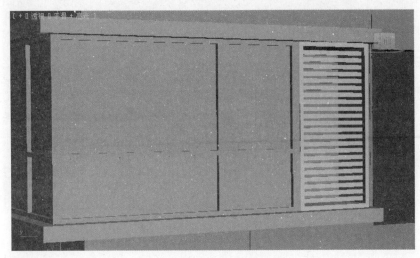

图 8-137　百叶窗

（4）绘制外墙涂料。结合捕捉工具，单击"创建">"图形">"矩形"按钮捕捉第六层转角窗处外墙涂料，单击"修改">"挤出"修改器，设置挤出高度为 150mm，取消勾选"封口始端"。

6. 阳台和栏杆

（1）制作阳台。显示顶视图，根据六层平面图绘制矩形，在按照立面图"挤出"相应的高度。

（2）制作栏杆。显示左视图，对照立面图绘制平面；单击"修改">"编辑多边形"修改器，进入边级别，调整栏杆扶手、横线栏杆和竖向栏杆的位置，如图 8-138 所示；进入多边形级别，删除图 8-139 中所示面；选中剩余的面，单击"挤出"，给予适当的厚度；进入元素级别，选中挤出后的栏杆，旋转复制出另几侧的栏杆，效果如图 8-140 所示。

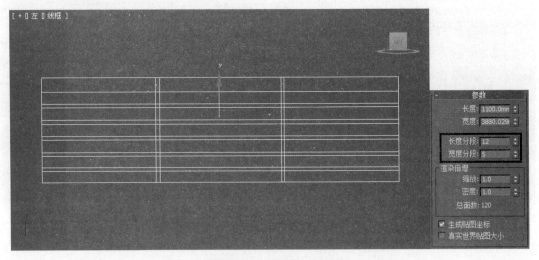

图 8-138　调整栏杆扶手

7. 楼梯

（1）显示左视图，单击"创建">"图形">"矩形"按钮，创建一个长度为 600mm，宽度为 1200mm 的矩形。

（2）显示前视图，单击"修改">"编辑样条线"修改器，进入顶点级别，单击"优化"按钮，对照南立面图对楼梯截面进行加点，如图 8-141 所示；调整顶点位置如图 8-142 所示。

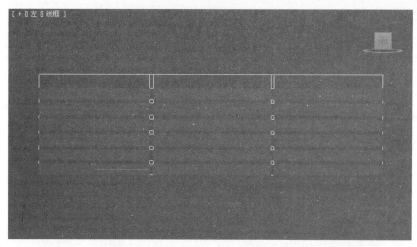

图 8-139　选中多边形

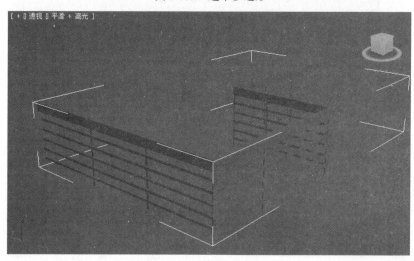

图 8-140　栏杆效果

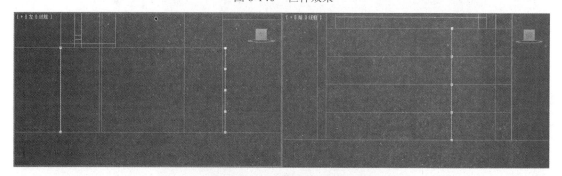

图 8-141　对楼梯截面图形进行加点

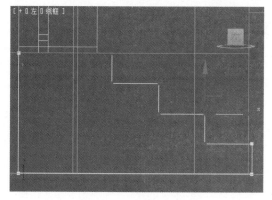

图 8-142　调整顶点位置

（3）单击"修改"＞"挤出"修改器给予一定的宽度，单击"修改"＞"编辑多边形"修改器，选择顶点级别，在前视图中选择边上一行点，调整顶点位置，效果如图8-143所示。

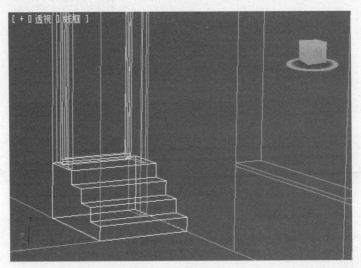

图8-143　楼梯效果

8. 正立面其他结构

利用相同方法，对照南、西立面图制作剩余的结构，制作完成的效果如图8-144所示。

图8-144　其他结构

9. 坡屋顶

（1）显示左视图，单击"创建"＞"图形"＞"线"按钮，对照西立面图绘制双坡屋顶截面图形，如图8-145所示；单击"修改"＞"挤出"修改器，对照南立面图给予适当宽度；单击"修改"＞"编辑多边形"修改器，进入边级别，将坡屋顶一侧边调整至合适位置。

（2）在"编辑多边形"修改器的多边形级别，结合 捕捉工具，对照西立面图"切割"面选中如图8-146所示面，设置材质ID号为1；反选其余的面，设置材质ID号为2。

（3）用同样的方法制作出其他屋顶，效果如图8-147所示。

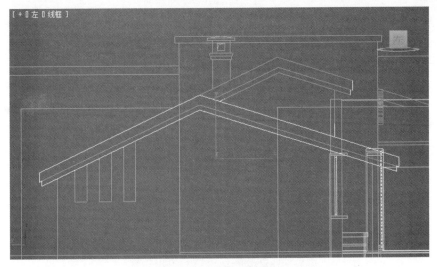

图 8-145　绘制截面图形

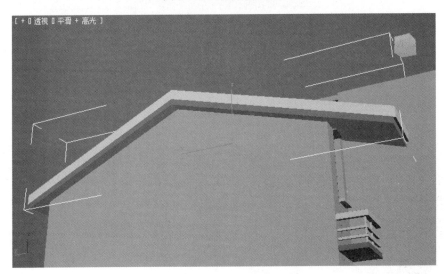

图 8-146　选中面设置 ID

图 8-147　屋顶效果

三、设定场景材质

在调节材质之前，需要先将渲染器切换为 VRay 渲染器。单击"渲染设置"按钮，进入"公用"

选项卡最下方的"指定渲染器"卷帘窗，单击"产品级"后的░░按钮，从弹出的对话框中选择 V-Ray Adv 1.50.SP4a 渲染器。

1. 砖墙材质

（1）单击▓▓按钮，或单击"渲染"菜单>"材质编辑器"选项调出"材质编辑器"对话框，选择一个空白材质球，单击材质面板中的 Standard 按钮，在弹出的"材质/贴图浏览器"对话框中选择材质类型为"多维/子对象"，选中"将旧材质保存为子材质"单选按钮。

（2）设置"多维/子对象基本参数"卷帘窗，如图 8-148 所示。

图 8-148　设置"多维/子对象基本参数"

（3）打开 ID1 子材质，单击"材质编辑器"中的 Standard 按钮，在弹出的"材质/贴图浏览器"对话框中选择材质类型为 ● VRayMtl，设置 Diffuse 漫反射为外墙涂料，如图 8-149 所示。

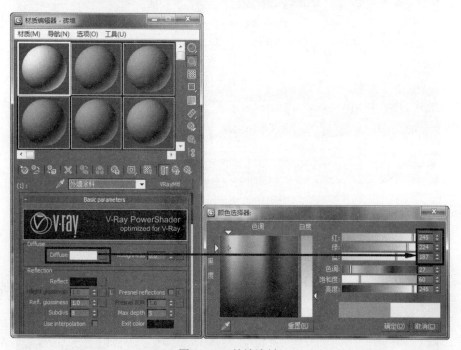

图 8-149　外墙涂料

（4）打开 ID2 子材质，设置"反射高光"属性如图 8-150 所示。

图 8-150　"反射高光"属性

（5）在"贴图"卷帘窗中，设置"漫反射颜色"和"凹凸"通道中的贴图，如图 8-151 所示。

（6）选择墙体结构，打开▓（在视图中显示标准贴图）以显示贴图，单击▓（将材质指定给选定对象）。

（7）调整 UVW 坐标。单击"修改">"UVW 贴图"修改器，参数设置如图 8-152 所示。

图 8-151　设置贴图通道

图 8-152　UVW 贴图参数

2. 玻璃、窗框材质

（1）选择一个空白材质球，设置材质类型为"多维/子对象"，设置 2 个材质 ID，分别为玻璃和窗框。

（2）打开 ID1 玻璃子材质，设置"Blinn 基本参数"属性如图 8-153 所示；设置"贴图"卷帘窗中"反射"通道中的贴图，如图 8-154 所示。

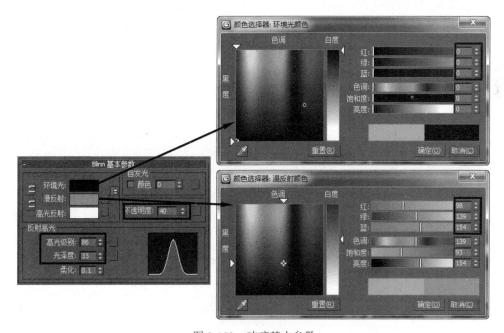

图 8-153　玻璃基本参数

（3）打开 ID2 窗框子材质，设置"Blinn 基本参数"属性如图 8-155 所示。

3. 屋顶材质

屋顶材质参考砖墙材质的制作方法，将材质赋予给屋顶模型后，调整 UVW 坐标。

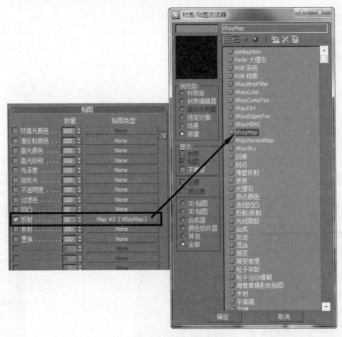

图 8-154　设置贴图通道

图 8-155　窗框基本参数

四、创建摄像机

通过创建摄像机为画面确定最终构图。选择"创建" > "摄影机" > "目标"按钮，在顶视图中创建一架目标摄像机，调整摄像机的位置，按 C 键将透视图切换为摄像机视图，位置如图 8-156 所示。

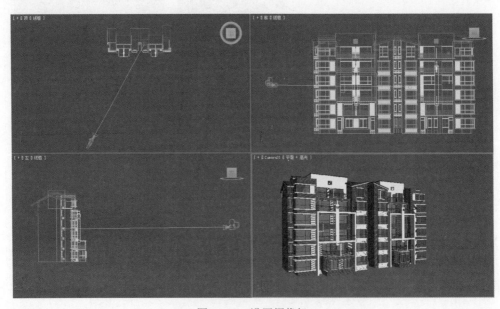

图 8-156　设置摄像机

五、设置场景灯光

在设置住宅灯光时，可以将场景整体效果设置得比较清爽和明亮一些，这样就可以将住宅效果表现的更加温馨。

1. 创建 VRay 阳光系统

选择"创建"＞"灯光"在 [VRay] 下拉列表中选择 VRaySun，在顶视图中创建 VRay 阳光系统并调整其位置，设置参数如图 8-157 所示。

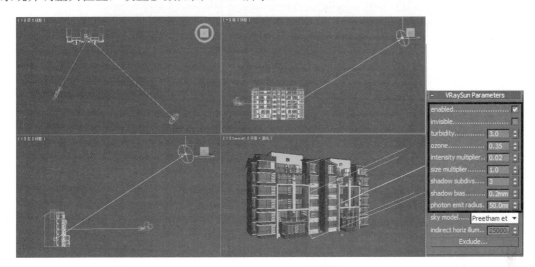

图 8-157　VRay 阳光系统

2. 设置 VRay 天光环境

（1）按下 F10 键进入"渲染设置"对话框，选择 VRay 面板，设置 V-Ray::Environment"卷帘窗参数如图 8-158 所示。

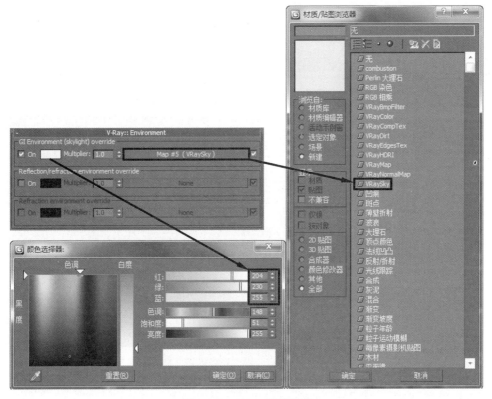

图 8-158　VRay 环境设置

（2）按下 M 键打开"材质编辑器"对话框，将 VRaySky 贴图拖至一个空白材质球，如图 8-159 所示。

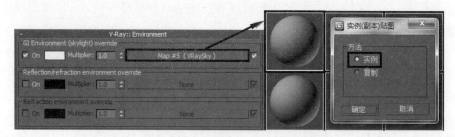

图 8-159 关联复制 VRaySky 贴图

（3）设置 VRaySky 参数，如图 8-160 所示。

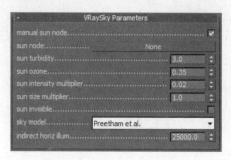

图 8-160 设置 VRaySky 参数

3. 设置 3ds Max 背景

（1）单击"渲染"＞"环境"选项进入"环境和效果"对话框，参数设置如图 8-161 所示。

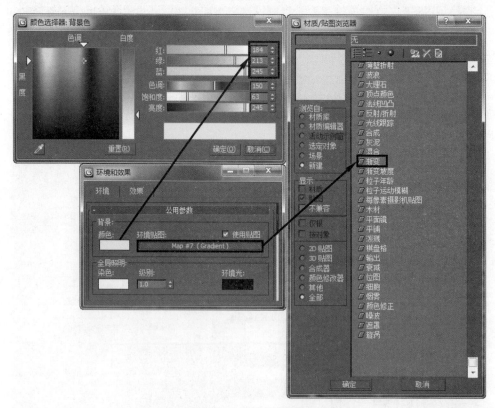

图 8-161 设置背景贴图

（2）按下 M 键打开"材质编辑器"对话框，将环境贴图拖入一个空白材质球，如图 8-162 所示。

（3）设置环境贴图参数，如图 8-163 所示。

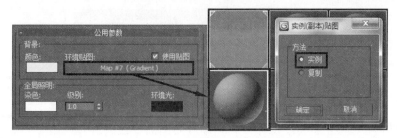

图 8-162　关联复制环境贴图

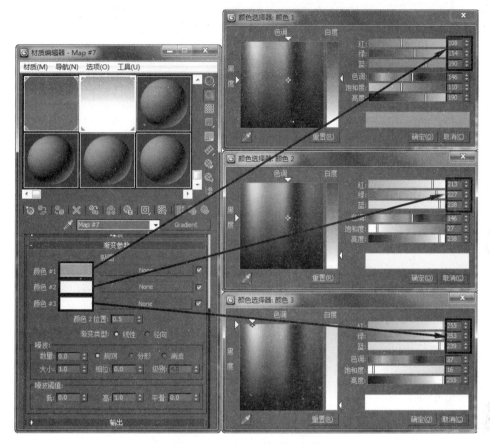

图 8-163　设置环境贴图参数

六、渲染输出

在设置渲染输出的过程中，并不只是简单地设置输出尺寸，一般都要渲染高级别的光子图，利用光子图进行最终渲染，以便更快地完成成品图渲染。

1. 输出高品质光子图

（1）设置抗锯齿过滤器。

按下 F10 键进入"渲染设置"对话框，选择 VRay 面板，设置"V-Ray::抗锯齿过滤器"卷帘窗参数如图 8-164 所示；设置"V-Ray::自适应细分采样器"卷帘窗参数如图 8-165 所示。

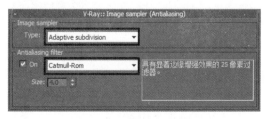

图 8-164　设置抗锯齿过滤器

图 8-165　设置自适应细分采样器参数

（2）设置发光贴图。

选择 Indirect illumination 面板，设置"V-Ray::发光贴图"卷帘窗参数如图 8-166 所示；设置保存发光贴图参数如图 8-167 所示。

图 8-166　设置发光贴图参数

图 8-167　保存发光贴图

（3）设置灯光贴图。

选择 Indirect illumination 面板，设置"V-Ray::灯光缓存"卷帘窗参数如图 8-168 所示；设置保存灯光贴图参数如图 8-169 所示。

图 8-168　设置灯光贴图参数

图 8-169　保存灯光贴图

2. 渲染成品

（1）选择 Common 面板，设置较小的渲染输出尺寸来计算发光贴图和灯光贴图。

（2）渲染摄像机视图。

（3）渲染完成后，发光贴图和灯光贴图的模式会由初始设置的 Single frame 自动调整为 From file ，在最终渲染前可直接调用之前保存的文件。

（4）最终渲染出图。设置最终渲染图像的尺寸，渲染后效果如图 8-170 所示。

图 8-170　花园式住宅效果

七、小结

通过花园式住宅表现过程的讲解，分析了建筑的特点，并且详细介绍了基础材质的调节方法，以及灯光的设置方法，重点讲解了渲染输出的技巧。

参考文献

[1]　张三聪. 3ds Max 基础教程. 北京：中国民族摄影艺术出版社，2011.

[2]　[美]Richard Lewis 著. 数字媒体导论. 郭畅译. 北京：清华大学出版社，2010.

[3]　尖峰科技. 3ds Max9 从入门到精通. 北京：中国青年出版社，2007.

[4]　刘正旭. 3ds Max6 质感传奇. 北京：中国电力出版社，2004.

[5]　汪军，储建新，高思. 3ds Max7 渲染的艺术. 北京：兵器工业出版社，2005.

[6]　马鑫. 3ds Max 2010 超级手册. 北京：清华大学出版社，2010.

[7]　瞿颖健. 中文版 3ds Max 2010 完全自学教程. 北京：人民邮电出版社，2010.

[8]　火星时代. 3ds Max 2010 大风暴. 北京：人民邮电出版社，2010.

[9]　阳菲. 3ds Max 2010 完全学习手册. 北京：科学出版社，2011.

[10]　丁峰. 3ds Max 2010 实用教程. 北京：电子工业出版社，2010.

[11]　新视角文化行. 3ds Max 2010 中文版实战从入门到精通. 北京：人民邮电出版社，2010.

[12]　尖峰科技. 3ds max 2010 中文版从入门到精通. 北京：中国青年出版社，中国青年电子出版社，2010.

[13]　侯婷. 3ds Max2010 学习宝典. 北京：中国铁道出版社，2010.